中等职业教育课程改革系列新教材
机械工业职业教育专家委员会审定

金属加工与实训

——基础常识

第 2 版

主　编　禹加宽
副主编　顾　雨
参　编　陈为华　朱学明
主　审　张国军

机 械 工 业 出 版 社

本书是按照教育部颁布的《中等职业学校金属加工与实训教学大纲》的精神和要求，同时参考相关职业技能标准编写的。

本书主要内容包括技术测量及常用器具、金属材料的性能及常用工程材料、钢的热处理、铸造、锻压、焊接、金属切削加工的基础知识、切削加工设备及应用和零件生产过程的基础知识。全书内容通俗易懂、浅显易学、实用性强，符合中等职业教育机械类及相关专业培养目标的要求。为便于学生练习和考核，本书将作业汇集、装订成册，附夹在书后。与本书配套的实训教材《金属加工与实训——技能训练》也由机械工业出版社配套出版。

本书适合作为中等职业学校机械、机电、数控、汽车等专业的教材，也可作为机械类专业的培训教材。

图书在版编目（CIP）数据

金属加工与实训：基础常识/禹加宽主编. —2版. —北京：机械工业出版社，2018.5（2023.6重印）

中等职业教育课程改革系列新教材　机械工业职业教育专家委员会审定

ISBN 978-7-111-59288-4

Ⅰ.①金…　Ⅱ.①禹…　Ⅲ.①金属加工-中等专业学校-教材　Ⅳ.①TG

中国版本图书馆CIP数据核字（2018）第039298号

机械工业出版社（北京市百万庄大街22号　邮政编码100037）

策划编辑：齐志刚　责任编辑：王莉娜

责任校对：樊钟英　封面设计：路恩中

责任印制：单爱军

北京虎彩文化传播有限公司印刷

2023年6月第2版第8次印刷

184mm×260mm · 14印张 · 319千字

标准书号：ISBN 978-7-111-59288-4

定价：39.80元

电话服务

客服电话：010-88361066

010-88379833

010-68326294

网络服务

机　工　官　网：www.cmpbook.com

机　工　官　博：weibo.com/cmp1952

金　书　网：www.golden-book.com

机工教育服务网：www.cmpedu.com

封底无防伪标均为盗版

第2版前言

本书在《金属加工与实训——基础常识》第1版的基础上编写而成。编写过程中，在汲取近几年职业学校课程教学改革经验的同时，充分考虑了读者的知识水平、能力特点和职业岗位需求，使教材内容更加符合当前培养技能人才的需要；进一步协调了教材各部分内容之间的关系，使教材内容安排和衔接更为合理，内容更为丰富充实，并能更好地反映新知识、新技术、新设备及新工艺。同时，结合教学改革要求，注意将抽象的理论知识形象化、具体化，在降低学习难度的同时，拓宽了知识面，使专业知识与现代企业的生产实际更贴近、更实用。

本次修订工作主要体现在：

1. 对教材内容进行合理调整和充实

本次修订注重反映实际生产中技术的发展和应用，同时也注重拓宽学生的知识面，提高学生对常用金属材料性能和加工方法的认识，如“金属材料的性能及常用工程材料”中增加了“力学性能试验”的内容；“焊接”中增加了“气焊与气割”的内容等。此外，在修订过程中还对原书内容进行了细致推敲，力求使概念、原理更加简洁明了。

2. 调整教材组织形式、图文并茂

本着“好教易学”的原则，教材中配置了大量插图，力求将金属材料加工工艺过程以更加直观的形式呈现出来。同时，教材中灵活使用表格，增强了知识点的对比，以便于学生理清相关知识点的联系与区别，更好地掌握知识要点。

3. 体现新模式

本书采用理实一体化的编写模式，以学生为主体，以就业为导向，着眼于学生职业生涯发展，注重加强实践性教学环节，构建“做中学、学中做”的学习过程，有利于培养学生的职业兴趣和职业能力。

4. 进一步做好课程资源开发

为便于练习、考核和管理，本书将作业汇集、装订成册附夹书后，同时还提供配套的电子教案、多媒体教学课件及练习答案等。

本次修订工作，参考了有关教材和资料，并得到了许多同仁的支持和帮助，在此一并表示衷心的感谢。

编　者

第1版前言

《金属加工与实训》分为基础常识和技能训练两册，是根据教育部于2009年颁布的《中等职业学校金属加工与实训教学大纲》的精神和要求，同时参考相关职业技能标准编写的，适合作为中等职业学校机械类专业及工程技术类相关专业的教材。

《金属加工与实训——基础常识》从培养目标及实用性出发，在降低理论知识难度和要求、降低学习难度的同时，拓宽了知识面，使专业知识与现代企业的生产更贴近，使专业知识更实用。

《金属加工与实训——技能训练》是适合相关专业学习和满足学生个性发展需要的技能教学内容，包括钳工、车工、铣工、焊工、刨工及磨工的技能训练内容。内容以项目化教学形式组织成实训课题，使技能训练更具针对性和实用性。

《金属加工与实训——基础常识》和《金属加工与实训——技能训练》既相互独立、自成一体，又相互联系、相得益彰，便于不同学校、不同专业、不同学制、不同课时要求的学生选用，有利于培养学生的职业兴趣和职业能力。

本书是基础常识分册，主要帮助学生更好地掌握必备的金属材料及热处理、金属加工工艺与设备等知识；培养学生分析问题和解决问题的能力，使其形成良好的学习习惯，具备学习后续专业技术的能力；对学生进行职业意识培养和职业道德教育，使其形成严谨、敬业的工作作风，为今后解决生产实际问题和职业生涯的发展奠定基础。

本书由江苏省盐城机电高等职业技术学校禹加宽任主编，顾雨任副主编，江苏联合职业技术学院张国军任主审。编写分工如下：江苏省盐城技师学院陈为华编写第1、2章；盐城机电高等职业技术学校顾雨编写第3、4章，朱学明编写第5、6章，禹加宽编写第7、8、9章和练习册。

本书在编写过程中，参考了有关教材和资料，并得到了许多同仁的支持和帮助，在此一并表示衷心的感谢。

由于编者水平有限，编写时间仓促，书中缺点、错误在所难免，恳请读者批评指正。

编　者

目录

绪 论

0.1 金属加工的重要地位和作用

金属加工是对金属材料进行成形生产的全过程，涉及金属材料的性能、金属零件的毛坯成形和机械加工以及整机装配等方面，属机械制造范畴。成形工艺是人们把原材料或半成品加工制造成所需形状和尺寸的产品的过程。任何机械设备，大到火箭、卫星、轮船，小到仪器、仪表、生活用具，都是用不同材料通过各种成形方法加工制造而成的。金属加工的制造过程如图 0-1 所示。

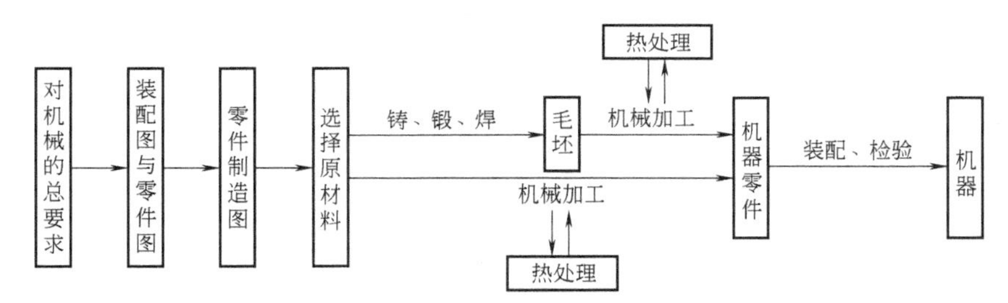

图 0-1 金属加工的制造过程框图

现代金属加工技术的发展主要表现在两个方向上：一是精密工程技术，以超精密加工的前沿部分——微细加工、纳米技术为代表，将进入微型机械电子技术和微型机器人的时代；二是金属加工的高度自动化，以 CIMS 和敏捷制造等的进一步发展为代表。21 世纪制造加工业的发展方向可用“三化”来概括，即全球化、虚拟化和绿色化。作为一名高素质的应用型人才，了解机械工程材料及成形工艺，掌握加工技术的基础知识和基本技能，对今后自身的发展将起到至关重要的作用。

0.2 我国金属加工的发展和成就

我国古代在金属加工方面的成就辉煌，当代中国的金属加工业发展迅猛，令世界瞩目，见表0-1。随着科学技术的进步，各种新技术、新工艺、新材料和新设备不断涌现，金属加工正向着高质量、高生产率和低成本方向迅速发展。以高效节能为目标的金属加工正在不断升级和优化。

表0-1　我国金属加工的发展和成就

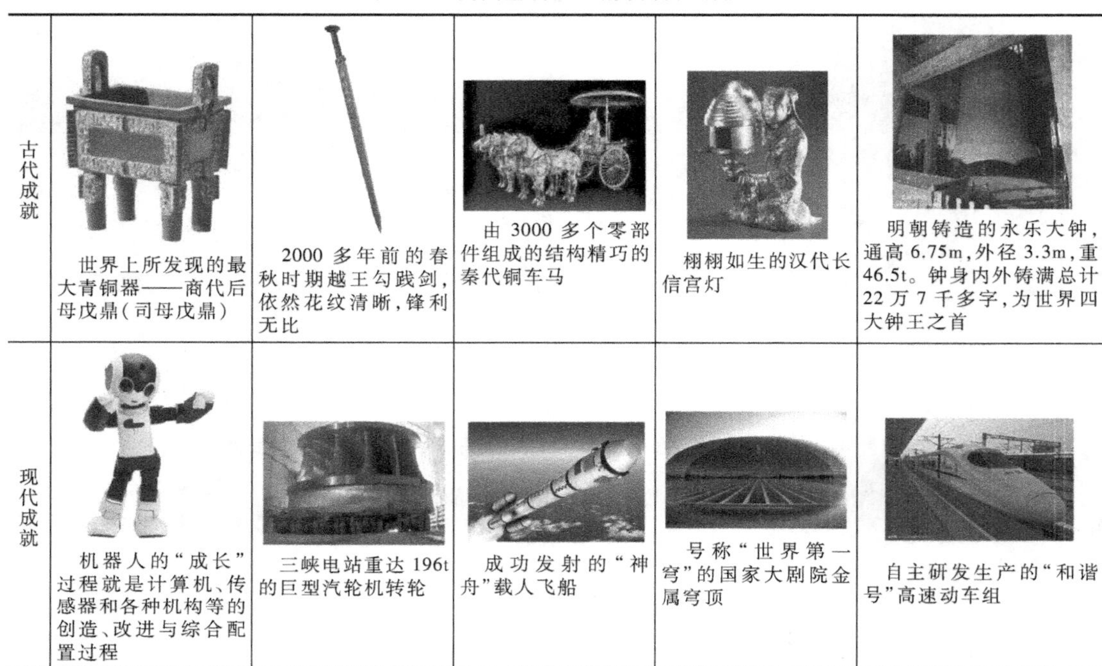

古代成就	世界上所发现的最大青铜器——商代后母戊鼎（司母戊鼎）	2000多年前的春秋时期越王勾践剑，依然花纹清晰，锋利无比	由3000多个零部件组成的结构精巧的秦代铜车马	栩栩如生的汉代长信宫灯	明朝铸造的永乐大钟，通高6.75m，外径3.3m，重46.5t。钟身内外铸满总计22万7千多字，为世界四大钟王之首
现代成就	机器人的“成长”过程就是计算机、传感器和各种机构等的创造、改进与综合配置过程	三峡电站重达196t的巨型汽轮机转轮	成功发射的“神舟”载人飞船	号称“世界第一穹”的国家大剧院金属穹顶	自主研发生产的“和谐号”高速动车组

0.3　金属加工的主要职业（工种）及特点

按照被加工金属在加工时的状态不同，金属加工通常分为热加工和冷加工两大类。每一类加工可按从事工作的特点分为不同的职业（工种）。金属加工的主要职业（工种）及特点见表0-2。

表0-2　金属加工的主要职业（工种）及工作特点

职业（工种）分类	职业	工作特点	图　例
金属热加工职业（工种）	铸工	高温职业（工种），应用普遍，将金属经过高温熔化后注入大小和形状不同的模具中成形，冷却后形成毛坯或零件	

（续）

职业（工种）分类	职业	工作特点	图　　例
金属热加工职业（工种）	锻工（含冲压工）	利用锻压、冲压设备，在高温或者常温下，用锤打和挤压、冲压的方式使金属成形，形成毛坯或零件	
	焊工	利用焊接和气割设备对金属材料进行结合或切割加工	
金属冷加工职业（工种）	钳工	利用手工工具，并经常在台虎钳上完成金属零部件的加工、装配和调整	
	车工	利用车床对工件进行各种回转表面的加工，如内、外圆柱面，圆锥面，成形回转表面及端面等	
	镗工	利用镗床对工件进行镗削加工	
	铣工	利用铣床对工件进行平面和曲面加工，如平面、凸轮、键槽、齿轮等	

（续）

职业（工种）分类	职业	工作特点	图　　例
金属冷加工职业（工种）	磨工	利用磨床对工件进行平面、外圆和内孔等的精加工	
	金属特种加工	利用各种特种加工设备，如线切割机、电火花成形机、激光切割机、高压水刀等，完成对普通金属、高硬度金属、非铁金属、高精度金属零件的加工	

0.4　金属加工的安全生产规范

金属加工的安全生产主要是指人身安全和设备安全，并要防止生产中发生意外安全事故，消除各类事故隐患。工厂要利用各种方法与技术，使工作者确立“安全第一”的观念，使工厂设备的防护及工作者的个人防护得以改善。劳动者必须加强法制观念，认真贯彻上级有关安全生产、劳动保护的政策、法令和规定，严格遵守安全技术操作规程和各项安全生产制度。

为防止安全事故的发生，工厂应制定各种安全规章制度，并要落实安全责任，强化安全防范措施，对新工人进行厂级、车间级、班组级三级安全教育。

1. 工人安全职责

1）参加安全活动，学习安全技术知识，严格遵守各项安全生产规章制度。

2）认真执行交接班制度，接班前必须认真检查本岗位的设备和安全设施是否齐全、完好。

3）精心操作，严格执行工艺规程，遵守纪律，记录清晰、真实、整洁。

4）按时巡回检查，准确分析、判断和处理生产过程中的异常情况。

5）认真维护保养设备，发现缺陷及时消除，并做好记录，保持作业场所清洁。

6）正确使用、妥善保管各种劳动防护用品、器具和防护器材、消防器材。

7）不违章作业，并劝阻或制止他人违章作业；对违章指挥有权拒绝执行，并及时向上级领导报告。

2. 车间管理安全规则

1）车间应保持整齐清洁。

2）应保持车间内的通道、安全门畅通。

3）工具、材料等应分开存放，并按规定安置。

4）车间内保持通风良好、光线充足。

5）安全警示标图醒目到位，各类防护器具设放可靠，方便使用。

6）进入车间的人员应戴安全帽，穿好工作服等防护用品。

3. 设备操作安全规则

1）严禁为了操作方便而拆下机器的安全装置。

2）使用机器前应熟读其说明书，并按操作规程正确操作机器。

3）不得擅自操作使用未经许可或不太熟悉的设备。

4）禁止多人同时操作同一台设备，严禁用手摸机器运转着的部分。

5）定时维护、保养设备。

6）发现设备故障应做记录并请专人维修。

7）如发生事故应立即停机，切断电源，并及时报告，注意保护现场。

8）严格执行安全操作规程，严禁违规作业。

0.5 本课程的性质、任务和教学目标

1. 本课程的性质和任务

本课程是中等职业学校机械类专业及工程技术类相关专业的一门基础课程。其主要任务是：使学生掌握必备的金属材料、热处理、金属加工工艺知识和技能；培养学生分析问题和解决问题的能力，使学生具备继续学习专业技术的能力；培养学生在机械类专业领域从业的基本能力；培养学生的职业道德和职业意识，使学生形成严谨、敬业的工作作风，为今后解决生产实际问题和职业生涯的发展奠定基础。

2. 本课程的教学目标

（1）实践能力目标

1）能正确选用常用金属材料。

2）熟悉一般机械加工的工艺路线与热处理工序。

3）具有钳工、车工、铣工、焊工等金属加工的基础操作技能。

4）会使用常用的工、量、刃具。

5）能阅读中等复杂程度的零件图及常见零件加工工艺卡，并能按工艺卡要求实施加工生产。

（2）学习能力目标

1）具有运用工具书、网络等查阅和处理金属加工工艺信息的能力。

2）具有一定的交流、研讨、分析及解决问题的能力。

3）能理论联系实际，尝试经过思考发表自己的见解，养成严谨的工作作风。

4）具有科学观察、理解、判断、推理和计算的能力。

5）养成自主学习的习惯，以形成适应职业变化的能力。

（3）社会能力目标

1）勇于探究工程实际中有关的金属工艺问题。

2）遵守职业规范，具有高度的工作责任感与严谨、细致的工作作风。

3）养成善于与他人合作共事的习惯，具有一定的合作与沟通能力。

4）具有乐观开朗、吃苦耐劳、节约能源、文明安全生产、环境保护及质量与效益意识。

5）具有勇于创新和敬业乐业的精神。

本课程的综合性和实践性都很强。因此，在学习本课程时，学生要重视对基本概念和基本原理的理解，注意熟悉机械产品的成形过程，掌握基本工艺知识，以为正确选用成形工艺奠定初步基础；要强化实践能力的培养，重视实验、实习、参观以及实际生活等实践活动；认真地参加金工实习，以获得对铸造、锻压、焊接、热处理和切削加工的感性认识，熟悉金属材料的主要加工方法、所用设备及工具等，掌握一定的操作技能。只有这样做，才能取得良好的学习效果。

第1章 技术测量及常用器具

学习目标

1. 掌握长度及角度单位的换算关系。
2. 了解常用量具的构成并掌握常用量具的使用方法。

1.1 技术测量的基本知识

1.1.1 技术测量的含义

测量是为了确定被测对象的量值而进行的实验过程。在这个实验过程中，通常是将被测的量与作为计量单位的标准量进行比较，从而确定二者的比值。

检验是指判断被测量是否在规定范围内的过程，它不要求得到被测量的具体数值。

检测是检验和测量的总称。

检查是指测量和外观验收等方面的过程。

1.1.2 测量要素

任何一个完整的测量过程都包括被测对象、计量单位、测量方法和测量精度四个方面，通常将这四个方面统称为测量过程四要素。被测对象的结构特征和测量要求在很大程度上决定了测量方法。测量方法是指测量时所采用的计量器具和测量条件的综合。测量精度是指测量结果与其真值的一致程度。

1.1.3 计量单位

为了保证测量的准确性，首先需要建立国际统一、稳定可靠的长度基准。长度的国际单位是米（m）。机械制造中常采用的长度计量单位为毫米（mm），$1\text{mm}=10^{-3}\text{m}$。在精密测量中，长度计量单位采用微米（μm），$1\mu\text{m}=10^{-3}\text{mm}$。在超精密测量中，长度计量单位采用纳米（nm），$1\text{nm}=10^{-3}\mu\text{m}$。在实际工作中，当遇到英制长度单位时，常以英寸（in）作为基本单位，它与法定长度单位的换算关系是 $1\text{in}=25.4\text{mm}$。

机械制造中常用的角度单位为弧度（rad）、微弧度 μrad 和度（°）、分（′）、秒（″）。$1\text{rad}=10^{6}\mu\text{rad}$，$1°=0.0174533\text{rad}$。度（°）、分（′）、秒（″）相邻二者之间的关系采用60进位制，即 $1°=60'$、$1'=60''$。

1.2　常用测量器具

1.2.1　长度量具

1. 金属直尺

金属直尺是一种不可卷的钢质板状量尺，也可作为画直线的导向工具。它是一种通过与被测尺寸相比较、由刻度标尺直接读数的通用长度量具。由于它结构简单、价格低廉，所以被广泛使用。生产中常用的金属直尺量程有150mm、300mm和1000mm三种，图1-1所示为150mm金属直尺。

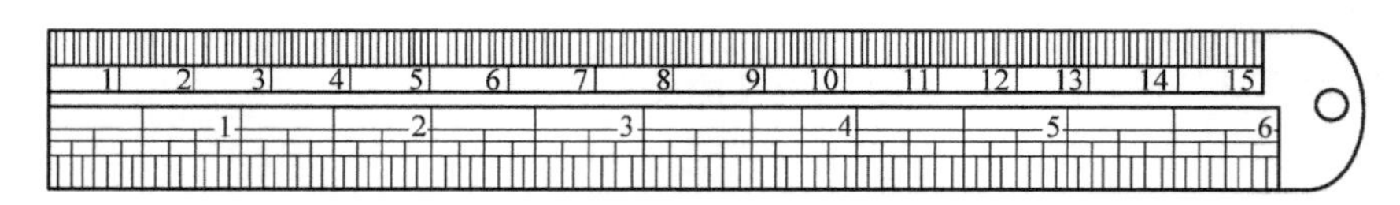

图1-1　金属直尺

使用金属直尺时，应以工作端边作为测量基准。这样不仅便于找正测量基准，而且便于读数。用金属直尺测量圆柱形工件的直径时，先将尺的端边或某一刻线紧贴住被测件圆周上的一点，然后来回摆动另一端。摆动过程中所获得的最大读数值，才是所测直径的尺寸。

2. 卡钳

卡钳是一种间接量具，其本身没有分度，所以要与其他量具配合使用。卡钳根据用途可分为外卡钳和内卡钳两种。前者用于测量外尺寸，后者用于测量内尺寸，如图1-2所示。卡钳常用于测量精度要求不高的工件。如果操作正确，其测量精度可达0.02~0.05mm。

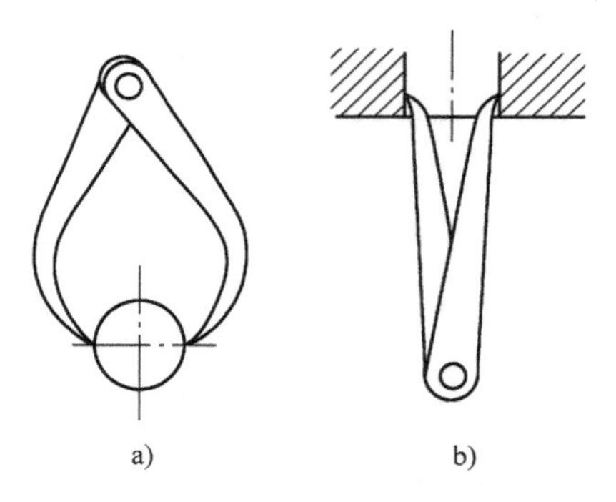

图1-2　外、内卡钳
a）外卡钳　b）内卡钳

3. 游标卡尺

游标卡尺是机械加工中使用最广泛的量具之一。它可以直接测量出工件的内径、外径、中心距、宽度、长度和深度等。游标卡尺的分度值有0.1mm、0.05mm和0.02mm三种，测量范围有0~125mm、0~200mm、0~500mm等。

（1）游标卡尺的刻线原理　游标卡尺由尺身、游标、尺框等组成，如图1-3所示。按游标读数值的不同，游标卡尺分为0.1（1/10）mm、0.05（1/20）mm和0.02（1/50）mm三种。这三种游标卡尺的尺身是相同的，每小格为1mm，每大格为10mm，只是游标与尺身刻线宽度相对应的关系不同。

下面以分度值为0.02mm的游标卡尺为例来说明其刻线原理。如图1-4所示，游标卡尺的尺身每格刻线宽度1mm。使尺身上49格刻线的宽度与游标上50格刻线的宽度相等，则游标的每格刻线宽度为49mm/50=0.98mm，尺身和游标的刻线间距之差为1.00mm-0.98mm=0.02mm。这个差值就是0.02mm游标卡尺的分度值。

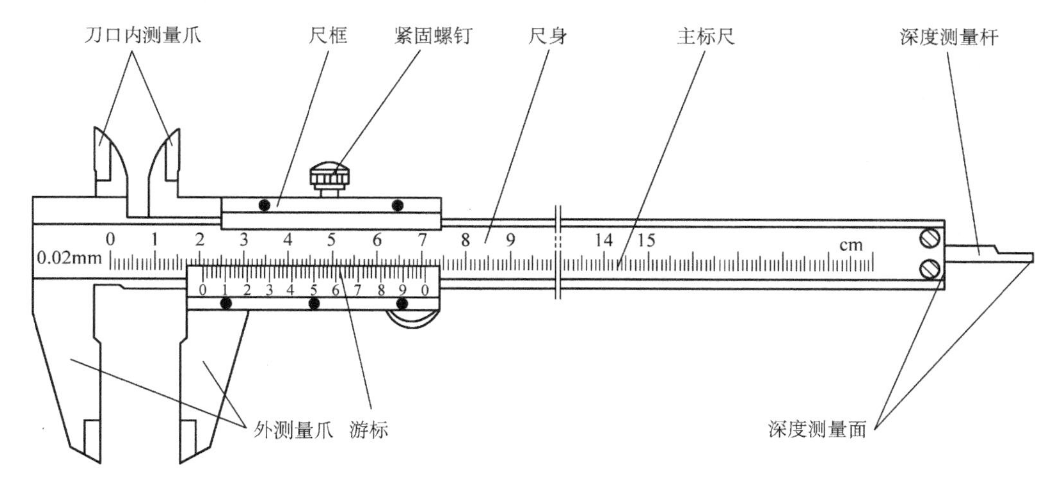

图 1-3　游标卡尺的结构

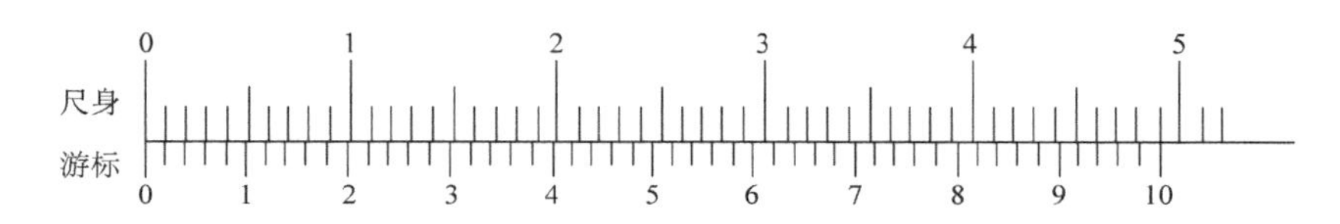

图 1-4　分度值为 0.02mm 的游标卡尺的刻线原理

与上述刻线原理相同，分度值为 0.05mm 的游标卡尺是使尺身上的 19 格刻线的宽度与游标上 20 格刻线的宽度相等，则游标的每格刻线宽度为 19mm/20 = 0.95mm，尺身和游标的刻线间距之差为 1.00mm - 0.95mm = 0.05mm。这个差值就是 0.05mm 游标卡尺的分度值。

（2）游标卡尺的读数方法　使用游标卡尺测量工件时，读数可分为下面三个步骤（以分度值为 0.02mm 的游标卡尺为例）。

1）读整数。读出游标零线左边最近的尺身刻度值，该数值就是被测件长度（mm）的整数值。

2）读小数。找出游标刻线对准尺身刻线的位置，将其顺序数乘以分度值 0.02mm 所得的积，即为被测件的小数值。

3）整个读数。把上面 1）和 2）两次读数值相加，就是被测工件的整个读数值。读数示例如图 1-5 所示，读数应为 23mm+10×0.02mm = 23.20mm。

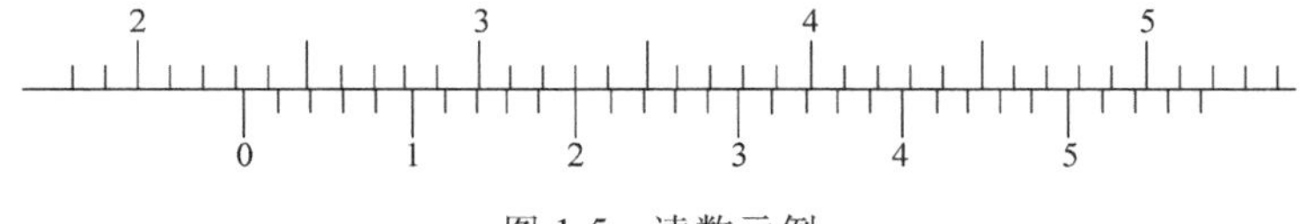

图 1-5　读数示例

（3）游标卡尺的正确使用

1）应根据所测工件的部位和尺寸精度，正确、合理地选择游标卡尺的种类和规格。

2）将工件和游标卡尺的测量面擦干净。

3）校对零点，即游标零线与尺身零线、游标尾线与尺身的相应刻线都应相互对准。

4）利用外测量爪测量工件时，先将尺身测量爪贴靠在工件测量基准面上，然后轻轻移动游标，使外测量爪贴靠在工件另一面上。注意不要歪斜，以免读数产生误差，如图1-6所示。

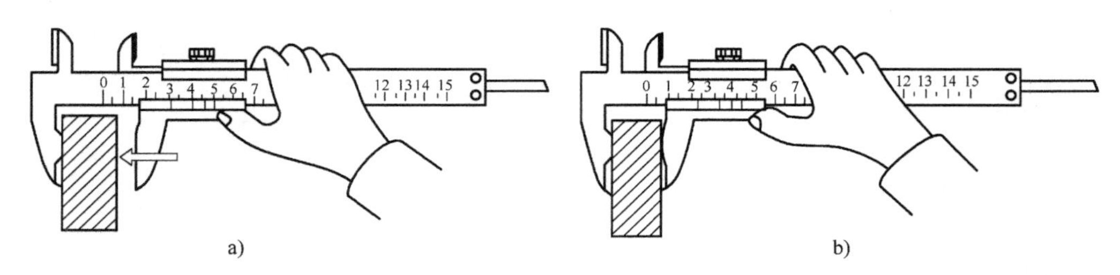

图 1-6　游标卡尺的使用方法

4. 千分尺

千分尺是用活动套筒读数的、分度值为 0.01mm 的量尺，是机械加工中使用最广泛的精密量具之一。千分尺按用途一般可分为外径千分尺、内径千分尺和深度千分尺三种类型。外径千分尺的结构如图 1-7 所示。

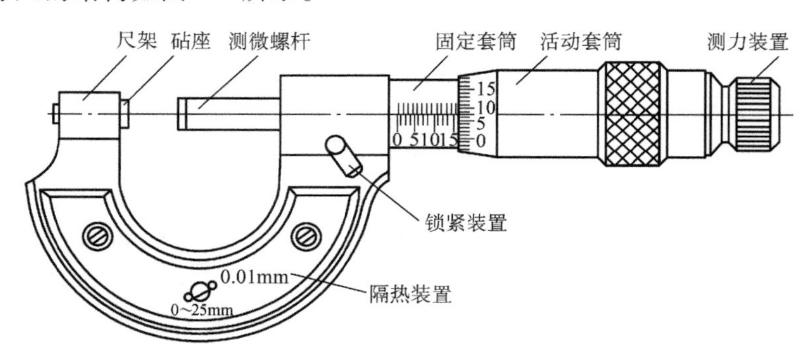

图 1-7　外径千分尺的结构

按其测量范围，外径千分尺有 0~25mm、25~50mm、50~75mm、75~100mm 等多种规格。

（1）千分尺的刻线原理　外径千分尺是利用螺旋传动原理，将角位移变成直线位移来进行长度测量的。如图 1-7 所示，活动套筒与其内部的测微螺杆连接成一体，上面刻有 50 条等分刻线。当活动套筒旋转一周时，由于测微螺杆的螺距一般为 0.5mm，因此它就轴向移动 0.5mm。当活动套筒转过一格时，测微螺杆轴向移动的距离为 0.5mm/50=0.01mm，这就是千分尺的刻线原理。

（2）千分尺的读数方法　千分尺的读数机构是由固定套筒和活动套筒组成的。固定套筒上的纵向刻线是活动套筒读数值的基准线，而活动套筒锥面的端面是固定套筒读数值的指示线。

固定套筒纵刻线的两侧各有一排均匀刻线，刻线的间距都是 1mm，且相互错开 0.5mm，标出数字的一侧表示毫米数，未标数字的一侧为 0.5mm 数。

用千分尺进行测量时，其读数可分为以下三个步骤。

1）读整数。读出活动套筒锥面的端面左边在固定套筒上露出来的刻线数值，即被测件的毫米整数或 0.5mm 数。

2）读小数。找出与基准线对准的活动套筒上的刻线数值，如果此时整数部分的读数值为毫米整数，那么该刻线数值就是被测件的小数值；如果此时整数部分的读数值为 0.5mm 数，则该刻线数值还要加上 0.5mm 后才是被测件的小数值。

3）整个读数。将上面两次读数值相加，就是被测件的整个读数值。千分尺的读数如图 1-8 所示。

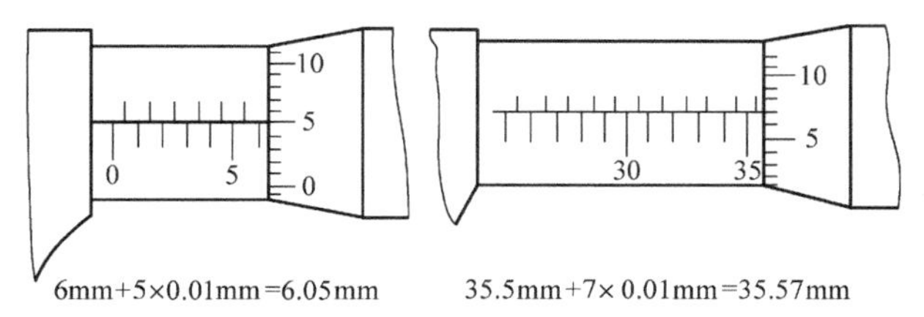

图 1-8　千分尺的读数

（3）千分尺的正确使用

1）先将工件、千分尺的砧座和测微螺杆的测量面擦干净。

2）检查千分尺的各部分是否灵活、可靠，是否对零正确。

3）测量时，要使测微螺杆轴线与工件的被测尺寸方向一致，不要倾斜。

4）转动活动套筒时，当测量面将与工件表面接触时，应改为转动测力装置，直到测力装置发出“哒”“哒”的响声后，方能进行读数。这时最好在被测件上直接读数。如果必须取下千分尺读数，应使用锁紧装置把测微螺杆锁住，再轻轻滑出千分尺。测量时可用单手或双手操作，其具体方法如图 1-9 所示。

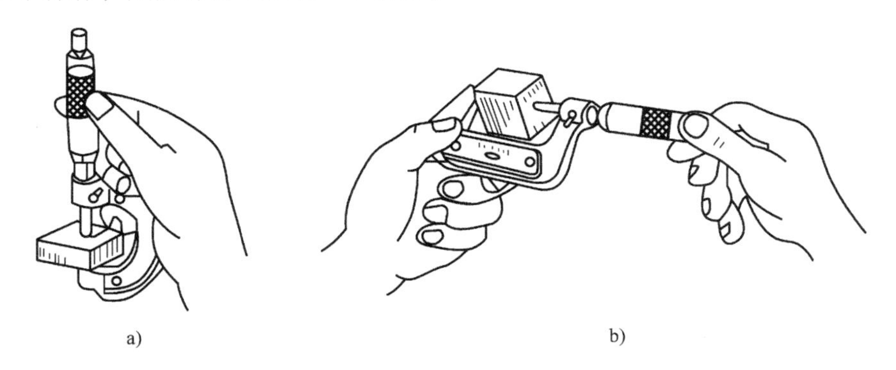

图 1-9　千分尺的使用方法

a）单手操作　b）双手操作

5. 百分表

百分表是一种精密量具，可用来检验机床精度和测量工件尺寸、形状和位置误差。

（1）百分表的结构　百分表一般由测头、测量杆（与齿杆连接在一起）、齿轮、指针、刻度盘等组成，如图 1-10 所示。

（2）百分表的刻线原理　百分表内测量杆 2 的齿杆和小齿轮 3 的齿距是 0.625mm。当齿杆上升 16 齿时（即上升 0.625mm×16＝10mm），16 齿小齿轮 3 转一周，同时齿数为 100 的大齿轮 4 也转一周，就带动齿数为 10 的中间小齿轮 5 和长指针 6 转 10 周。即当测量杆向上或向下移动 1mm 时，通过齿轮传动系统带动长指针 6 转一周，短指针 8 转一格。刻

度盘9在圆周上有100等分的刻度线，其每格的读数为1mm/100=0.01mm。常用百分表短指针刻度盘的圆周上有10个等分格，每格为1mm。

（3）百分表的读数方法和使用 测量时百分表大小指针所示读数之和即为尺寸变化量。也就是说，先读小指针转过的刻度值(即毫米整数)，再读大指针转过的刻度数（即小数部分)，并乘以0.01，然后两者相加，即可得到所测量的数值。其安装和使用方法如图1-11所示。

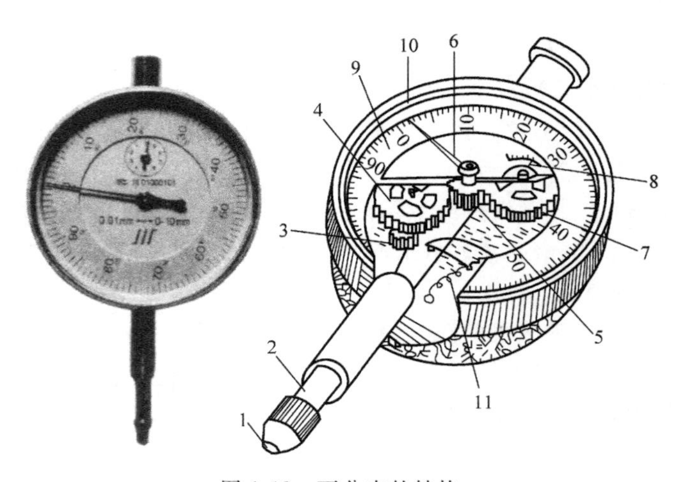

图1-10 百分表的结构

1—测头 2—测量杆 3—小齿轮 4、7—大齿轮 5—中间小齿轮 6—长指针 8—短指针 9—刻度盘 10—表圈 11—拉簧

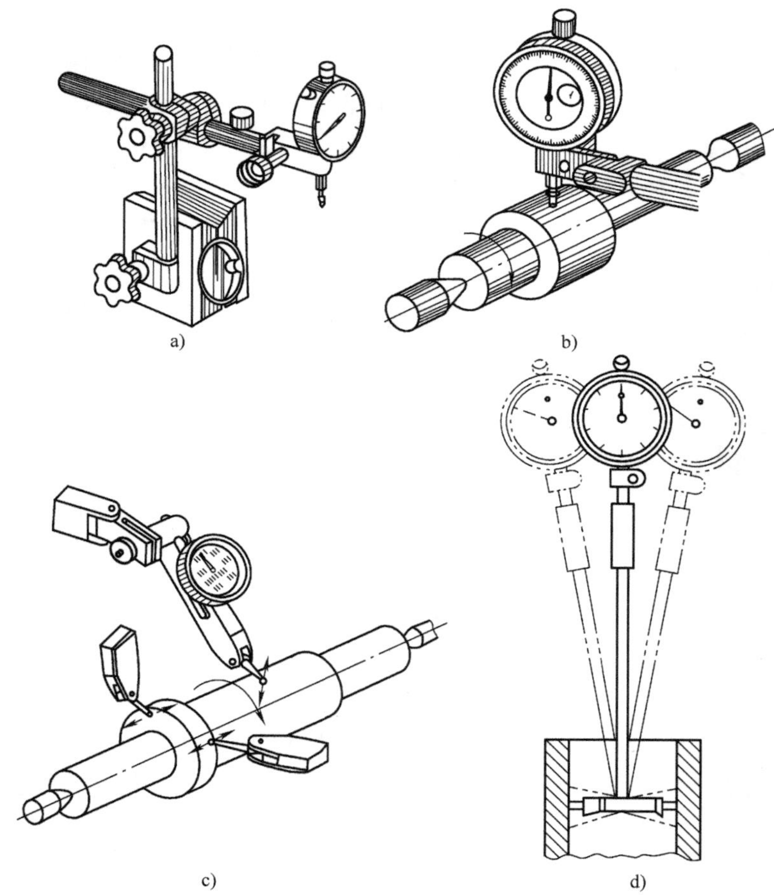

图1-11 百分表的安装和使用方法

a）百分表的安装 b）用百分表检验轴的径向圆跳动

c）用杠杆式百分表检验轴的径向、轴向圆跳动 d）用内径百分表测量孔径

（4）百分表的正确使用

1）测量前，检查表盘和指针有无松动现象。

2）测量前，检查长指针是否对准零位，如果未对准应及时调整。

3）测量时，测量杆应垂直于工件表面。

4）测量时，测量杆应有 0.1~0.3mm 的压缩量，保持一定的初始测力，以免由于存在负偏差测量不准确。

6. 刀口形直尺

刀口形直尺是用光隙法检验直线度或平面度的直尺，其形状及使用如图 1-12 所示。

刀口形直尺的规格用刀口长度表示，常用的有 75mm、125mm、175mm、225mm 和 300mm 等几种。检验时，将刀口形直尺的刀口与被检平面接触，并在尺后面放一个光源，然后从尺的前面观察被检平面与刀口之间漏光的多少，以判断误差情况。

7. 塞尺

塞尺是用来检查两贴合面之间间隙的薄片量尺。如图 1-13 所示，塞尺由一组薄钢片组成，其每片的厚度为 0.01~0.08mm 不等。测量时将塞尺直接塞进间隙，当一片或数片能塞进两贴合面之间时，则该一片或数片的厚度（可由每片片身上的标记读出）之和，即为两贴合面之间的间隙值。

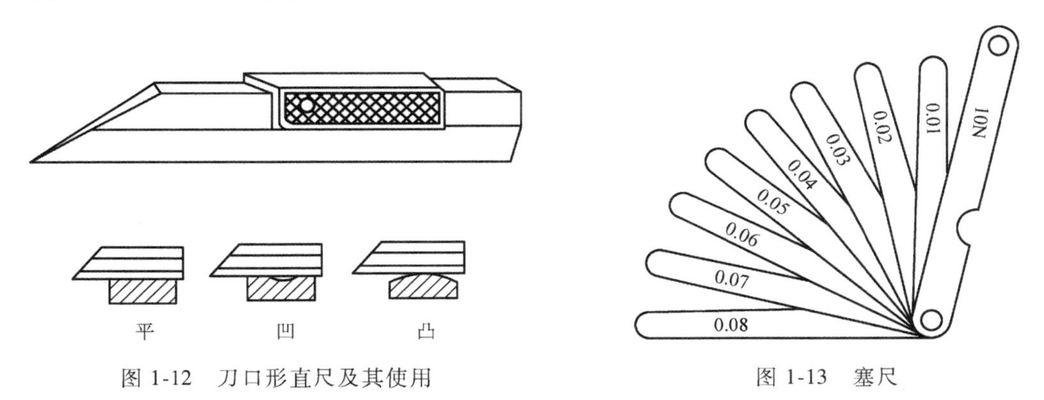

图 1-12　刀口形直尺及其使用　　图 1-13　塞尺

使用塞尺测量时选用的薄片越少越好，而且必须先擦净尺面和工件。测量时不能用力硬塞，以免尺片弯曲和折断。

1.2.2　角度量具

1. 直角尺

直角尺是检验直角用非刻线量尺，用于检查工件的垂直度。检测时，将直角尺的一边与工件一面贴紧，可根据工件另一面与直角尺另一边之间缝隙的大小来判断角度的误差情况。直角尺如图 1-14 所示。

2. 游标万能角度尺

游标万能角度尺是用游标读数、可测任意角度的量尺，一般用来测量零件的内、外角度。它的构造如图 1-15 所示。

游标万能角度尺的读数机构是根据游标原理制成的。以分度值为 2′的游标万能角度尺为例，其主尺分度线每格为 1°，而游标刻线每格为 58′，即主尺一格与游标一格的差为 2′。

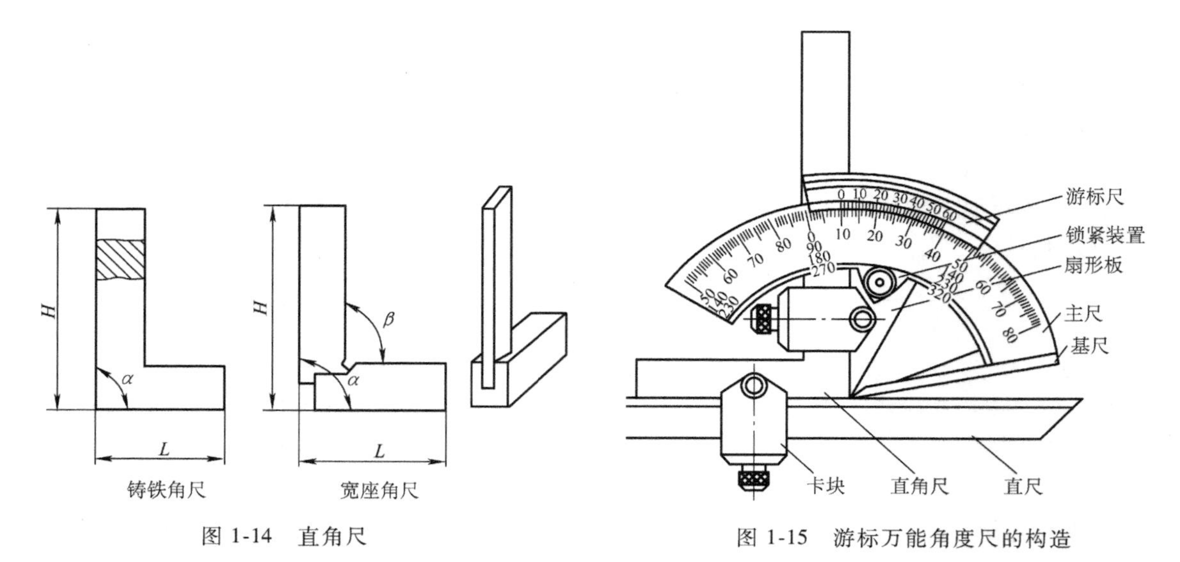

图 1-14　直角尺

图 1-15　游标万能角度尺的构造

它的读数方法与游标卡尺完全相同。

测量时应先校对零位。当直角尺与直尺均安装好，且直角尺的底边及基尺均与直尺无间隙接触，主尺与游标尺的“0”线对准时，即调好了零位。使用时通过改变基尺、直角尺、直尺的相互位置，可测量游标万能角度尺测量范围内的任意角度。用游标万能角度尺测量工件时，应根据所测范围组合量尺。游标万能角度尺应用实例如图 1-16 所示。

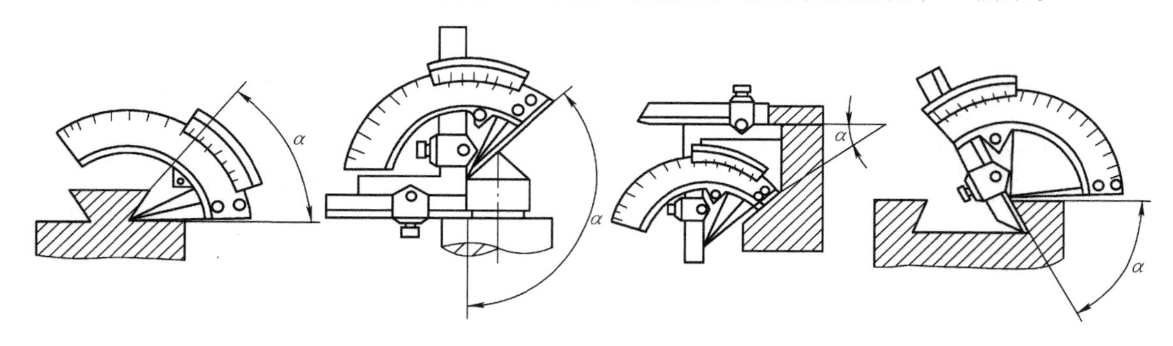

图 1-16　游标万能角度尺应用实例

1.2.3　量具的保养

量具保养得好坏，直接影响它的使用寿命和零件的测量精度。因此，保养量具必须做到以下几点。

1）使用前必须用绒布将其擦拭干净。

2）不能用精密量具去测量毛坯或运动着的工件。

3）测量时不能用力过猛、过大，也不能测量温度过高的工件。

4）量具不能乱扔、乱放，更不能将其当工具使用。

5）不能用污油清洗量具，更不能注入污油。

6）量具使用完后，应将其擦洗干净后涂油并放入专用的量具盒内。

小　结

1. 单位换算关系：$1m = 10^3 mm = 10^6 \mu m = 10^9 nm$，$1in = 25.4mm$；$1° = 0.0174533rad = 60' = 360''$。

2. 常用长度量具：金属直尺、卡钳、游标卡尺、千分尺、百分表等。

3. 常用角度量具：直角尺、游标万能角度尺等。

第2章 金属材料的性能及常用工程材料

学习目标

1. 了解金属材料的力学性能和工艺性能。
2. 了解常用工程材料的分类，熟悉常用金属材料的性能、牌号及应用。
3. 了解常用非金属材料的性能、用途及前景。

2.1 金属材料的性能

金属材料的性能可分为使用性能和工艺性能。使用性能是指金属材料在使用过程中所表现出来的性能，包括物理性能（如相对密度、熔点、导电性、导热性等）、化学性能（如耐酸性、耐蚀性、耐热性等）和力学性能。工艺性能是指金属材料适应各种加工工艺所具备的性能。按加工方法的不同，工艺性能分为铸造性能、可锻性、焊接性、热处理性能和可加工性等。

2.1.1 金属材料的力学性能

金属材料的力学性能是指在外力作用下其强度和变形方面所表现的性能，主要有强度、塑性、硬度、韧性和疲劳极限等。

1. 强度与塑性

材料在载荷作用下，其原子的相对位置发生改变，宏观上表现为形状、尺寸的变化，这种变化称为变形。变形一般分为弹性变形和塑性变形。当外力不大时，一旦去除外力，变形则随之消失，这种变形称为弹性变形；外力卸去之后，仍然长久保持的变形称为塑性变形或永久变形。

材料受外力作用时，为保持自身形状尺寸不变，在材料内部作用着的与外力相对抗的力，称为内力。内力的大小与外力相等，方向则与外力相反，以和外力保持平衡。材料单位面积上的内力称为应力。金属受拉伸载荷或压缩载荷作用时，其横截面上的应力按下式计算

$$R=\frac{F}{S}$$

式中　R——应力（MPa）；

F——外力（N）；

S——横截面积（mm^2）。

（1）力-伸长曲线　力-伸长曲线，即进行拉伸试验时拉伸力与材料伸长量之间的对应关系曲线，一般在拉伸试验机上自动绘出，如图 2-1 所示。试验时先将被测材料制成标准试样，如图 2-2a 所示，然后将试样夹在拉伸试验机上，慢慢增加拉伸力，使试样不断变形，直至拉断为止（试验方法详见 GB/T 228.1—2010《金属材料　拉伸试验　第 1 部分：室温试验方法》）。通过力-伸长曲线，即可得出材料的强度指标和塑性指标，这些指标是评定金属材料力学性能的主要判据。

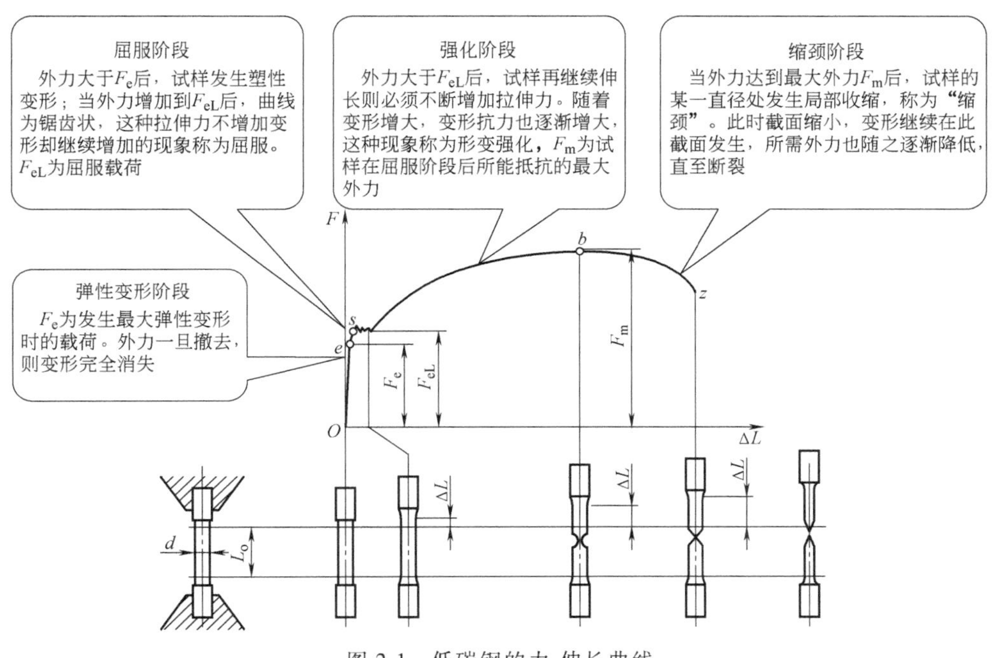

图 2-1　低碳钢的力-伸长曲线

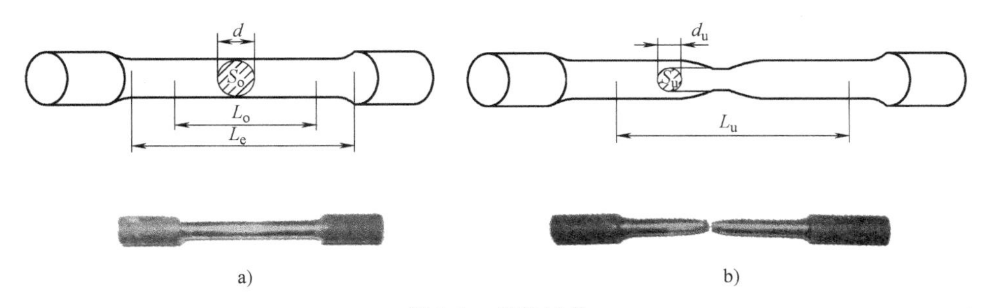

图 2-2　拉伸试样

a）拉伸前　b）拉断后

（2）强度　金属材料在静载荷作用下抵抗塑性变形或断裂的能力称为强度。强度的大小通常用应力来表示。常见的强度指标包括以下几项。

1）屈服强度　在拉伸试验过程中，载荷不增加（或保持恒定），试样仍能继续伸长

时的应力称为屈服强度，分为上屈服强度和下屈服强度。

上屈服强度的计算公式为

$$R_{eH}=\frac{F_{eH}}{S_o}$$

式中　R_{eH}——上屈服强度，即试样发生屈服而载荷首次下降前的最大应力（MPa）；

F_{eH}——上屈服载荷，即试样发生屈服而载荷首次下降前的最大载荷（N）；

S_o——试样原始横截面积（mm^2）。

下屈服强度的计算公式为

$$R_{eL}=\frac{F_{eL}}{S_o}$$

式中　R_{eL}——下屈服强度，是指试样在屈服期间的恒定应力或不计初始瞬时效应时的最小应力（MPa），下屈服强度与旧标准中的屈服点σ_s含义相同；

F_{eL}——下屈服载荷，是指在屈服期间的恒定载荷或不计初始瞬时效应时的最小载荷（N）；

S_o——试样原始横截面积（mm^2）。

除低碳钢、中碳钢及少数合金钢有屈服现象外，大多数金属材料没有明显的屈服现象。因此，这些材料规定用产生0.2%残余伸长时的应力作为屈服强度，可以替代R_{eL}，称为条件（名义）屈服强度，计为$R_{p0.2}$。

屈服强度是工程技术中最重要的力学性能指标之一，设计零件时常以R_{eL}或$R_{p0.2}$作为选用金属材料的依据。

2）抗拉强度R_m　材料在断裂前所能承受的最大应力称为抗拉强度，其计算公式为

$$R_m=\frac{F_m}{S_o}$$

式中　R_m——抗拉强度（MPa）；

F_m——试样在屈服阶段后所能抵抗的最大外力（无明显屈服的材料为实验期间的最大外力）（N）；

S_o——试样原始横截面积（mm^2）。

材料的R_{eL}、R_m可在材料手册中查得。一般机件都是在弹性状态下工作，不允许有微小的塑性变形，更不允许工作应力大于R_m。R_m数据较准确，也可作为零件设计和选材的依据。

（3）塑性指标及其意义　断裂前金属材料产生永久变形的能力称为塑性。塑性指标也是由拉伸试验测得的，常用断后伸长率和断面收缩率来表示。

1）断后伸长率。试样拉断后，标距的伸长量与原始标距的百分比称为断后伸长率，用符号 A 表示。其计算公式为

$$A=\frac{L_u-L_o}{L_o}\times 100\%$$

式中　A——断后伸长率，在旧标准中用 δ 表示；

L_u——试样拉断后的标距（mm）；

L_o——试样的原始标距（mm）。

必须说明，同一材料的试样长短不同，测得的断后伸长率是不同的。长、短试样的断后伸长率分别用符号 $A_{11.3}$ 和 A 表示。

2）断面收缩率。试样拉断后，缩颈处横截面积的缩减量与原始横截面积的百分比称为断面收缩率，用符号 Z 表示。其计算公式为

$$Z=\frac{S_o-S_u}{S_o}\times 100\%$$

式中　Z——断面收缩率，在旧标准中用 ψ 表示；

S_o——试样原始横截面积（mm^2）；

S_u——试样拉断后缩颈处的横截面积（mm^2）。

金属材料的断后伸长率（A）和断面收缩率（Z）数值越大，表示材料的塑性越好。塑性好的金属材料可以发生严重塑性变形而不致遭到破坏，易于通过塑性变形加工成复杂形状的零件。例如，工业纯铁的 A 值可达 50%，Z 值可达 80%，可以用来拉制细丝、轧制薄板等；铸铁的 A 值几乎为零，所以不能进行塑性变形加工。塑性好的材料，在受力过大时，首先产生塑性变形而不致发生突然断裂，因此使用起来比较安全。

2. 硬度

小试验

如图 2-3 所示，在钢板和铝板之间放一个滚珠，然后在台虎钳上夹紧。在夹紧力的作用下，两块板料的表面会留下不同直径和深度的浅坑压痕。你能根据压痕判断出钢板、铝板、滚珠谁硬谁软吗？

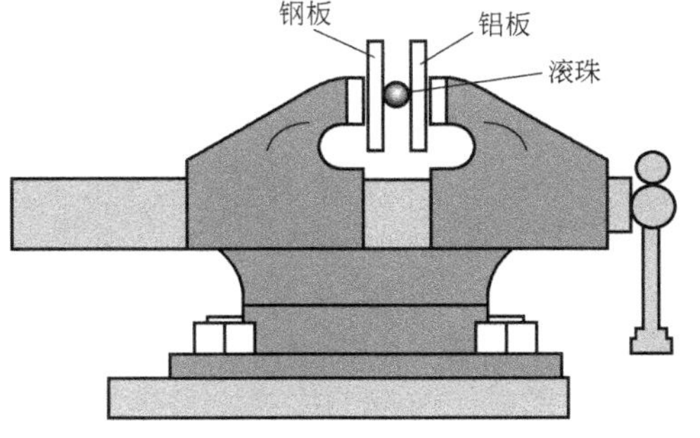

图 2-3　小试验

材料抵抗局部变形特别是塑性变形、压痕或划痕的能力称为硬度。硬度是衡量材料软硬程度的判据，硬度值可以间接地反映金属的强度及金属在化学成分、金相组织和热处理工艺上的差异。与拉伸试验相比，硬度试验简便易行，因而硬度试验应用十分广泛。

工业上应用广泛的是静试验力压入法硬度试验，即在规定的静态试验力下将压头压入材料表面，用压痕面积或压痕深度来评定材料

硬度。常用的有布氏硬度试验法、洛氏硬度试验法和维氏硬度试验法等。

（1）布氏硬度　布氏硬度值是通过布氏硬度试验确定的。在布氏硬度试验计（图2-4）上，直径为D的硬质合金球被施加试验力压入试样表面。经规定保持时间后，卸除试验力，测量出试样表面压痕的直径d，根据压痕d的大小（图2-5），从专门的硬度表中可查出相应的布氏硬度值，见附录A。

图2-4　HB-3000型布氏硬度试验计

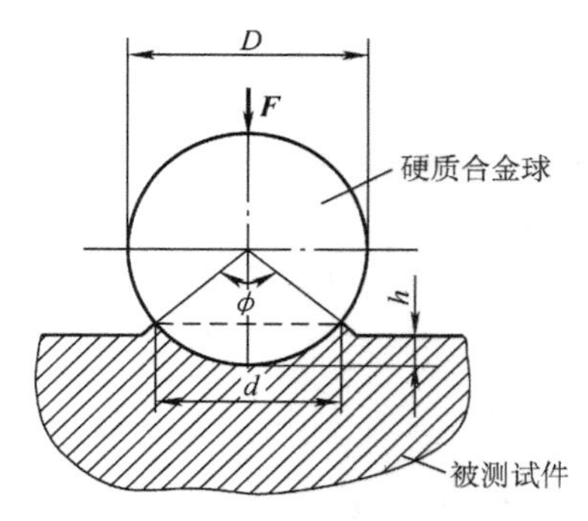

图2-5　布氏硬度试验

布氏硬度用符号HBW表示，习惯上只定出硬度值而不注明单位。其标注方法是：符号HBW前面为硬度值，符号后面按以下顺序用数字表示试验条件：球体直径、试验力、试验力保持的时间（10～15s不标注）。

例1：350HBW5/750表示用直径5mm的硬质合金球，在7.355kN试验力下保持10～15s测定的布氏硬度值为350。

例2：600HBW1/30/20表示用直径1mm的硬质合金球，在294.2N试验力下保持20s测定的布氏硬度值为600。

布氏硬度与抗拉强度的近似关系如下：

低碳钢的$R_m \approx 3.53$HBW，高碳钢的$R_m \approx 3.33$HBW。

合金钢的$R_m \approx 3.19$HBW，灰铸铁的$R_m \approx 0.98$HBW。

（2）洛氏硬度　洛氏硬度值是由洛氏硬度试验测定的。试验时，在洛氏硬度试验计（图2-6）上，采用金刚石圆锥体或淬火钢球作为压头，将其压入金属表面，经规定保持时间后卸除主试验力，以测量的压痕深度来计算洛氏硬度值，如图2-7所示。

实际测定时，试件的洛氏硬度值由洛氏硬度试验计的表盘上直接读出。材料越硬，则表盘上的示值越大。

洛氏硬度用符号HR表示。根据压头和试验力的不同，常用A、B、C三种标尺，其中C标尺应用最为广泛。洛氏硬度表示方法如下：符号HR前面的数字表示硬度值，HR后面的字母表示不同洛氏硬度的标尺。例如45HRC表示用C标尺测定的洛氏硬度值为45。

图 2-6　HR-150 型洛氏硬度试验计

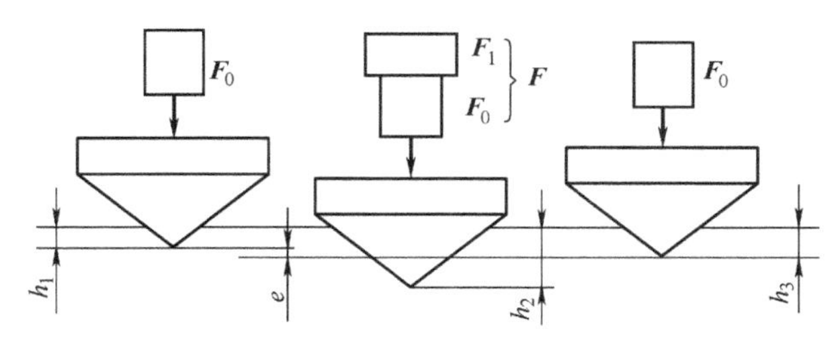

图 2-7　洛氏硬度试验

(3) 维氏硬度　维氏硬度试验原理基本上和布氏硬度试验相同，如图 2-8 所示。相对两面为 136°的正四棱锥金刚石压头以选定的试验力压入试样表面，经规定保持时间后，卸除试验力，测量压痕两对角线的平均长度 d，根据 d 值查 GB/T 4340.4—2009 中的维氏硬度数值表，即可得出硬度值（也可用公式计算），用符号 HV 表示。例如 640HV30 表示用 294.2N（30kgf）试验力，保持 10～15s（可省略不标），测定的硬度值为 640。维氏硬度因试验力小、压入深度浅，故可测量较薄材料，也可测量表面渗碳、渗氮层的硬度。因维氏硬度值具有连续性（10～1000HV），故可测从很软到很硬的金属材料的硬度，且准确性高。维氏硬度试验的缺点是需测量压痕对角线的长度；压痕小，对试样表面质量要求较高。

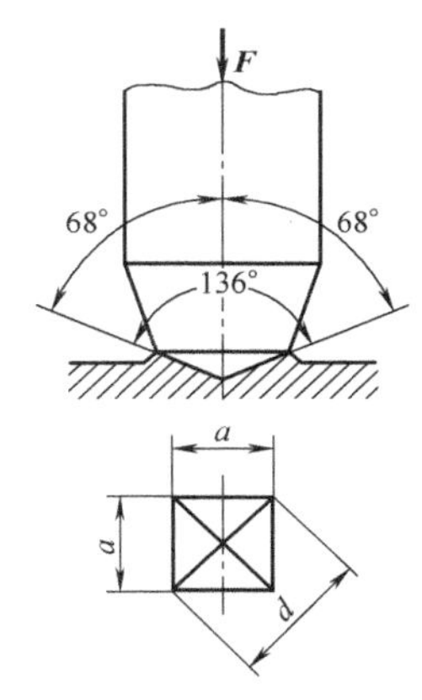

图 2-8　维氏硬度试验

3. 韧性

韧性是指金属在断裂前吸收变形能量的能力。在冲击力作用下的零件，需测定其在冲击断裂前吸收变形的能量，即韧性指标。冲击吸收功是衡量金属韧性的主要判据。

冲击吸收功是指规定形状和尺寸的试样在冲击试验力一次性作用下折断时所吸收的功，一般通过夏比冲击试验进行测定。

夏比冲击试验是一种动态力学试验，夏比冲击试验机如图 2-9 所示。试验时，用规定的摆锤对处于简支梁状态的缺口（V 型缺口或 U 型缺口）试样进行一次性打击，测量试样折断时的冲击吸收功，如图 2-10 所示。

试样被冲断时所吸收的能量即是摆锤冲击试样所做的功，称为冲击吸收功，用符号 K 表示，单位为 J。冲击吸收功除以试样缺口处的横截面积，即可得到材料的冲击韧度，用符号 a_K 表示，单位为 J/cm^2。

冲击韧度是冲击试样缺口处单位横截面积上所受的冲击吸收功。冲击韧度越大，表示材料的韧性越好。

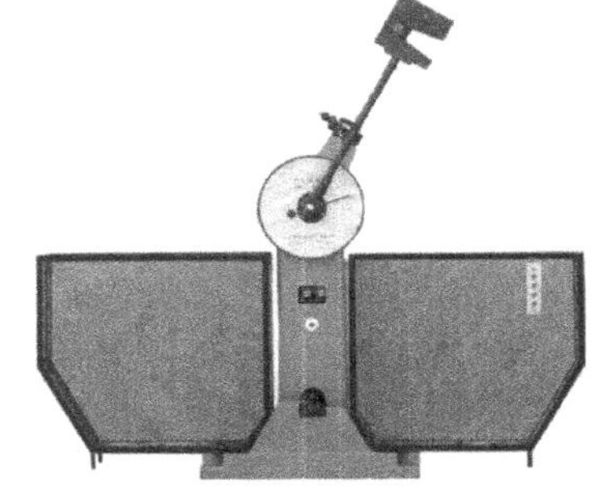

图 2-9　夏比冲击试验机

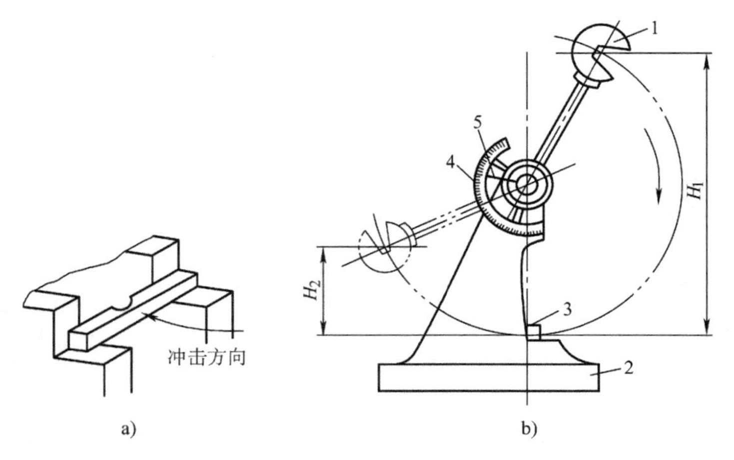

图 2-10　夏比冲击试验原理

a）处于简支梁状态的缺口试样　b）夏比冲击试验示意图

1—摆锤　2—机架　3—试样　4—刻度盘　5—指针

必须说明的是，使用不同类型的试样（V 型缺口或 U 型缺口）进行试验时，其冲击吸收功应分别标为 KV 和 KU，冲击韧度则标为 a_{KV}或 a_{KU}。

4. 疲劳的概念

许多机械零件，如轴、齿轮、轴承、叶片、弹簧等，在工作过程中各点的应力随时间周期性变化。这种随时间周期性变化的应力称为交变应力（也称循环应力）。在交变应力作用下，虽然零件所承受的应力低于材料的下屈服强度所对应的应力，但经过较长时间的工作后零件产生裂纹或突然发生完全断裂的现象称为金属的疲劳。

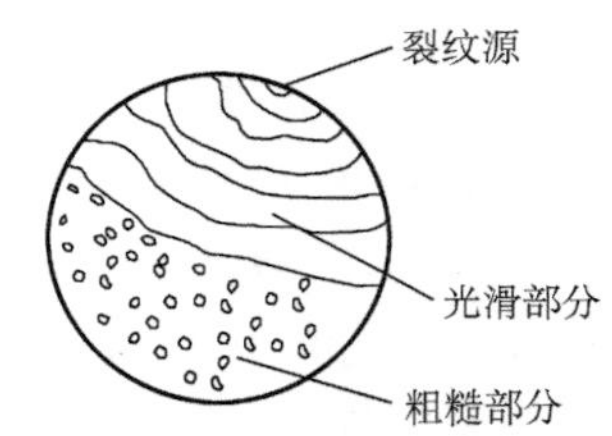

图 2-11　疲劳破坏

疲劳破坏的宏观断口由两部分组成，即裂纹源及扩展区（光滑部分）和最后断裂区（粗糙部分），如图 2-11 所示。疲劳破坏是机械零件失效的主要原因之一。据统计，在机械零件失效中大约有 80%以上属于疲劳破坏，而且疲劳破坏前没有明显的变形，所以疲劳破坏经常造成重大事故。

2.1.2　金属材料的工艺性能

金属材料的一般加工过程如图 2-12 所示。

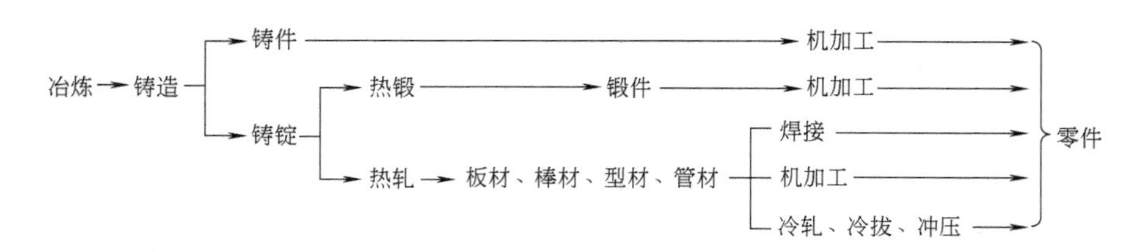

图 2-12　金属材料的一般加工过程

工艺性能是指金属材料在加工过程中是否易于加工成形的能力。它包括铸造性能、可锻性、焊接性和可加工性等。工艺性能直接影响零件的制造工艺和质量，是选材和制订零

件加工工艺路线时必须考虑的因素之一。

1. 铸造性能

金属及合金在铸造工艺中获得优良铸件的能力称为铸造性能。衡量铸造性能的主要指标有流动性、收缩性和偏析倾向等。金属材料中，灰铸铁和青铜的铸造性能较好。

（1）流动性　熔融金属的流动能力称为流动性。它主要受金属化学成分和浇注温度等的影响。流动性好的金属容易充满铸型，从而容易获得外形完整、尺寸精确、轮廓清晰的铸件。

（2）收缩性　铸件在凝固和冷却过程中，其体积和尺寸减小的现象称为收缩性。铸件收缩不仅影响尺寸精度，还会使铸件产生缩孔、疏松、内应力、变形和开裂等缺陷，故用于铸造的金属的收缩率越小越好。

（3）偏析倾向　金属凝固后，内部化学成分和组织不均匀的现象称为偏析。偏析严重时能使铸件各部分的力学性能有很大的差异，从而降低铸件的质量。这对大型铸件的危害更大。

2. 可锻性

用锻压成形方法获得优良锻件的难易程度称为金属材料的可锻性。可锻性的好坏主要与金属的塑性和变形抗力有关，也与材料的成分和加工条件有很大关系。塑性越好、变形抗力越小，金属的可锻性越好。例如黄铜和铝合金在室温状态下就有良好的可锻性，碳钢在加热状态下可锻性较好，铸铁、铸铝、青铜则几乎不能锻压。

3. 焊接性

焊接性指金属材料对焊接加工的适应性，也就是在一定的焊接工艺条件下，获得优质焊接接头的难易程度。对碳钢和低合金钢，焊接性主要与金属材料的化学成分有关（其中碳含量的影响最大）。如低碳钢具有良好的焊接性，高碳钢、不锈钢、铸铁的焊接性较差。

4. 可加工性

金属材料的可加工性指切削加工金属材料的难易程度。可加工性一般由工件切削后的表面粗糙度及刀具寿命等方面来衡量。影响可加工性的因素主要有工件的化学成分、组织状态、硬度、塑性、导热性和形变强化等。一般认为金属材料具有适当硬度（170~230HBW）和足够的脆性时较易切削。在材料的种类上，铸铁、铜合金、铝合金及一般非合金钢都具有较好的可加工性，所以铸铁比钢的可加工性好，一般非合金钢比高合金钢的加工性好。改变钢的化学成分和进行适当的热处理，是改善钢可加工性的重要途径。

2.2　常用工程材料简介

工程材料是现代工业、农业、国防和科学技术的物质基础，是制造各种机床、矿山机械、农业机械和运输机械等的最主要材料。常见工程材料的分类如图 2-13 所示。

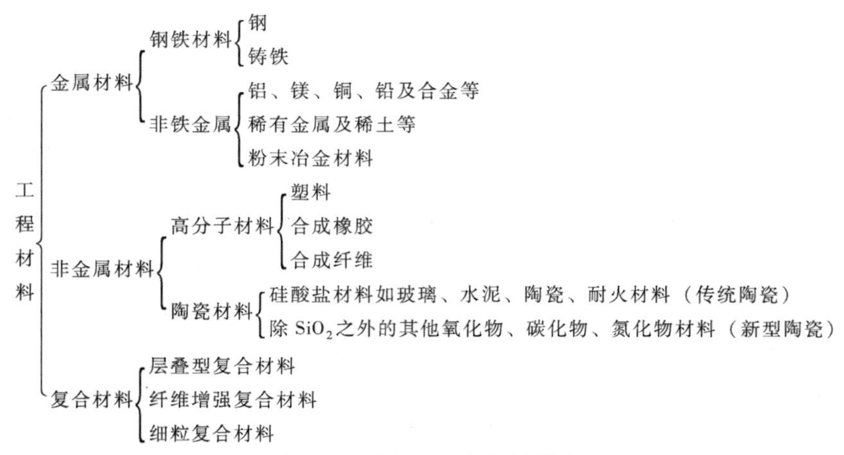

图 2-13　常见工程材料的分类

金属材料是目前应用最广泛的工程材料，包括纯金属及其合金。在工业上，金属材料可分为两大类：一类是钢铁材料，指铁、锰、铬及其合金，其中以铁为基础的合金（钢和铸铁）应用最广；另一类是非铁金属，是指除钢铁材料以外的所有金属及其合金。

2.2.1　工业用钢

钢是以铁为主要元素，一般 $w_C<2\%$，并含有其他元素的材料。由于钢的种类很多，所以进行科学的分类，对现在的学习和将来合理选用钢材都具有重要的意义。

1. 钢的分类

我国目前采用的钢的分类方法是 GB/T 13304—2008《钢分类》国家标准，它是参照国际标准制定的，主要分为“按化学成分分类”“按主要质量等级和主要性能或使用特性的分类”两部分。

（1）按化学成分分类　根据化学成分，钢可分为非合金钢（碳素钢）、低合金钢、合金钢。

1）非合金钢（碳素钢）。钢中每个元素的质量分数都在非合金钢相应元素的界限值范围内时，称为非合金钢（碳素钢）。非合金钢中不含特意加入的合金元素，对其性能影响最大的是钢中碳的质量分数。非合金钢按碳的质量分数分为低碳钢（$w_C \leqslant 0.25\%$）、中碳钢（$0.25\%<w_C \leqslant 0.6\%$）、高碳钢（$w_C>0.6\%$）。

2）低合金钢和合金钢。这两类钢是为了改善钢的性能而有意识地加入一些合金元素（如 Cr、Co、Cu、Mn、Mo、Ni、Si、Ti、W、V 等）的钢。按照 GB/T 13304—2008《钢分类》规定，通常钢中的每种合金元素的质量分数都处于低合金钢相应元素的界限范围内时，称为低合金钢；处于合金钢相应元素的界限范围内时，称为合金钢。

（2）按主要质量等级和主要性能或使用特性的分类

1）按主要质量等级分类。按主要质量等级分类，非合金钢分为普通质量非合金钢、优质非合金钢、特殊质量非合金钢，低合金钢分为普通质量低合金钢、优质低合金钢、特殊质量低合金钢；合金钢分为优质合金钢、特殊质量合金钢。

2）按钢的主要性能及使用特性分类。

非合金钢可分为：以规定最高强度（或硬度）为主要特性的非合金钢、以规定最低强度为主要特性的非合金钢、以限制碳含量为主要特性的非合金钢及非合金易切削钢、非合

金工具钢、具有专门规定磁性或电性能的非合金钢、其他非合金钢。

低合金钢可分为：可焊接的低合金高强度结构钢、低合金耐候钢、低合金混凝土用钢及预应力用钢、铁道用低合金钢、矿用低合金钢、其他低合金钢。

合金钢分为：工程结构用合金钢，机械结构用合金钢，不锈钢、耐蚀钢和耐热钢，工具钢，轴承钢，特殊物理性能钢及其他合金钢。

2. 钢的牌号

按照国家标准 GB/T 221—2008《钢铁产品牌号表示方法》的有关规定，钢的牌号通常采用大写汉语拼音字母、化学元素符号、阿拉伯数字相结合的方法表示。部分钢的牌号及含义见表 2-1。

表 2-1　部分钢的牌号及含义

类　别	举　例	牌号说明
碳素结构钢和低合金结构钢	Q235AF Q235C	“Q”为屈服强度“屈”字汉语拼音首字母，后面的数字为下屈服强度；A、B、C、D表示从 A 到 D 质量依次提高；F、b、Z、TZ 分别表示沸腾钢、半镇静钢、镇静钢、特殊镇静钢。如 Q235AF 表示下屈服强度 $R_{eL}(R_{p0.2}) \geqslant 235$MPa，质量为 A 级的沸腾碳素结构钢
优质碳素结构钢和优质碳素弹簧钢	45 40Mn	两位数字表示该钢的平均碳的质量分数(万分之几)，如 45 表示 $w_C = 0.45\%$ 的优质碳素结构钢。“Mn”表示钢中锰的含量较高
易切削钢	Y08 Y12Pb	“Y”表示易切削钢，两位数字表示该钢的平均碳的质量分数(万分之几)，如 Y12Pb 表示 $w_C = 0.12\%$ 的易切削钢，易切削元素为 Pb
合金结构钢和合金弹簧钢	20CrMnTi 60Si2Mn	前面的两位数字表示平均碳的质量分数的万倍值；元素符号表示所含合金元素，元素符号后的数字表示该合金元素平均质量分数的百倍值(取整数)，当质量分数<1.5%时一般不标出，当平均质量分数为 1.5%～2.5%、2.5%～3.5%、3.5%～4.5%、…时，合金元素后相应写成 2、3、4、…；若为高级优质钢、特级优质钢，则在钢号后分别加“A”“E”。如 40Cr 表示平均 $w_C = 0.40\%$、$w_{Cr} < 1.5\%$ 的合金结构钢
碳素工具钢	T8 T12A	“T”为“碳”字的汉语拼音首字母，其后的数字表示该钢的平均碳的质量分数(千分之几)。如 T8 表示 $w_C = 0.80\%$ 的碳素工具钢。“A”表示该碳素工具钢为高级优质碳素工具钢
合金工具钢	9SiCr CrWMn	前面的一位数表示钢中平均碳的质量分数的千倍值，若 $w_C \geqslant 1\%$ 时，则不标出。合金元素质量分数的表示方法与合金结构钢相同。如 Cr12 表示 $w_C \geqslant 1\%$、$w_{Cr} = 11.5\%～12.5\%$ 的合金工具钢

3. 常用钢的主要力学性能及应用举例

常用钢的主要力学性能及应用举例见表 2-2 和表 2-3。

表 2-2　常用碳素钢的主要力学性能及应用举例

类别	典型钢号	主要力学性能	应用举例
碳素结构钢	Q215	$R_m \geqslant 335$MPa，$A \geqslant 28\%$ $R_{eL} \geqslant 215$MPa	塑性好、强度低，用于制造受力不大的零件，如垫圈、螺钉、螺母等
	Q235	$R_m \geqslant 375$MPa，$A \geqslant 23\%$ $R_{eL} \geqslant 235$MPa	塑性较好、强度较低，用于制造金属构件、钢板、钢筋、型钢、螺栓、螺母等
	Q255	$R_m \geqslant 410$MPa，$A \geqslant 21\%$ $R_{eL} \geqslant 255$MPa	有一定强度和塑性，用于制造小轴、销、拉杆、链轮、链片等

（续）

类别	典型钢号	主要力学性能	应用举例
优质碳素结构钢	20	$R_{eL}\geqslant$245MPa $R_m\geqslant$410MPa，$A\geqslant$25%	塑性好，易于焊接和冲压，用于制造受力不大的零件，如螺栓、螺母、垫圈、销及渗碳零件等
	45	$R_{eL}\geqslant$355MPa $R_m\geqslant$600MPa，$A\geqslant$16%	综合力学性能好，可加工性好，可用于制造受力较大的零件，如主轴、齿轮、曲轴、连杆、活塞销等
	65	$R_{eL}\geqslant$420MPa $R_m\geqslant$695MPa，$A\geqslant$10%	有较高的强度、弹性和耐磨性，可用于制造弹簧、凸轮、钢丝绳、偏心轮、轧辊等
碳素工具钢	T8	淬火后硬度≥62HRC	硬度高，韧性较好，用于制造承受冲击的工具，如扁铲、手钳、冲头
	T10	淬火后硬度≥62HRC	硬度高，韧性中等，用于制造不受剧烈冲击的工具，如手锯条、刨刀
	T12	淬火后硬度≥62HRC	硬度高，耐磨性好，韧性低，用于制造不受冲击的工具，如锉刀、刮刀

表2-3　常用合金钢的性能特点及应用举例

类别	典型钢号	性能特点	应用举例
低合金结构钢	Q345C Q375C	有较好的塑性、韧性，较高的强度，良好的焊接性，$R_{eL}\geqslant$345MPa，$A\geqslant$18%	用于制造工程构件，如压力容器、桥梁、船舶等
合金结构钢	20Cr 20CrMnTi	热处理后表面硬度高，为60~62HRC，耐磨性好，心部韧性好，$a_K\geqslant$60J/cm^2	用于制造汽车、拖拉机齿轮，以及重要轴类等
	40Cr	热处理后有良好的综合力学性能，$R_m\geqslant$980MPa、$R_{eL}\geqslant$785MPa、$A\geqslant$9%、$a_K\geqslant$60J/cm^2	用于制作各种轴类、连杆、齿轮、重要螺栓等
合金弹簧钢	65Mn 60Si2Mn	热处理后有高的下屈服强度（弹性好）及足够的韧性，$R_{eL}\geqslant$850MPa，$a_K\geqslant$25J/cm^2	用于制作各种弹簧及弹性零件
高碳铬轴承钢	GCr15	热处理后硬度高（62~66HRC），耐磨性好，接触疲劳强度好	用于制作滚动轴承、丝杠等
合金工具钢	9SiCr CrWMn	热处理后硬度高（≥62HRC），耐磨性好，有一定热硬性（300℃）	用于制作各种低速切削刀具，如丝锥、板牙、铰刀等
	Cr12MoV	热处理后硬度高（58~63HRC），耐磨性好，热处理变形小	用于制作冷作模具，如冲裁模、冷挤压模、拉丝模等
高速钢	W18Cr4V	热处理后硬度高（≥63HRC），耐磨性好，热硬性好（600℃）	用于制作各种高速切削刀具，如铣刀、钻头、刨刀、齿轮刀具等
不锈钢	12Cr18Ni9 12Cr13	耐蚀性好，塑性好（$A\geqslant$40%）	用于制作硝酸、化工、化肥等工业设备零件，汽轮机叶片等

2.2.2　工程铸铁

铸铁是碳的质量分数大于2.11%的铁碳合金的总称。铸铁具有较低的熔点和优良的铸造性能，良好的耐磨性、吸振性、可加工性等，在机械制造中有着广泛的应用。常见的机床床身、工作台、箱体、底座等形状复杂或受压力及摩擦作用的零件大多采用铸铁制成。

铸铁与钢相比，虽然力学性能较差，但是具有良好的铸造性能和可加工性，生产成本低，并具有优良的消声、减振、耐压、耐磨、耐蚀等性能，因而得到了广泛应用。

工业上普遍使用的铸铁是断口呈暗灰色的灰铸铁，其中碳主要以石墨形式存在。按石墨形态的不同，铸铁可分为灰铸铁、球墨铸铁、可锻铸铁、蠕墨铸铁等。

铸铁的分类如图 2-14 所示。

1. 灰铸铁

灰铸铁中碳主要以片状的石墨形式存在，断口呈暗灰色，是工业生产中应用最广泛的一种铸铁材料。灰铸铁广泛用作承受压力载荷的零件，如机座、床身、轴承座等，其产量占各类铸铁总产量的 80%以上。

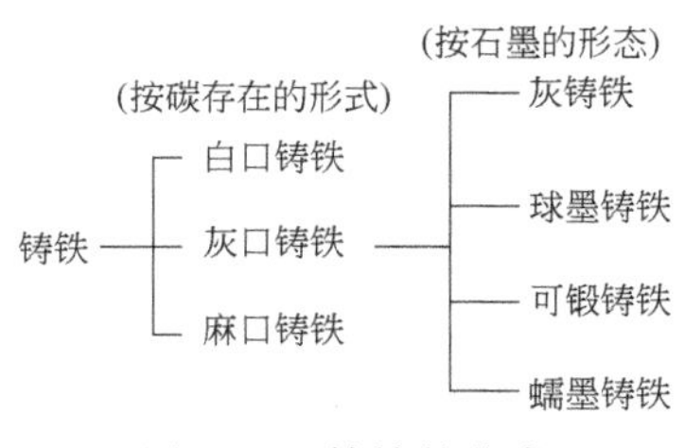

图 2-14　铸铁的分类

灰铸铁的牌号用“HT”及数字表示。其中“HT”是“灰铁”两字汉语拼音的首字母，数字表示最低抗拉强度值。如 HT200 表示最低抗拉强度值为 200MPa 的灰铸铁。由于石墨的存在，灰铸铁具有优良的铸造性能、良好的可加工性、较低的缺口敏感性、良好的减振性、良好的减摩性。

2. 球墨铸铁

球墨铸铁中的石墨呈球状，因而石墨对基体的割裂作用和引起的应力集中的倾向大大减小。石墨球的圆整度越好、球径越小、分布越均匀，球墨铸铁的力学性能就越好。与灰铸铁相比，球墨铸铁有较高的强度和良好的塑性与韧性。它的某些性能还可与钢相媲美，如屈服强度比碳素结构钢高，疲劳强度接近中碳钢。同时，它还具有与灰铸铁相类似的优良性能。但球墨铸铁的断面收缩率较大，流动性稍差，对原材料及处理工艺要求较高。

球墨铸铁广泛应用于机械制造业中受磨损和受冲击的零件，如曲轴、齿轮、气缸套、中低压阀门、轴承座等。

球墨铸铁的牌号用符号“QT”及其后面的两组数字表示。“QT”是“球铁”两字汉语拼音的首字母，两组数字分别代表其最低抗拉强度和最小断后伸长率。如 QT400-15 表示抗拉强度大于 400MPa、断后伸长率大于 15%的球墨铸铁。

3. 可锻铸铁

可锻铸铁中的石墨呈团絮状。与灰铸铁相比，可锻铸铁强度较高，并有一定的塑性和韧性，但不能锻造。可锻铸铁适于制造形状复杂，工作时承受冲击、振动、扭转等载荷的薄壁零件，如汽车零件、机床附件（如扳手）、各种管接头、低压阀门、农具等。

可锻铸铁的牌号由三个字母及两组数字组成。其中前两个字母“KT”是“可铁”两字汉语拼音的首字母，第三个字母代表类别。其后的两组数字分别表示最低抗拉强度和断后伸长率的最小值。如 KTH300-06 表示抗拉强度大于 300MPa、断后伸长率大于 6%的可锻铸铁。

4. 蠕墨铸铁

蠕墨铸铁是 20 世纪 60 年代发展起来的一种新型铸铁材料。因其所含的大部分石墨为

蠕虫状而得名。蠕墨铸铁的生产方法与球墨铸铁相似，即通过在高温铁液中加入适量的蠕化剂（镁钛合金、镁钙合金等），使石墨呈蠕虫状形态。蠕虫状石墨对基体产生的应力集中与割裂现象明显减小，因此蠕墨铸铁的力学性能介于灰铸铁和球墨铸铁之间。蠕墨铸铁在铸造性能、导热性、减振性等方面与灰铸铁相似，都要比球墨铸铁好；可加工性与球墨铸铁相似，比灰铸铁稍差。蠕墨铸铁主要用于制造排气管、变速器箱体、活塞环、气缸套、汽车底盘零件等。

蠕墨铸铁的牌号用“RuT”符号及其后面的数字表示。“RuT”是“蠕铁”两字汉语拼音的缩写，其后数字表示最低抗拉强度。如 RuT340 表示 $R_m \geqslant 340MPa$、$A \geqslant 1.0\%$ 的蠕墨铸铁。

5. 合金铸铁

合金铸铁是指常规元素高于规定含量或含有其他合金元素、具有较高力学性能或明显具有某种特殊性能的铸铁，如耐磨、耐热、耐蚀铸铁等。

（1）耐磨铸铁　耐磨铸铁是指不易磨损的铸铁，其耐磨性主要通过在铸铁中加入某些合金元素以形成一定数量的硬化相来实现。根据工作条件不同，耐磨铸铁分为抗磨铸铁和减摩铸铁两类。抗磨铸铁多用于制造在无润滑、干摩擦及抗磨粒磨损条件下工作的零件，如轧辊、犁铧和球磨机磨球等。这些零件应具有均匀的高硬度组织。灰铸铁是一种较好的抗磨铸铁，但因其脆性很大，不宜用来制造承受冲击的铸件。生产中常用“激冷”方法制造冷硬铸铁。即在造型时，将铸件要求抗磨的部位制作成金属型，其余部位用砂型，并适当调整化学成分（如降低含硅量），从而使铸件要求抗磨处得到白口组织，而其余部位韧性较好，可承受一定的冲击。减摩铸铁多用于制造在润滑条件下工作的零件，如机床导轨、气缸套、活塞环、轴承等，其组织应为软基体上分布硬组织。

（2）耐热铸铁　耐热铸铁是指可以在高温下使用，抗氧化或抗生长性能符合使用要求的铸铁。为提高耐热性，可向铸铁中加入铝、硅、铬等元素，使铸件表面形成一层致密的 SiO_2、Al_2O_3、Cr_2O_3 等氧化膜，以保证铸铁内部不渗入氧化性气体而继续氧化，从而提高铸铁的抗氧化能力。

（3）耐蚀铸铁　耐蚀铸铁是指能耐化学、电化学腐蚀的铸铁。在铸铁中加入铬、硅、铝、钼、铜、镍等合金元素，可使铸件表面形成一层致密的保护膜，从而增加铸铁的耐蚀能力。耐蚀铸铁种类很多，应用较广的是高硅耐蚀铸铁。这种铸铁在含氧酸类和盐类介质中有良好的耐蚀性。耐蚀铸铁广泛用于化工部门，如管道、容器、阀门和泵类等。

部分铸铁的牌号、性能及应用见表 2-4。

表 2-4　部分铸铁的牌号、性能及应用

分　类	牌　号	R_m/MPa	A(%)	应用举例
灰铸铁	HT150	150	—	手轮、底座、阀体、带轮等
	HT250	250	—	气缸、齿轮、床身、主轴箱、阀体等
球墨铸铁	QT400-18	400	18	汽车、拖拉机轮毂及后桥壳，中低压阀门，电机壳
	QT700-2	700	2	曲轴、连杆、凸轮轴、机床主轴、齿轮等

（续）

分　类	牌　号	R_m/MPa	A(%)	应用举例
可锻铸铁	KTH370-12	370	12	后桥壳、减速器壳、管接头等
	KTZ650-02	650	2	曲轴、凸轮轴、齿轮、扳手、棘轮等
蠕墨铸铁	RuT300	300	1.5	变速器箱体、气缸盖、液压件、纺织机件、钢锭模等
	RuT380	380	0.75	活塞环、气缸套、制动盘、吸淤泵、钢珠研磨盘等

2.2.3　非铁金属

钢铁材料有优良的力学性能，非铁金属与之相比具有许多优良的物理性能和化学性能，有的也具有力学性能上的长处。如铜、银、金导电性好；铝、镁、钛及其合金相对密度小；镍、钼、铌、钴及其合金能耐高温；铜、钛及其合金有良好的耐蚀性等；铝合金或钛合金不仅相对密度小，而且强度高，多用于制造飞机的材料等。

1. 铝及铝合金

（1）纯铝　工业纯铝的纯度一般为 99.7%~98%；相对密度为 2.72g/cm^3，约为铁的 1/3；熔点为 660℃；导热、导电性能良好，仅次于金、银、铜；为非磁性、无火花材料，反射性能好；在空气中，铝的表面会生成致密的氧化膜，隔绝了空气，提高了耐蚀性，但铝不耐酸、碱、盐的腐蚀。

纯铝的主要用途是配制铝合金。在电气工业中可用铝代替铜制作导线、电容器，以及要求质轻、导热、耐蚀性好但强度要求不高的构件和器皿等。

纯铝的硬度、强度很低，不适宜制作受力的机械零件和构件。若向铝中加入适量的合金元素如硅、铜、镁、锰等，即得到较高强度的铝合金。铝合金分为变形铝合金和铸造铝合金。

（2）铝合金

1）变形铝合金。变形铝合金的塑性好，常将其制成板材、管材等型材，用于制造蒙皮、油箱、铆钉和飞机构件等。按主要性能特点和用途，变形铝合金可分为防锈铝合金（如 5A02、3A21）、硬铝合金（如 2A12）、超硬铝合金（如 7A03、7A04）和锻铝（如 2A50、2A70）。

2）铸造铝合金。铸造铝合金力学性能虽然不如变形铝合金，但具有良好的铸造性能和耐蚀性，如 ZL102 等，可进行各种铸造成形，生产形状复杂零件的毛坯。铸造铝合金一般用于制造复杂及有一定力学性能要求的零件，如仪表壳体、内燃机气缸、活塞、泵体等。

2. 铜及铜合金

（1）纯铜　纯铜是用电解方法提炼出来的，故又称阴极铜。纯铜为玫瑰色，表面形成氧化膜后呈紫色。其熔点为 1083℃，密度为 8.96g/cm^3，无磁性。纯铜具有良好的导电、导热和优良的化学稳定性，强度较低（R_m 为 200~250MPa），硬度很低（30~50HBW），塑性好（A 值为 35%~45%），耐蚀性较好。经冷变形加工后，可提高其强度，但塑性有所下降。

由于纯铜强度、硬度低，故不宜用于制造受力构件，常作为导电、导热、耐蚀材料使

用，主要用来制作导线、散热器、冷凝器、抗磁性的仪器仪表、油管、铆钉、垫圈和各种型材等。

（2）铜合金

1）黄铜。黄铜是以锌为主加合金元素的铜合金。加入适量的锌，能提高铜的强度、塑性和耐蚀性。按含合金元素的种类，黄铜分为普通黄铜和特殊黄铜两种。

只加锌的铜合金称为普通黄铜（如H62、H70等）。普通黄铜的耐蚀性较好，尤其对大气、海水具有一定的抗蚀能力。在普通黄铜中加入铅、铝、锰、锡、铁、镍、硅等合金元素所组成的多元合金称为特殊黄铜（如HPb59-1、HMn58-2等）。特殊黄铜能进一步提高黄铜的力学性能、耐蚀性、耐磨性，还可改善黄铜的可加工性等。

2）青铜。铜和锡往往伴生而成矿，因此铜锡合金是人类历史上最早使用的合金。因其外观呈青黑色，所以称之为青铜。根据主加元素如锡、铝、铍、铅、硅等的不同，青铜可分为锡青铜（如QSn4-3）、铝青铜（如QAl5）、铍青铜（如QBe2）及用于铸造的铸造青铜（如ZCuSn10Pb1）等。

青铜的耐磨减摩性好、耐蚀性好，主要用于制造轴瓦、蜗轮及要求减摩、耐蚀的零件等。

铝、铜及其合金的牌号说明可查阅有关书籍。

3. 硬质合金

硬质合金是将一种或多种难熔金属的碳化物和起黏合作用的金属钴粉末用粉末冶金方法制成的金属材料。

（1）性能特点　硬质合金的硬度高，常温下可达86~93HRA（69~81HRC）；热硬性好，在900~1000℃仍然有较高的硬度；抗压强度高。但硬质合金抗弯强度低、韧性差；通常情况下不能通过切削加工制成形状复杂的整体刀具，一般将硬质合金制成一定规格不同形状的刀片，采用焊接、粘接、机械紧固等方法将其安装在机体或模具体上使用。

（2）常用的硬质合金

1）钨钴类硬质合金。其主要成分为碳化钨（WC）及钴（Co）。其牌号用“YG”（“硬”“钴”两字的汉语拼音首字母）加数字表示，数字表示钴的质量分数（%）。例如：YG8表示钨钴类硬质合金，钴的质量分数为8%。

钨钴类硬质合金刀具主要用来切削加工产生断续切屑的脆性材料，如铸铁、非铁金属、胶木及其他非金属材料。常用YG3进行精加工，YG6进行半精加工，YG8进行粗加工。

2）钨钛钴类硬质合金。其主要成分为碳化钨（WC）、碳化钛（TiC）及钴（Co），牌号用“YT”（“硬”“钛”两字的汉语拼音首字母）加数字表示，数字表示碳化钛的质量分数（%）。例如：YT5表示钨钛钴类硬质合金，其碳化钛的质量分数为5%。

硬质合金中，碳化物的质量分数越高，钴的质量分数越低，则合金的硬度、热硬性及耐磨性越高，合金的强度和韧性越低，反之则相反。

钨钛钴类硬质合金主要用来切削加工韧性材料，如各种钢。常用YT5进行粗加工，YT15进行半精加工，YT30进行精加工。

3）钨钛钽（铌）类硬质合金。这类硬质合金又称通用硬质合金或万能硬质合金，其牌号用“YW”（“硬”“万”两字的汉语拼音首字母）加顺序号表示，如YW1、

YW2 等。

钨钛钽（铌）类硬质合金既可切削脆性材料又可切削韧性材料，特别对于不锈钢、耐热钢、高锰钢等难加工的钢材，切削加工效果更好。

硬质合金中钴的质量分数越高，其韧性越好，越适合粗加工；反之，则适合精加工。

2.2.4　非金属材料

长期以来，机械工程材料一直以金属材料为主，但近几十年来，以非金属材料为基础的新型工程材料发展很快，并越来越多地被应用于工业、农业、国防和科学技术等各个领域。在机器制造工业中，人工合成的高分子材料，特别是塑料，使用性能优良，成本低廉，外表美观，正在逐步取代一部分金属材料。目前，在机械工程中常用的新型工程材料主要有高分子材料、工业陶瓷、复合材料等。这里只对新型材料做简单的介绍。

1. 高分子材料

高分子材料是以高分子化合物为主要组分的材料。高分子材料分为天然和人工合成两大类。天然高分子材料有羊毛、蚕丝、淀粉、纤维素及橡胶等；工程上应用的高分子材料主要是人工合成的，如聚苯乙烯、聚氯乙烯等。机械工程中常用的高分子材料主要有塑料和橡胶。

（1）塑料　塑料是一种高分子物质合成材料。它是以树脂为基础，再加入添加剂（如增塑剂、稳定剂、填充剂、固化剂、染料等），在一定压力和温度下制成的。塑料具有相对密度低、耐蚀性好、电绝缘性好、减摩耐磨性好、成型方便等优点。塑料的缺点是强度低、耐热性差。

按使用范围的不同，塑料可分为通用塑料、工程塑料和耐热塑料。通用塑料的产量大、用途广、价格低而受力不大，主要有聚乙烯、聚氯乙烯、聚苯乙烯、聚丙烯、酚醛塑料和氨基塑料等，它们是一般工农业生产和日常生活中不可缺少的塑料。工程塑料的力学性能较好，耐热、耐寒、耐蚀和电绝缘性良好，但多数工程塑料的力学性能比金属材料差、耐热性较差、易老化。它们可取代金属材料制造机械零件和工程结构。这类塑料主要有聚碳酸酯、聚酰胺（即尼龙）、聚甲醛等。耐热塑料是指在较高温度下工作的各种塑料，如聚四氟乙烯、环氧塑料和有机硅塑料等，均能在 100～200℃ 的温度下工作。

近几年来，塑料的生产和应用有很大发展，被越来越多地应用于各类工程中。表 2-5 为几种常用工程塑料的主要特性和应用举例。

表 2-5　几种常用工程塑料的主要特性和应用举例

名　　称	主 要 特 性	应 用 举 例
聚甲醛	耐疲劳性高，自润滑性和耐磨性好，但热稳定性较差，易燃烧，曝晒易老化	耐磨传动件，如无油轴承、凸轮、齿轮、运输带
聚酰胺	减摩耐磨性好，坚韧，耐疲劳、耐蚀性好。但成型收缩率大、不耐热，俗称“尼龙”	耐磨传动件，如齿轮、蜗轮、密封圈、螺钉螺母、尼龙纤维布
聚碳酸酯	冲击韧度高、耐热耐寒稳定性好、透明，俗称“透明金属”，但自润滑和耐磨性较差	受冲击零件，如轻载齿轮、风窗玻璃、头盔、高压绝缘器件
聚四氟乙烯	耐高低温、耐蚀性、电绝缘性优异；摩擦因数极低，俗称“塑料王”，但强度较低，可加工性较差	耐蚀件、减摩件、绝缘件，如管道、泵、阀门、轴承、密封圈

（2）橡胶　橡胶是在室温下处于高弹态的高分子材料。工业上使用的橡胶是在生胶（天然或合成的）中加入各种配合剂经硫化后制成的。橡胶最大的特点是弹性好，具有良好的吸振性、电绝缘性、耐磨性和化学稳定性。

橡胶分天然橡胶和合成橡胶。天然橡胶有很好的综合性能，广泛用于制造轮胎、胶带、胶管等。合成橡胶种类很多，常用的有丁苯橡胶、顺丁橡胶、氯丁橡胶等。合成橡胶常用于制造机械中的密封圈、减振器、电线包皮、传动件、轮胎、胶带等，是一种以生胶为基础、适量加入配合剂而制成的高分子材料。橡胶的弹性模量很低，伸长率很高（100%~1000%），具有优良的拉伸性能和储能性能，还有优良的耐磨性、隔声性和绝缘性。

2. 工业陶瓷

工业陶瓷是一种无机非金属材料，主要包括普通陶瓷（传统陶瓷）和特种陶瓷两类。陶瓷指陶器和瓷器，也包括玻璃、水泥、石灰、石膏和搪瓷等。这些材料都是用天然的硅酸盐矿物，如黏土、石灰石、长石、硅砂等原料生产的，所以陶瓷材料也称硅酸盐材料。

陶瓷的特点是：硬度高、抗压强度大、耐高温、耐磨损、耐腐蚀及抗氧化性能好。但是，陶瓷性脆、没有延展性、经不起碰撞和急冷急热。

普通陶瓷是以天然硅酸盐矿物（如黏土、长石、石英等）为原料，经过粉末冶金方法制成成品的，主要用于日用和建筑等领域。

特种陶瓷主要指具有某些特殊物理、化学或力学性能的陶瓷。它的成品是以氧化物、硅化物、碳化物、氮化物、硼化物等人工合成材料为原料，经过粉末冶金方法制成的。机械工程中常用的特种陶瓷主要有氧化铝陶瓷、碳化硅陶瓷、氮化硅陶瓷、氮化硼陶瓷等。许多特种陶瓷的硬度和耐磨性都超过硬质合金，是很好的硬切削材料。特种陶瓷主要用于化工、冶金、机械、电子等行业。

目前，陶瓷材料已广泛用于制造零件、工具和工程构件等。

3. 复合材料

复合材料是将两种或两种以上不同化学性质或不同组织结构的材料，以微观或宏观的形式组合在一起而形成的新材料。与其他材料相比，复合材料具有抗疲劳强度高、减振性好、耐高温能力强、断裂安全性好、化学稳定性好、减摩性和电绝缘性良好等优点。钢筋混凝土、玻璃钢等都是典型的复合材料。

按复合材料增强剂的种类和结构形式的不同，复合材料可分为层叠型复合材料、纤维增强复合材料和细粒复合材料三类。

（1）层叠型复合材料　层叠型复合材料是将两种或两种以上的不同材料层叠结合在一起而形成的材料，常用的有二层复合和三层复合材料。三合板、五合板、钢-铜-塑料复合的无油润滑轴承材料等就是这类复合材料。

（2）纤维增强型复合材料　这类复合材料以玻璃纤维、碳纤维、硼纤维等陶瓷材料作为复合材料的增强剂，将塑料、树脂、橡胶和金属等材料复合而成。橡胶轮胎、玻璃钢、纤维增强陶瓷等都是纤维复合材料。

（3）细粒复合材料　细粒复合材料是一种或多种材料的颗粒均匀分散在基体材料内部形成的，具有某些特殊性能。例如，将铅粉加入塑料中所得到的复合材料具有很好的隔声性能；将陶瓷微粒分散于金属微粒中，经粉末冶金方法制成的金属陶瓷，可使金属的特性与陶瓷的特性得到互补，更能满足实际需要。硬质合金就是由 WC-Co 或 WC-TiC-Co 等组成的细粒复合材料。

纤维复合材料是复合材料中发展最快、应用最广的一种材料。目前常用的纤维复合材料有玻璃纤维-树脂复合材料和碳纤维-树脂复合材料两种。

玻璃纤维-树脂复合材料是以玻璃纤维和热塑性树脂复合的玻璃纤维增强材料，又被称为玻璃钢。它用的树脂有环氧树脂、酚醛树脂和有机硅树脂等。玻璃钢常用于要求自重轻的构件，如汽车、农机等机车车辆上的受热构件、电气绝缘零件，以及船舶壳件、氧气瓶、石油化工的管道和阀门等。碳纤维-树脂复合材料是碳纤维和环氧树脂、酚醛树脂、聚四氟乙烯等组成的复合材料，在机械工业中常用作承载零件和耐磨件，如连杆、活塞、齿轮和轴承等。此外，碳纤维-树脂复合材料还可用作耐蚀件，如管道、泵和容器等。

2.3　力学性能试验

2.3.1　拉伸试验

1. 试验目的

1）观察拉伸过程中的各种现象（屈服、强化、缩颈、断裂）。

2）测定低碳钢的下屈服强度 R_{eL}、抗拉强度 R_m、断后伸长率 A 和断面收缩率 Z。

3）测定铸铁的抗拉强度 R_m。

2. 试验器材

1）拉伸试验机、游标卡尺。

2）按 GB/T 228.1—2010 的相关规定选用图 2-15所示的圆形标准拉伸试样。本次试验试样的直径取 $d=10$mm，标距长度取 $L_o=50$mm。

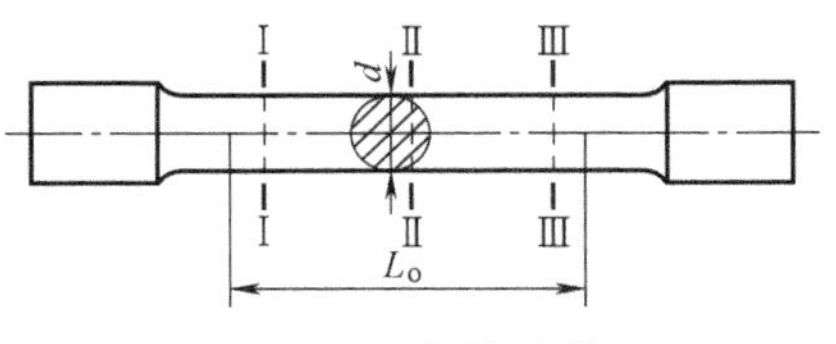

图 2-15　拉伸试样

3. 试验步骤（表 2-6）

表 2-6　试验步骤

步骤	图　示	说　明
试样准备		用刻划机将按图加工好的试样的标距 L_o 每隔 10mm 分刻划成 5 格（铸铁试样不刻）
测量试样原始尺寸		用游标卡尺测量标距两端及中间（图 2-15 中 Ⅰ、Ⅱ、Ⅲ）三个截面处的直径 d 和标距 L_o 的实际长度

（续）

步骤	图　示	说　明
试验机的准备调整	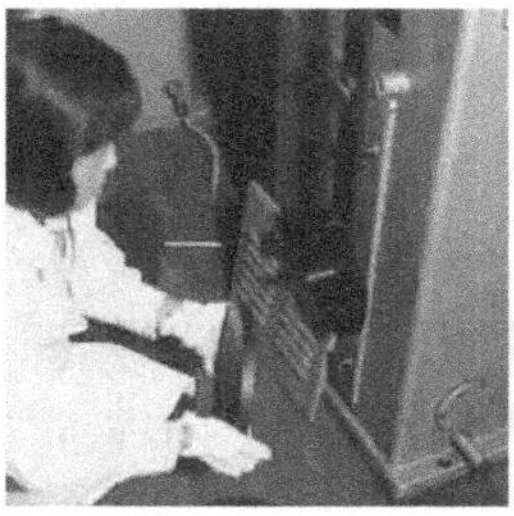 	先根据试样所用材料的抗拉强度理论值和横截面积 S，预估最大载荷。根据预估值选择测力盘的相应档位；开机调整平衡砣，并将测力指针调零
安装试样	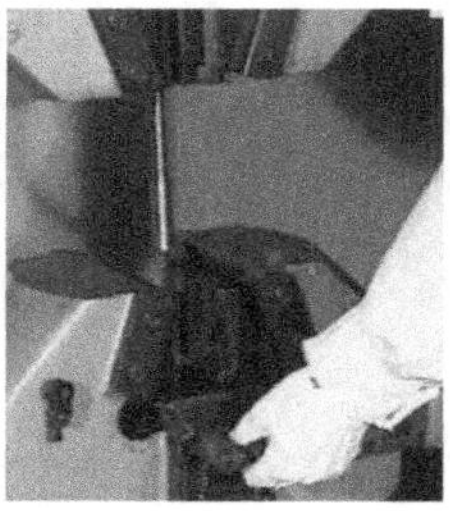 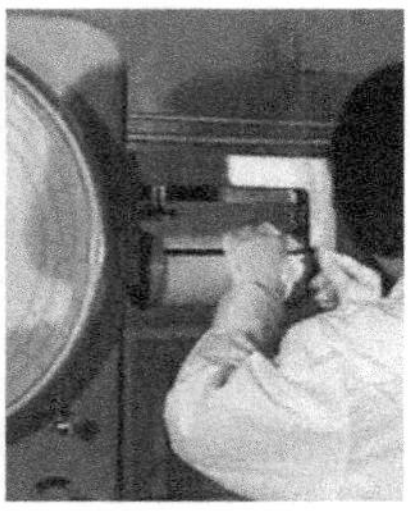	先将试样装夹在试验机的上夹头内，调整下夹头至适当位置，夹紧试样下端，调整好自动绘图装置
加载测试	 	开动试验机使之缓慢匀速加载
观察记录	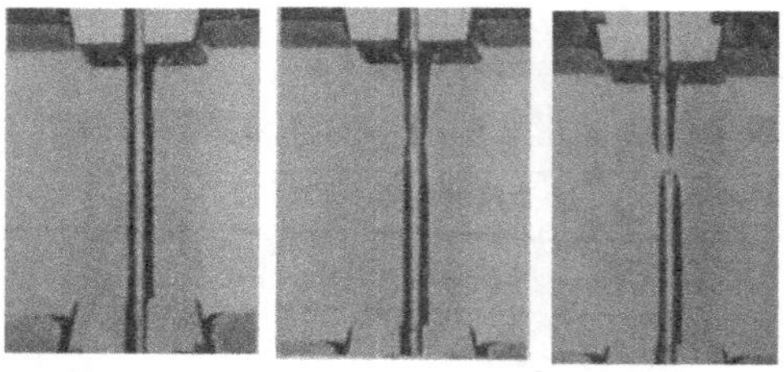	注意观察测力指针的转动情况，由绘图仪可观察到力-伸长曲线
	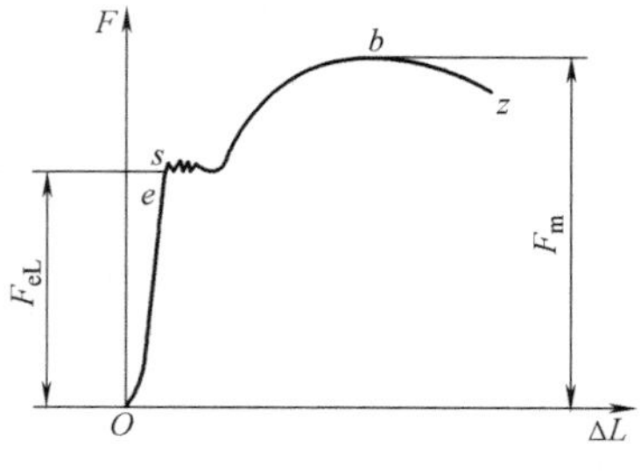	

（续）

<table>
<tr><th>步骤</th><th>图　　示</th><th>说　　明</th></tr>
<tr><td>观察记录</td><td colspan="2">补充说明
1）曲线上 e 点以前的正比斜线为弹性变形阶段（试样初始受力时，头部在夹槽内有较大有滑动，故伸长曲线起始段为曲线）。这一阶段测力指针应做匀速缓慢转动
2）当测力指针不动或回摆时，说明材料出现“屈服”，指针一次回摆的最小值即为屈服载荷 F_{eL}，将此值填入表 2-8
3）屈服现象结束后，指针继续转动（转速由快变慢），此时进入强化阶段，但力与伸长量的变化不再成正比关系。曲线到达最高点 b 时指针停止转动，此时指针读数即为最高载荷 F_m
4）此时注意观察，开始出现“缩颈”，截面迅速减小，指针开始倒退，直至 z 点断裂为止，bz 阶段即为缩颈阶段</td></tr>
<tr><td>测量试样最终尺寸</td><td></td><td>停机取下试样，将断裂试样的两端对齐，用游标卡尺测量断裂后标距段的长度 L_u；测量左、右两断口（缩颈）处的直径 d_u</td></tr>
</table>

4. 注意事项

1）测量直径时，在各截面相互垂直的两个方向上各进行一次测量，取平均值。

2）测试铸铁试样时，不刻标记且只记录最大载荷 F_m。

5. 试验报告（表 2-7 和表 2-8）

表 2-7　试件尺寸

<table>
<tr><td rowspan="4">材料</td><td colspan="11">试验前</td></tr>
<tr><td rowspan="3">标距
L_o
/mm</td><td colspan="9">直径 d/mm</td><td rowspan="3">最小横截面积
S_o/mm^2</td></tr>
<tr><td colspan="3">截面Ⅰ</td><td colspan="3">截面Ⅱ</td><td colspan="3">截面Ⅲ</td></tr>
<tr><td>1</td><td>2</td><td>平均</td><td>1</td><td>2</td><td>平均</td><td>1</td><td>2</td><td>平均</td></tr>
<tr><td>低碳钢</td><td></td><td></td><td></td><td></td><td></td><td></td><td></td><td></td><td></td><td></td><td></td></tr>
<tr><td>铸铁</td><td></td><td></td><td></td><td></td><td></td><td></td><td></td><td></td><td></td><td></td><td></td></tr>
</table>

<table>
<tr><td rowspan="4">材料</td><td colspan="8">试验后</td></tr>
<tr><td rowspan="3">标距
L_u
/mm</td><td colspan="6">断口处直径 d_u/mm</td><td rowspan="3">断口处最小横截面积
S_u/mm^2</td></tr>
<tr><td colspan="3">左段</td><td colspan="3">右段</td></tr>
<tr><td>1</td><td>2</td><td>平均</td><td>1</td><td>2</td><td>平均</td></tr>
<tr><td>低碳钢</td><td></td><td></td><td></td><td></td><td></td><td></td><td></td><td></td></tr>
</table>

表 2-8　试验数据处理

<table>
<tr><th>材料</th><th>试验数据</th><th colspan="2">试验结果</th></tr>
<tr><td rowspan="6">低碳钢</td><td>屈服时的最小载荷 F_{eL} =　　kN</td><td colspan="2">下屈服强度 R_{eL} =　　MPa</td></tr>
<tr><td>屈服后的最大载荷 F_m =　　kN</td><td colspan="2">抗拉强度 R_m =　　MPa</td></tr>
<tr><td rowspan="4">力-伸长曲线</td><td colspan="2">断后伸长率 A =　　%</td></tr>
<tr><td colspan="2">断面收缩率 Z =　　%</td></tr>
<tr><td rowspan="2">试样形状</td><td>拉伸前：</td></tr>
<tr><td>拉断后：</td></tr>
</table>

（续）

材料	试验数据	试验结果	
铸铁	拉断前的最大载荷 F_m =　　　kN	抗拉强度 R_m =　　　MPa	
	力-伸长曲线	试样形状	拉伸前：
			拉断后：

2.3.2　硬度试验

试验目的：

1）熟悉常用硬度试验机的结构。

2）掌握洛氏硬度和布氏硬度的测试原理及测试方法。

1. 布氏硬度试验

（1）试验设备及材料

1）设备　TH600型布氏硬度试验机（图2-16）和读数显微镜。

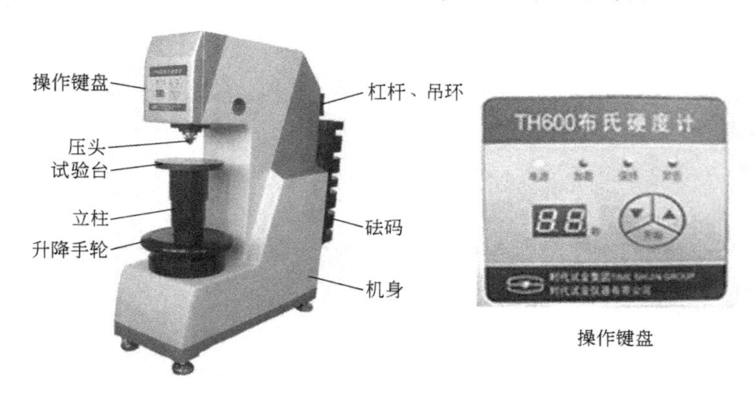

图2-16　TH600型布氏硬度试验机

2）试样。厚10mm的正火状态45钢一块。

（2）试验原理　用一定直径的硬质合金球做压头，以一定的试验力压入试样表面，经规定保持时间后卸除试验力，试样表面将留下一个压痕。测量压痕的直径并计算压痕表面积，通过计算或查表（附录A）求得布氏硬度值。

在实际试验时，可用读数显微镜测出压痕直径 d，再根据压痕直径查表得出硬度值。实际工件可能会有不同的硬度值和厚度，所以试验时要根据工件的软硬程度和形状大小来匹配不同的压头和载荷。试验时只要满足 F/D^2 值为一常数，且压痕直径控制在 $0.24D \sim 0.6D$，即可得到统一、可以互相比较的硬度值。

（3）试验步骤（表2-9）

（4）注意事项

1）试样表面必须平整光洁，无油污、氧化皮，并平稳地安放在布氏硬度计试验台上。

2）用读数显微镜读取压痕直径时，应从两个相互垂直的方向测量，并取算术平均值。

3）使用读数显微镜时，将测试过的试样放置于一平面上，再将读数显微镜放置于被测试样上，被测部分用自然光或灯光照明。调节目镜，使视场中能同时看清分划板与压痕

表 2-9　试验步骤

步骤	图　示	说明
确定试验条件	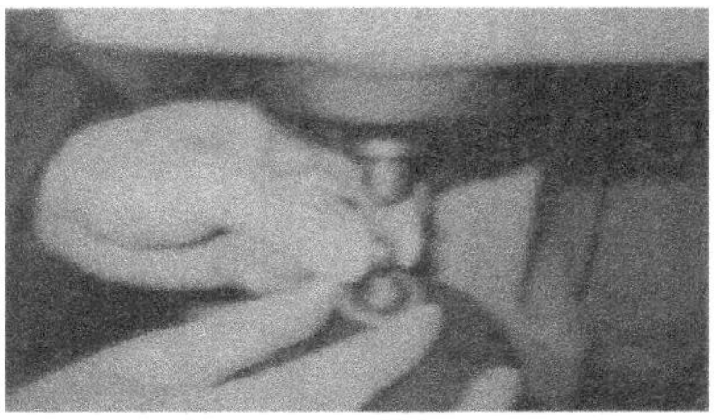 	压头直径、试验载荷及保持时间按表 2-10 选取。先将压头装入主轴衬套并拧紧压头紧定螺钉，再按所选载荷加上相应的砝码。打开电源开关，电源指示灯亮，试验机进行自检、复位，显示当前的试验力保持时间，该参数自动记忆关机前的状态。此时应根据所需设置的保持时间在操作键盘上按“▲”或“▼”键进行设置
压紧试样	 	顺时针方向旋转升降手轮，使试验台上升至试样与压头接触，手轮相对下面的螺母产生相对滑动为止
加载与卸载	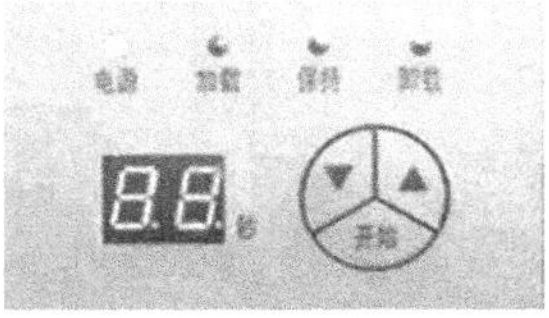 	此时按下“开始”键，试验开始自动进行，依次自动完成从加载、保持、卸载到恢复初始状态的全过程
读取试验数据	 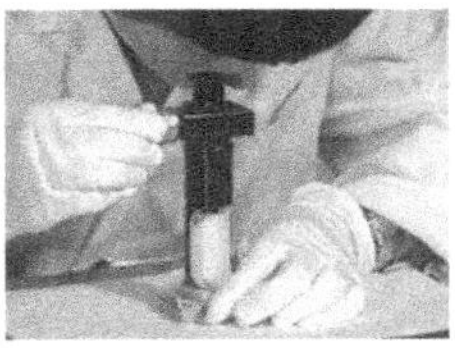	逆时针方向转动升降手轮，取下试样，用读数显微镜测出压痕直径 d，并取算术平均值，根据此值查附录 A 即得布氏硬度值，将其记录于表 2-11 中

表 2-10　布氏硬度试验条件选取表

金属种类	布氏硬度值范围 HBW	试样厚度/mm	$0.102\frac{F}{D^2}$	压头直径 D/mm	试验载荷 F/kN	保持时间/s
钢铁材料	140～450	3～6	30	10.0	29.42	10～15
		2～4		5.0	7.355	
		<2		2.5	1.839	
	<140	>6	10	10.0	9.807	10～15
		3～6		5.0	2.542	

边缘的图像。常用放大倍数为20×的读数显微镜测试布氏硬度值。

4）压痕中心到试样边缘的距离应不小于压痕直径的2.5倍，相邻两压痕中心距离应不小于压痕直径的3倍。

（5）试验报告

1）简述试验原理。

2）将记录数据填入表2-11，并给出试验结论。

表2-11　布氏硬度试验记录表

	第一次	第二次	第三次	平均值	备注（钢球直径、试验载荷、保持时间、F/D^2 值）
压痕直径 d/mm					
布氏硬度 HBW					

2. 洛氏硬度试验

（1）试验器材

1）HR-150型洛氏硬度试验机，如图2-17所示。

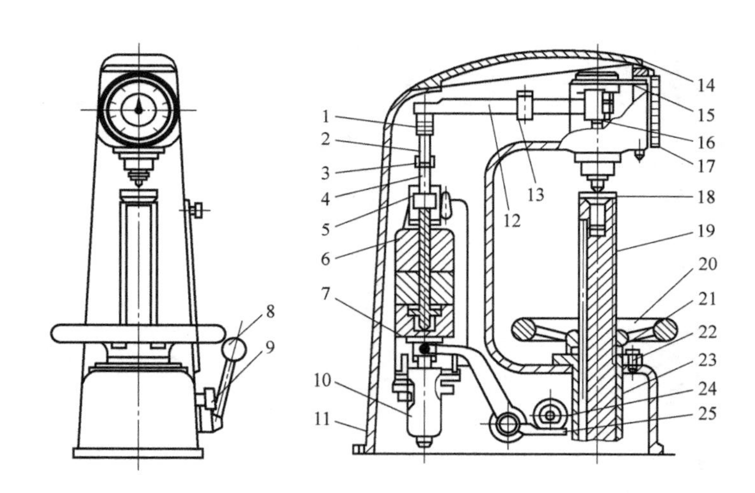

图2-17　HR-150型洛氏硬度试验机结构图

1—吊环　2—连接杆　3—螺母　4—吊杆　5—吊套　6—砝码　7—托盘　8—加卸载荷手柄　9—缓冲调节阀　10—缓冲器　11—机体　12—实验力杠杆　13—游码　14—上盖　15—测量杆　16—主轴　17—指示百分表　18—工作台　19—升降丝杠　20—手轮　21—止推轴承　22—螺钉　23—丝杠导座　24—定位套　25—连杆

2）ϕ40mm×10mm淬火状态的45钢试样及W18Cr4V切刀刀片各一块。

3）120°金刚石圆锥压头（HRC）。

（2）试验原理　将预载荷与主载荷依次加入后，卸除主载荷，测量压头在被测试样表面产生的压痕深度差，即可求得材料的硬度。

（3）试验步骤（表2-12）

表2-12　试验步骤

步骤	图　示	说　明
选择压头与标尺	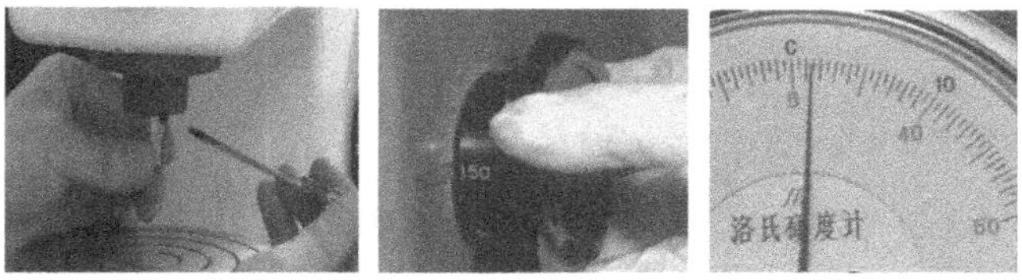	根据被测试样的估计硬度选择压头和硬度标尺(淬火钢应选金刚石压头、C标尺)
加预加载荷	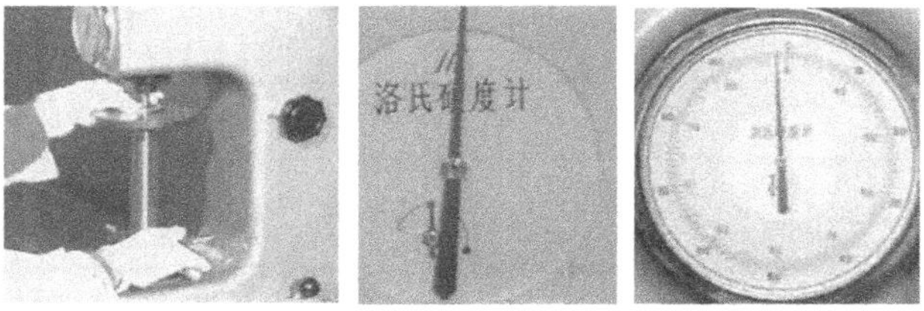	将试样放在载物台上,顺时针方向转动升降机构手轮,使试样与压头缓慢接近,直至表盘小指针指到红点,大指针偏离零点5格之内。此时,预载荷(98N)已加在试样上
加主载荷		先调节表盘,使大指针对准B或C标尺的零点,再缓慢按下操作手柄到加载位置,并停留15s,大指针随之转动若干格而停止,主载荷(1373N)也已加在试样上。此时,总试验力为1471N
卸主载荷		顺时针方向扳回操作手柄到卸载位置,大指针在原位反向转动若干格停止。此时,读取表盘刻度值即为该点的洛氏硬度值
在同一被测面的不同位置重复测三个点(三点相距>3mm,点到边缘距离>3mm)		

(4) 注意事项

1) 试样的测试表面和底面应磨平、光洁,无油污、氧化皮裂纹及凹坑或显著的加工痕迹,载物台及压头表面应清洁。

2) 压头要装牢(注意安装时压头的削扁对准压轴孔的削扁,压头推到顶后拧紧紧定螺钉)。

3) 试样放平稳,不可有滑动及明显变形,并保证压头中心线与被测表面垂直。如果

是圆柱试样，应放于 V 形块中支撑。

4）加载、卸载均要缓慢、无冲击。

（5）试验报告

1）简述试验原理。

2）将记录数据填入表 2-13，并给出试验结论。

表 2-13　洛氏硬度试验记录表

材料	标尺	第一次	第二次	第三次	平均值	备注（压头、载荷）
淬火 45 钢	HRC					
高速钢刀片	HRC					

小　　结

1. 金属材料的力学性能

力学性能	性能指标		单　位	含　　义
	符　　号	名　　称		
强度	R_{eH}、R_{eL}	屈服强度	MPa	试样发生屈服时的应力
	R_m	抗拉强度	MPa	试样在拉断前所能承受的最大应力
塑性	A	断后伸长率		试样拉断后，标距的伸长量与原始标距的百分比
	Z	断面收缩率		试样拉断后，缩颈处横截面积的缩减量与原始横截面积的百分比
硬度	HBW	布氏硬度值		球形压痕单位面积上所承受的平均压力
	HRC	C 标尺洛氏硬度值		用洛氏硬度相应标尺刻度满程与压痕深度之差计算的硬度值
	HRB	B 标尺洛氏硬度值		
	HRA	A 标尺洛氏硬度值		
韧性	a_K	冲击韧度	J/cm^2	冲击试样缺口处单位横截面积上的冲击吸收功

2. 金属材料的工艺性能：铸造性能、可锻性、焊接性及可加工性

3. 工业用钢、工程铸铁的名称、常用牌号、成分、性能及用途

类　　别			常用牌号	成　　分	性　　能	用　　途
工业用钢	非合金钢	碳素结构钢	Q235	中、低碳	塑、韧性较高，强度较低	一般工程结构、普通机械零件
		优质碳素结构钢	45	低、中、高碳	性能优化	尺寸小、受力小的各类结构零件
		碳素工具钢	T10	高碳	硬度耐磨性好、热硬性差	低速、手动工具
		铸造碳钢	ZG200-400	低、中碳	力学性能较高	形状复杂、力学性能要求高的零件
	低合金钢	高强钢	Q345	低碳低合金	良好的塑性、焊接性，强度高	各种重要工程结构
		耐候钢	12MnCuCr	低碳低合金	良好的耐大气腐蚀性	要求高耐候的结构

（续）

类别			常用牌号	成分	性能	用途
工业用钢	合金钢	结构钢	20CrMnTi	低碳合金	表面硬、心部韧	受强烈冲击、摩擦的零件
			40Cr	中碳合金	良好的综合性能	重载的受冲击零件
		弹簧钢	60Si2Mn	高碳合金	高弹性极限	大尺寸重要弹簧
		高碳铬轴承钢	GCr15	高碳铬	硬度高、耐磨性好	滚轴元件及工模具
		工具钢	9SiCr	高碳低合金	60~65HRC	低速刃具、简单量具
			Cr12	高碳高铬	62~64HRC	冷作模具
			5CrNiMo	中碳合金	40~50HRC	500℃热作模具
		高速钢	W6Mo5Cr4V2	高碳高合金	63~64HRC， 热硬性 600℃	高速刃具及模具等
		不锈钢　耐热钢　耐磨钢				
工程铸铁	灰铸铁		HT250	w_C = 2.5%~3.6% w_{Si} = 1.0%~2.5%	抗拉强度、韧性低， 减振、减摩、抗压	形状复杂的 中低载零件
	球墨铸铁		QT600-3	w_C = 3.6%~3.8% w_{Si} = 2.0%~2.8%	力学性能远 高于灰铸铁	形状复杂、性能高的零件
	可锻铸铁		KTZ450-06	w_C = 2.2%~2.8% w_{Si} = 1.0%~1.8%	较高塑、韧性	薄壁类小铸件
	蠕墨铸铁		RuT300	近似灰铸铁	介于灰铸铁与 球墨铸铁之间	复杂中载件
	合金铸铁		耐磨铸铁　耐热铸铁　耐蚀铸铁			

4. 非铁金属材料与粉末冶金材料的分类、性能及用途

- 铝及铝合金
  - 铝及铝合金的性能特点
    - 相对密度小、单位质量强度高
    - 电导性、热导性好，耐大气腐蚀性好
    - 易冷成形、易切削，铸造性能好，有些铝合金可热处理强化
  - 铝合金
    - 变形铝合金
      - 防锈铝合金：5A05、5A21　容器、管道、铆钉
      - 硬铝合金：2A11　叶片、航空模锻件
      - 超硬铝合金：7A04　航空构件、飞机大梁、起落架
      - 锻铝合金：1A50、2A70　重载锻件
    - 铸造铝合金
      - Al-Si 铸造铝合金：ZL102，ZL103　水泵、电机壳体、气缸体
      - Al-Cu 铸造铝合金：ZL201，ZL203　内燃机、活塞、气缸
      - Al-Mg 铸造铝合金：ZL301，ZL302　舰船配件，氨用泵体
      - Al-Zn 铸造铝合金：ZL401，ZL402　汽车发动机零件

- 铜及铜合金
  - 铜及铜合金的性能特点
    - 优异的物理化学性能：导电性、导热性极好，耐蚀能力好
    - 好的可加工性：易冷、热加工成形，铸造铜合金的铸造性能好
    - 特殊的力学性能：减摩、耐磨（青铜、黄铜）、高的弹性极限及疲劳极限
  - 铜合金
    - 黄铜
      - 普通黄铜　Cu-Zn 合金，H70，H62　电气零件、螺钉、螺母、散热器
      - 特殊黄铜　锡黄铜、铅黄铜、铝黄铜等　钟表零件、船舶零件、蜗轮
    - 青铜
      - 锡青铜 QSn6.5-0.1　轴承、弹簧
      - 铝青铜 QAl9-4　耐磨抗蚀零件、齿轮、轴承
      - 铍青铜 QBe2　弹性元件

硬质合金
- 钨钴类硬质合金　常用牌号YG8　主要用于加工脆性材料的刀具或用于冷作模具
- 钨钛钴类硬质合金　常用的牌号有YT5、YT15、YT30等　主要用于加工韧性材料
- 钨钛钽（铌）类硬质合金　常用牌号YW1　可加工韧性材料和脆性材料

5. 非金属材料的性能及用途

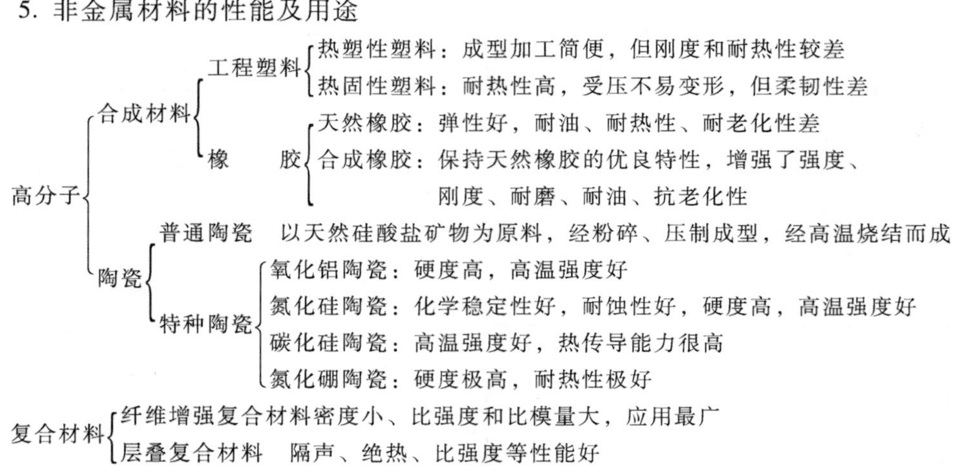

第3章 钢的热处理

学习目标

1. 了解钢的热处理的概念、目的、分类。
2. 熟悉钢的退火、正火、淬火、回火、调质、时效处理的方法及其应用。
3. 了解热处理的新技术、新工艺及典型零件的热处理工艺过程。

3.1 钢的热处理的概念、目的、分类

钢的热处理是采用适当的方式对固态钢材进行加热、保温和冷却，以改变其组织，从而获得预期的钢材内部组织结构和性能的工艺。热处理方法有很多，其共同点是：只改变钢材内部组织结构，不改变表面形状与尺寸，而且都由加热、保温、冷却三个阶段组成，如图 3-1 所示。

工件经过不同的热处理工艺之后，性能将会发生显著的变化。例如，两块碳含量相同的非合金钢，经不同的热处理后，一块硬度可达 65HRC，而另一块却只有 15HRC，用前者制作的刀具可以切削后者。这就是说，在成分一定的情况下，钢的性能将取决于其组织结构。热处理工艺就是通过创造一定的外因条件（加热、保温、冷却），使金属内部组织根据其固有规律发生人们所希望的某种变化，以期满足零件所要求的使用性能的工艺。

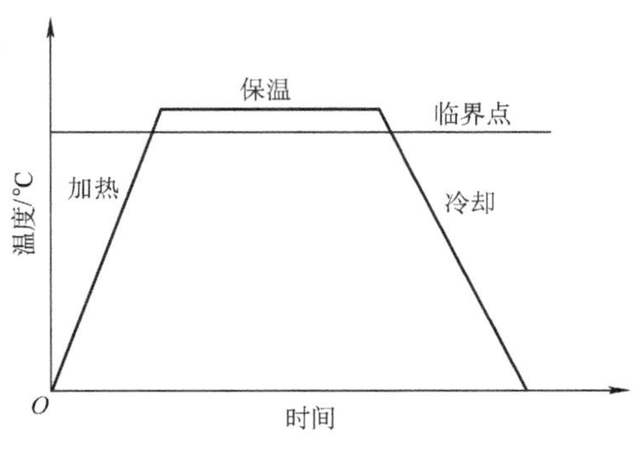

图 3-1 热处理工艺曲线示意图

表 3-1 列出了 45 钢在同样的温度下，采用不同冷却速度冷却时的力学性能数据。从表中可以看出：工件加热到一定温度后，当采用不同的冷却速度冷却时，将会转变为不同的组织结构，具备不同的性能。所以，冷却过程是热处理的最关键环节。

表 3-1　45 钢加热到 840℃保温后，不同冷却条件下的力学性能

冷却方法	R_m/MPa	R_{eL}/MPa	A（%）	Z（%）	HRC
随炉冷却	519	272	32.5	49	15～18
空气中冷却	657～706	333	15～18	45～50	18～24
油中冷却	882	608	18～2	21～1	40～50
水中冷却	1078	706	7～8	4	52～60

热处理的目的，除了消除毛坯缺陷、改善工艺性能，以利于进行冷热加工外，更重要的是充分发挥材料潜力、显著提高材料的力学性能、提高产品质量、延长使用寿命。据统计，机床工业中有 60%～70%的零件需要进行热处理；在汽车、拖拉机工业中，70%～80%的零件需要进行热处理；各类工具（刀具、量具、模具等）几乎全部需要进行热处理。因此，热处理在机械制造业中占有十分重要的地位。

与铸造、压力加工、焊接和切削加工等不同，热处理不改变工件的形状和尺寸，只改变工件的性能，如提高材料的强度和硬度，增加耐磨性，或者改善材料的塑性、韧性和可加工性等。

钢的热处理的分类如图 3-2 所示。

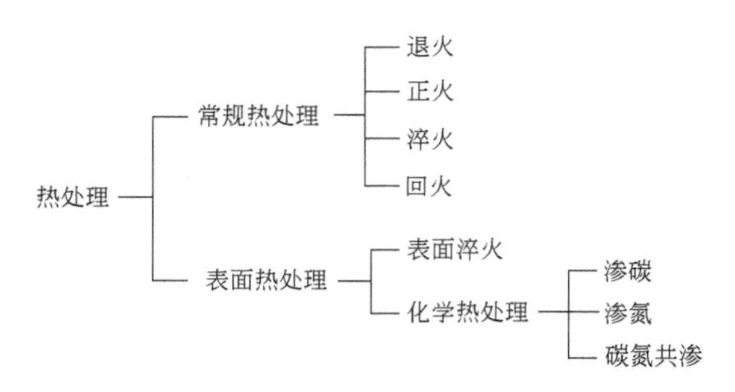

图 3-2　钢的热处理的分类

3.2　钢的整体热处理

3.2.1　退火

退火是将钢件加热到适当温度，保温一定时间后，然后缓慢冷却的热处理工艺。

根据钢的成分及退火目的的不同，退火可分为完全退火、球化退火、去应力退火等。

（1）完全退火　完全退火是将钢加热到一定温度后缓慢冷却的一种退火工艺，通常工件随炉冷却或被埋入砂、石灰中，冷却至 500℃以下后，出炉空冷至室温。完全退火的目的是降低钢的硬度、细化晶粒、充分消除内应力，以便于以后的加工。

（2）球化退火　球化退火是使钢中碳化物球状化而进行的退火工艺，通常将钢加热到

一定温度，保温一定时间后，随炉缓慢冷却至600℃以下，再出炉空冷。球化退火的目的是降低钢的硬度、改善钢的可加工性，并为以后的淬火做准备，以减小工件淬火冷却时的变形和开裂。

（3）去应力退火　去应力退火主要是为了去除工件由于塑性变形加工、焊接等造成的应力和铸件内的残余应力而进行的退火。进行去应力退火时，通常将钢件加热到500～650℃，保温一定时间后，钢件随炉缓冷至300～200℃，再出炉空冷。去应力退火主要用于消除铸件、锻件、焊件、切削加工件的残余应力，以稳定其尺寸、减小其变形。

退火的目的如下：

1）降低硬度，提高塑性，以利于切削加工和冷变形加工。

2）细化晶粒，均匀组织，为后续热处理做好组织准备。

3）消除残余内应力，防止工件变形与开裂。

3.2.2 正火

正火是将钢件加热到一定温度，保温适当的时间后，在空气中冷却的热处理工艺。

正火的主要目的是：细化晶粒、调整硬度；消除网状碳化物，为后续加工及球化退火、淬火等做好组织准备。

正火与退火相比，所得室温组织相同，但正火的冷却速度比退火要快。因此，正火后的组织比退火组织要细小些，钢件的强度、硬度比退火高一些。同时，正火与退火相比，具有操作简便、生产周期短、生产率较高、成本低等特点。正火在生产中的主要应用范围如下。

1）改善可加工性。因低碳钢和某些低碳合金钢退火后硬度偏低，故在切削加工时易产生“粘刀”现象，从而增加了已加工工件的表面粗糙度值。采用正火能适当提高其硬度，改善其可加工性。

2）消除网状碳化物，为球化退火做好组织准备。

3）用于普通结构零件或某些大型非合金钢工件的最终热处理，以代替调质处理。

4）用于淬火返修零件，消除内应力，细化组织，以防重新淬火时产生变形和开裂。

3.2.3 淬火

淬火是一种将钢件加热到某一温度、保温一定时间后，在淬火介质中迅速冷却，以获得高硬度组织的热处理工艺。淬火的主要目的是为了得到高硬度的组织，与适当的回火相配合，可使工件获得所需的使用性能。淬火和回火是紧密相连的两个工艺过程，是强化钢材、提高机械零件使用寿命的重要手段，它们通常作为钢件的最终热处理。

1. 淬火介质

淬火介质是指工件进行淬火冷却时所使用的介质。生产上最常用的淬火介质有水、水溶液、油、硝盐浴、碱浴、空气等。

水在冷却650～550℃的钢件时具有较强的冷却能力，在冷却300～200℃的钢件时仍有较强的冷却能力。冷却速度快，容易引起淬火钢件的变形和开裂。若在水中加入适量的NaCl或NaOH，可大大提高水在冷却650～550℃钢件时的冷却能力，而使水在冷却300～200℃的钢件时冷却能力变化不大。

各种矿物油在冷却300～200℃的钢件时具有较弱的冷却能力，可使钢件在淬火时不易变形和开裂，但在冷却650~550℃的钢件时冷却能力不够大，故只适用于较稳定的合金钢淬火。

硝盐浴和碱浴的冷却能力介于水、油之间，主要供等温淬火和分级淬火使用。

2. 淬火方法

（1）单介质淬火　单介质淬火是将加热好的工件直接放入一种淬火介质中冷却的淬火方法。单介质淬火操作简单，易实现机械化和自动化，但水淬容易产生变形与开裂，油淬容易产生硬度不足或硬度不均匀现象，故单介质淬火主要适用于截面尺寸无突变、形状简单的工件。一般非合金钢采用水作为淬火介质，合金钢采用油作为淬火介质。

（2）双介质淬火（双液淬火）　双介质淬火是将加热好的工件先浸入一种冷却能力强的淬火介质中冷却，在钢还未达到该淬火介质温度之前取出，立即转入另一种冷却能力较弱的淬火介质中冷却的方法。常用的双介质淬火有先水后油、先油后空气淬火等，生产中常称为水淬油冷、油淬空冷。双介质淬火利用了两种淬火介质的优点，既能保证将钢件淬硬，得到高硬度，又能减小钢件的变形和开裂倾向。但钢件在第一种介质中的停留时间很难正确掌握，故要求操作者具有较高的操作技术。双介质淬火主要用于形状不太复杂的高碳钢和较大尺寸的合金钢工件的淬火。

（3）分级淬火　分级淬火是将加热好的工件浸入温度稍高或稍低（如230℃）的盐浴或碱浴中，保持适当时间，待钢件内外层温度都达到淬火介质温度后取出空冷的一种淬火工艺。分级淬火操作比双介质淬火易于控制，能减少钢件的热应力和变形，防止钢件开裂。分级淬火主要用于形状复杂、尺寸要求精确的小型非合金钢件和合金钢工模具的淬火。

（4）等温淬火　等温淬火是将加热好的工件放入温度稍高（如230℃）的盐浴或碱浴中，保温足够长的时间使其完成组织转变，获得高硬度的组织，然后再取出空冷的淬火工艺。等温淬火处理的工件强度高、韧性和塑性好，应力和变形很小，能防止开裂。但其生产周期长，生产率较低。等温淬火主要用于形状复杂且硬度与韧性都要求较高的小型工件，如各种模具、成形刃具等的淬火。

3. 钢的淬火缺陷

在热处理生产中，由于淬火工艺控制不当，常会产生氧化与脱碳、过热与过烧、变形与开裂、硬度不足及软点等缺陷，见表3-2。

表3-2　钢的淬火缺陷

缺陷名称	缺陷含义及产生原因	后果	防止与补救方法
氧化与脱碳	钢在加热时，炉内的氧与钢表面的铁相互作用，形成一层松脆的氧化铁皮的现象称为氧化 脱碳指钢在加热时，钢表面的碳与气体介质作用而逸出，使钢件表面含碳量降低的现象	氧化和脱碳会降低钢件表层的硬度和疲劳强度，而且还会影响零件的尺寸	在盐浴炉内加热或在工件表面涂覆保护剂，也可在保护气体及真空中加热
过热与过烧	钢在淬火加热时，由于加热温度过高或高温停留时间过长，造成奥氏体晶粒显著粗化的现象称为过热 若加热温度达到固相线附近，晶界已开始出现氧化和熔化的现象，则称为过烧	工件过热后，晶粒粗大，使钢的力学性能（尤其是韧性）降低，并易引起淬火时的变形和开裂	严格控制加热温度和保温时间 发现过热，马上出炉空冷至火色消失，再立即重新加热到规定温度或通过正火予以补救 过烧后的工件只能报废，无法补救

（续）

缺陷名称	缺陷含义及产生原因	后果	防止与补救方法
变形与开裂	淬火内应力是造成工件变形和开裂的主要原因	无法使用	应选用合理的工艺方法 变形的工件可采取校正的方法补救，而开裂的工件只能报废
硬度不足	由于加热温度过低、保温时间不足、冷却速度不够快或表面脱碳等原因，在淬火后无法达到预期的硬度	无法满足使用性能	严格执行工艺规程 发现硬度不足，可先进行一次退火或正火处理，再重新淬火
软点	淬火后工件表面有许多未淬硬的小区域 原因包括加热温度不够、局部冷却速度不足（局部有污物、气泡等）及局部脱碳等	组织不均匀，性能不一致	冷却时注意操作方法，增加搅动 产生软点后，可先进行一次退火、正火或调质处理，再重新淬火

3.2.4　回火

回火是将钢件淬硬后，再加热到某一不太高的温度（150～600℃），保温一定时间后，冷却至室温的热处理工艺。回火是紧接淬火后进行的一种热处理操作，也是生产中应用最广泛的热处理工艺。淬火和适当温度的回火相配合，可以使钢件获得不同的组织和性能，可满足各类零件和工具对使用性能的不同要求。回火通常是钢件的最后一道热处理工艺。

回火的目的如下：

1）降低淬火钢的脆性和内应力，防止变形或开裂。

2）调整和稳定淬火钢的结晶组织，以保证工件不再发生形状和尺寸的改变。

3）获得不同需要的力学性能，通过适当的回火来获得所要求的强度、硬度和韧性，以满足各种工件的不同使用要求。淬火钢经回火后，其硬度随回火温度的升高而降低。回火一般也是热处理的最后一道工序。

按回火温度范围不同，钢的回火可分为低温回火、中温回火和高温回火三种。

（1）低温回火　低温回火的回火温度为 150～250℃，其目的是降低钢件淬火内应力，减少钢件脆性，保持钢件淬火后的高硬度和高耐磨性。低温回火主要用于处理各种刃具、量具、冷作模具、滚动轴承、渗碳件和表面淬火件。低温回火后的钢件硬度一般为 58～64HRC。

（2）中温回火　中温回火的回火温度为 250～500℃，其目的是使钢件获得良好弹性和较高的屈服强度，并保持一定的韧性。中温回火主要用于处理要求高弹性和足够韧性的钢件，如各种弹簧、热锻模具等。中温回火后的钢件硬度一般为 35～45HRC。

（3）高温回火　高温回火的回火温度为 500～650℃，其目的是使钢件获得较高强度与足够的塑性和韧性，即良好的综合力学性能。高温回火一般用于处理要求具有较好综合力学性能的各种连接和传动结构件，如曲轴、连杆、螺栓、齿轮、轴等。高温回火后钢件的

硬度一般为25~35HRC。

3.2.5 调质处理

在热处理生产中，通常将淬火加高温回火的复合热处理工艺称为调质处理，简称调质。调质处理主要用于处理各种重要的结构零件，特别是在交变载荷下工作的连杆、螺栓、螺母、曲轴和齿轮等。

调质处理还可作为某些精密零件如丝杠、量具、模具等的预备热处理，以减少这些精密零件最终热处理过程中的变形。调质钢的硬度为20~35HRC。

3.2.6 时效处理

为了防止精密量具或模具、零件在长期使用中尺寸、形状发生变化，人们常在低温回火后、精加工前，把工件重新加热到100~150℃，并保持5~20h。这种为稳定精密制件质量的处理，称为时效处理。为在低温或动载荷条件下工作的钢材构件进行时效处理，以消除残余应力，稳定钢材组织和尺寸，显得尤为重要。

3.3 钢的表面热处理

承受弯曲、扭转、冲击等动载荷，同时又承受强烈摩擦的零件，例如在动载荷及摩擦条件下工作的凸轮轴、曲轴、齿轮和活塞销等零件，其表面要具有高硬度、高耐磨性，而心部则需具有足够的强度和韧性；在高温或腐蚀条件下工作的零件，表面需具有抗氧化性和耐蚀性。这类表里性能要求不一致的零件，生产中常采用表面热处理方法来解决。表面热处理是指仅对工件表层进行热处理，以改变工件表层组织和性能的工艺。目前最常用的表面热处理方法是表面淬火和化学热处理。

3.3.1 表面淬火

仅对工件表层进行淬火的工艺称为表面淬火。表面淬火可使工件表层获得高硬度组织，具有高硬度、高耐磨性，而使心部仍保持淬火前的组织，具有足够的强度和韧性。目前，生产中广泛应用的表面淬火工艺有感应淬火、火焰淬火等。

1. 感应淬火

感应淬火是利用感应电流通过工件所产生的热效应，使工件表面或局部受到加热并进行快速冷却的淬火工艺。感应淬火设备的结构如图3-3所示。

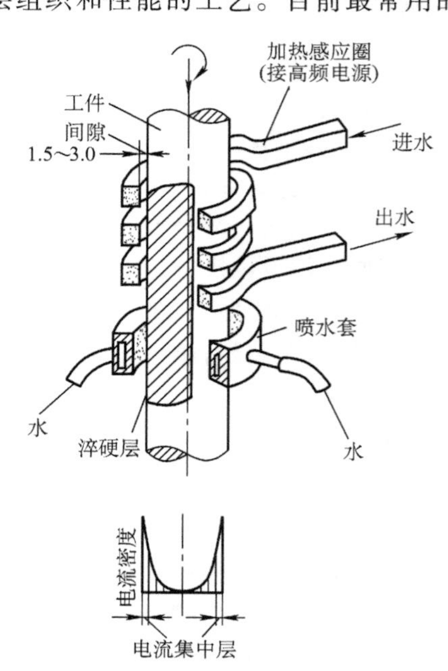

图3-3 感应淬火设备的结构

感应淬火因加热速度极快，可使工件表层硬度比普通淬火高2~3HRC，且有较好的耐磨性和较低的脆性；其加热时间短，基本无氧化、脱碳，变形小；应用感应淬火工艺时，淬硬层深度容易控制；能耗低，生产率高，易实现机械化和自动化，适宜大批量生产。

但感应加热设备昂贵、维修调试较困难、应用于形状复杂工件的感应加热设备不易制作。

感应淬火多用于中碳钢和中碳低合金钢制造的中小型工件的成批生产中。根据电流频率的不同，感应加热可分为高频加热、中频加热、工频加热三种。电流频率越高，感应电流集中在工件的表面层越薄，则淬硬层越薄。在生产中常依据工件要求的淬硬层深度及尺寸大小来选用电流频率。

2. 火焰淬火

火焰淬火是应用氧乙炔或其他可燃气体的火焰对零件表面进行加热，随之进行快速冷却的工艺，如图 3-4 所示。

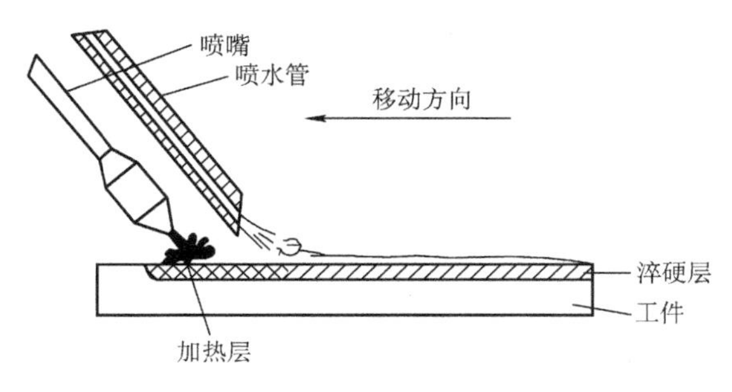

图 3-4　火焰淬火示意图

火焰淬火的淬硬层深度一般为 2～6mm，其操作简便，不需要特殊设备，成本低。但因其火焰温度高，若操作不当，工件表面容易过热或加热不匀，造成淬硬层硬度不均匀，故淬火质量难以控制，且工件易产生变形与裂纹。火焰淬火适用于大型、小型、单件或小批量生产的工件的表面淬火，如大模数齿轮、小孔、顶尖、錾子等。

3.3.2　化学热处理

化学热处理是一种将工件置于一定温度的活性介质中保温，使一种或几种元素渗入它的表层，以改变其化学成分、组织和性能的热处理工艺。

化学热处理的方法有很多，包括渗碳、渗氮、碳氮共渗等。但无论哪种化学热处理方法，都是通过分解、吸收和扩散三个基本过程来完成的。

1. 渗碳

渗碳是将钢件在渗碳介质中加热并保温，使碳原子渗入钢件表层的化学热处理。渗碳的目的是增加工件表层碳的质量分数，然后再经淬火、低温回火，可使工件表层具有高的硬度和耐磨性，而心部具有高的塑性、韧性和足够的强度，以满足某些机械零件如汽车发动机变速齿轮、变速轴、活塞销等的需要。

为保证渗碳工件的性能要求，渗碳用钢一般选用碳的质量分数为 0.1%～0.25%的低碳钢和低碳合金钢。

2. 渗氮

渗氮是一种在一定温度下使活性氮原子渗入工件表面的化学热处理工艺，又称为氮化。渗氮的目的是提高工件表层的硬度、耐磨性、热硬性、疲劳强度和耐蚀性。

渗氮用钢大多是含铬、钼、铝、钛、钒等元素的中碳合金钢。如 38CrMoAlA 是一种典型的氮化钢，因为其所含的这些元素与活性氮原子的亲和力强，能形成高硬度、高稳定性

的氮化物，从而可使工件在600℃左右的工作环境中仍能保持高硬度，即可使工件具有良好的热硬性。

3.4　热处理新技术简介

随着工业及科学技术的发展，热处理工艺在不断改进，新的热处理技术不断涌现，计算机技术也已被应用于热处理工艺控制中。下面介绍一些工业生产中已获得应用的热处理技术。

3.4.1　形变热处理

形变热处理是将塑性变形和热处理进行有机结合，以提高材料力学性能的复合工艺，是提高钢的强度和韧性的重要手段。

1. 低温形变热处理

低温形变热处理是一种将钢件加热到较高温度，经保温后快速冷却到某一温度进行变形（形变强化），然后立即进行淬火、回火（通过热处理强化）的热处理方法。

低温形变热处理的特点是：在保证钢件塑性和韧性不降低的条件下，能够大幅度提高钢件的强度和抗磨损能力，主要用于制造高速钢刀具、模具等有高韧性要求的零件。

2. 高温形变热处理

高温形变热处理是一种将钢件加热到较高温度，经保温后以较快的速度进行塑性变形（形变强化），然后立即进行淬火、回火（通过热处理强化）的热处理方法。与普通热处理相比，经高温形变热处理的部分材料的抗拉强度可提高10%~30%，塑性可提高40%~50%。一般碳钢、低合金钢均可采用这种热处理方法。

3.4.2　真空热处理与可控气氛热处理

普通热处理时的加热过程，多数是在空气介质中进行的。在高温下，空气介质中的氧、二氧化碳和水蒸气等氧化性气氛将会与工件表层中的铁和碳发生反应，可引起工件表面氧化与脱碳，而氧化与脱碳会使工件表层的质量大大降低。为了防止氧化与脱碳的发生，生产中采用了真空热处理与可控气氛热处理。

真空热处理具有无氧化、无脱碳、无污染和少变形的“三无一少”的优越性，是当代热处理的先进技术之一。它是在1.33~0.0133Pa真空度的真空介质中对钢件进行加热的热处理，主要包括真空淬火、真空退火、真空化学热处理等。

可控气氛热处理是为达到工件表层无氧化、无脱碳或按要求增碳的目的，在成分可控的炉气中进行的热处理。

3.4.3　激光淬火与电子束淬火

激光淬火是利用专门的激光器发出能量密度极高的激光，以极快的速度加热工件表面，经自冷淬火后使工件表面得到强化的热处理方法。

电子束淬火是利用电子枪发射的成束电子轰击工件表面，使之急速加热，经自冷淬火后使工件表面得到强化的热处理方法。其能量的利用率大大高于激光淬火，可达80%。

这两种表面热处理工艺可不受钢材种类的限制，淬火质量高，基体性能不变，是很有发展前途的新工艺。

3.5　热处理工艺的应用

热处理是机械制造过程中非常重要的环节，它穿插在机械零件制造过程中的冷热加工工序之间，因此正确合理地安排热处理工序位置十分重要。另外，由于机械零件的类型很多，且形状结构复杂，工作时承受各种应力，选用的材料及要求的性能各不相同，因此热处理技术条件的提出、热处理工序的正确制订和实施，也是相当重要的问题。

3.5.1　确定热处理工序的一般规律

根据热处理的目的和工序位置的不同，热处理可分为预备热处理和最终热处理两大类。

预备热处理（正火、退火、调质等）工序一般安排在毛坯生产之后、切削加工之前，或粗加工之后、精加工之前；最终热处理（淬火、回火、化学热处理等）后钢件硬度较高，除可以进行磨削加工外，一般不适宜进行其他切削加工，故最终热处理一般均安排在半精加工之后、磨削加工（精加工）之前。

在生产过程中，由于零件选用的毛坯和工艺过程不同，热处理工序会有所增减。因此，必须根据具体情况灵活安排工序位置。

3.5.2　确定热处理工序位置的实例

1. 车床主轴的热处理

车床主轴是传递力的重要零件，它承受交变载荷，轴颈处要求耐磨，如图 3-5 所示。车床主轴一般选用 45 钢制造，热处理技术条件为：整体调质处理，硬度 220~250HBW；轴颈及锥孔表面淬火，硬度 50~52HRC。

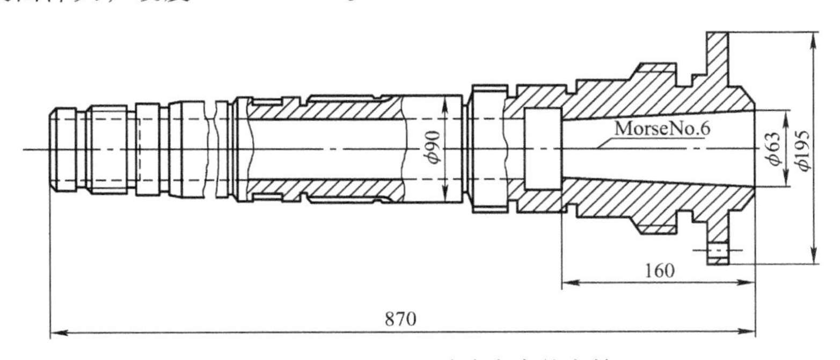

图 3-5　CA6140 型卧式车床的主轴

主轴制造工艺路线如下。

锻造→正火→切削加工（粗）→调质→切削加工（半精）→高频感应淬火→低温回火→磨削。

主轴热处理各工序的作用如下。

正火：作为预备热处理，目的是消除锻件内应力，细化晶粒，改善可加工性。

调质：降低钢的强度、硬度，提高钢的塑性、韧性，使主轴整体具有较好的综合力学性能，并为表面淬火做好组织准备。

高频感应淬火+低温回火：作为最终热处理，高频感应淬火是为了使轴颈及锥孔表面获得高的硬度、耐磨性和疲劳强度；低温回火是为了消除材料内应力，防止磨削时产生裂纹，并保持主轴轴颈及锥孔表面的高硬度和耐磨性。

2. 手用丝锥的热处理

手用丝锥是加工金属内孔螺纹的刃具。由于为手动攻螺纹，且加工中丝锥受力不大，切削速度极低，不要求有高的热硬性，故手用丝锥可选用 T12A 制造。下面以 M16×2 手用丝锥为例（图3-6）来分析其热处理工序位置的确定过程。它的热处理条件为：齿部硬度 60~62HRC，柄部硬度 30~45HRC。

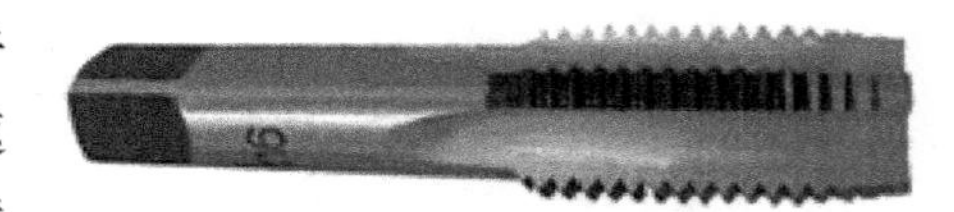

图 3-6　手用丝锥

手用丝锥的加工工艺路线如下。

下料→球化退火→机械加工→淬火、低温回火→柄部处理→清洗→发蓝处理→检验。

热处理各工序的作用如下。

球化退火：使原材料获得优良的球状组织结构，以便于进行机械加工，并为以后的淬火做好组织准备。

淬火和低温回火：使刃部达到硬度要求。为减少变形，淬火采用硝盐等温淬火，这可使丝锥的强度和韧性得到提高。在淬火时，因丝锥的柄部也已一起硬化，故丝锥柄部必须进行回火处理。回火处理一般采用 600℃ 盐浴快速加热（加热时间约 30s），加热后迅速入水冷却，从而使柄部硬度下降到要求的硬度。

小　结

钢的热处理方法、工艺参数、组织、硬度及用途如下。

类别	名称	工艺参数	硬度	用途
常规热处理	退火	随炉缓慢冷却	176~260HBW	铸、锻、焊后消除缺陷、降硬度、利切削
	正火	空气中冷却	170~260HBW	比退火生产率高，成本低，作用相近，优先选用
	淬火	水、油等介质中快速冷却	中碳钢 30~50HRC 高碳钢 60~65HRC	为回火做组织准备
	回火	低温回火	58~64HRC	工具、滚动轴承、渗碳件、淬火工具
		中温回火	30~50HRC	弹簧、模具
		高温回火	200~330HBW	重要结构件：轴、齿轮
	调质	淬火+高温回火	20~35HRC	连杆、螺栓、螺母、曲轴和齿轮
	时效	100~150℃，保持 5~20h	58~64HRC	精密量具或模具、零件

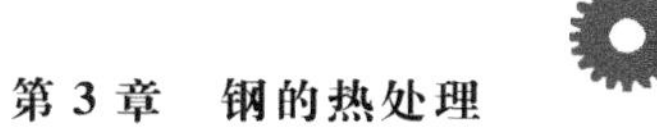

（续）

类别	名称	工艺参数	硬度	用途
表面热处理	感应淬火	加热：高频、中频、工频感应加热 冷却：水冷	表面 48～55HRC 心部 220～250HBW	中碳非合金钢、中碳合金钢的轴类、齿轮类零件
化学热处理	渗碳	900～950℃富碳介质中保温 3～5h 后取出进行淬火加低温回火	表面 60～64HRC 心部 30～40HRC	低碳、非合金钢、低碳合金钢的受冲击和强烈摩擦的重要零件
	渗氮	500～600℃含活性氨的介质中长时间保温后空冷	表面 69～72HRC 心部 250～280HBW	要求高硬度、高精度的零件

第4章 铸 造

学习目标

1. 了解铸造生产的工艺过程及其特点和应用。
2. 掌握砂型铸造主要造型方法的工艺过程、特点与应用。
3. 了解特种铸造及铸造新工艺和发展方向。

4.1 铸造基础知识

1. 铸造及其特点

铸造是指熔炼金属，制造铸型，并将熔融金属浇入型腔，凝固后获得具有一定形状和性能铸件的成形方法。铸件是指用铸造方法生产的金属件，如图4-1所示。铸造生产具有以下特点。

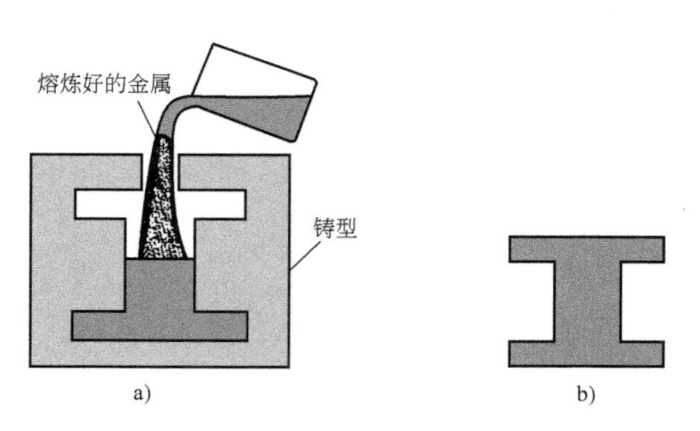

图4-1 铸造

a）铸造过程示意图 b）铸件

1）适用范围较广，能制造各种尺寸和复杂形状的铸件。绝大多数金属均能用铸造方法制成铸件，工业生产中常用的金属材料，如各种铸铁、非合金钢、合金钢、非铁金属等都可用来铸造，有些材料（如铸铁）只能用铸造方法来制取零件，铸件的质量可以从几克到200t以上。

2）铸件的形状与零件尺寸较接近，可节省金属材料，减少切削加工工作量。原材料来源广泛，还可利用金属废料和报废的机件；工艺设备所需费用少、生产周期较短、成本较低。

3）铸造工序较多，有些工艺过程难以控制，故铸件的质量不够稳定，废品率较高，铸态组织晶粒粗大，力学性能较差。因此，承受动载荷的重要零件一般不采用铸件作为毛坯。

2. 铸造方法

在铸造生产中最基本的方法是砂型铸造，除砂型铸造以外的铸造方法统称为特种铸造，包括金属型铸造、压力铸造、离心铸造、熔模铸造、挤压铸造等。

3. 铸造安全技术

铸造车间是热加工车间，劳动条件比较差，发生的事故也比别的车间多，所以，要高度重视安全技术，严格按照操作规程生产。这样才能做到安全生产，彻底避免事故的发生。

1）熔炼、浇注、型砂处理、备料人员应穿戴专用的防护工作服、帽、皮鞋及防护眼镜。

2）混砂时，要严防将铁块、铁钉等杂物混入砂中，以免造成处理设备损坏的事故。

3）砂箱堆放要平稳，搬动砂箱时要注意轻放，以防砸伤手脚。

4）接触金属熔液、炉渣的工具和浇包，必须保持干燥。挡渣用的铁棍一定要预热，以防爆炸。

5）往浇包内注入金属熔液时，液面与浇包上沿的距离不得小于浇包内壁高度的 1/8，以防金属液外溢伤人。

6）所有抬浇包人的行动要协调，抬起或放下的动作要一致。发现金属液飞溅甚至烫伤人时，不能将浇包随意乱丢，以免造成更大的事故。

7）不要用手脚去接触尚未冷却的铸件。

8）在破碎炉料或清理铸件时，要注意周围环境，防止伤人。

4.2 砂型铸造

1. 砂型铸造的工艺过程

砂型铸造是指用型砂紧实成形的铸造方法。砂型铸造工艺过程如图 4-2 所示。图 4-3 所示为齿轮毛坯的砂型铸造过程。

2. 造型材料

制造铸型或型芯用的材料，称为造型材料。造型材料包括型砂、芯砂及涂料等。

造型材料应具备良好的可塑性，以便于造型；足够的强度，以保证在修整、搬运及液体金属浇注时受冲击和压力作用下，不致变形或毁坏；高的耐火度，以保证在高温液体金属注入时不熔化，以及良好的透气性、退让性等。

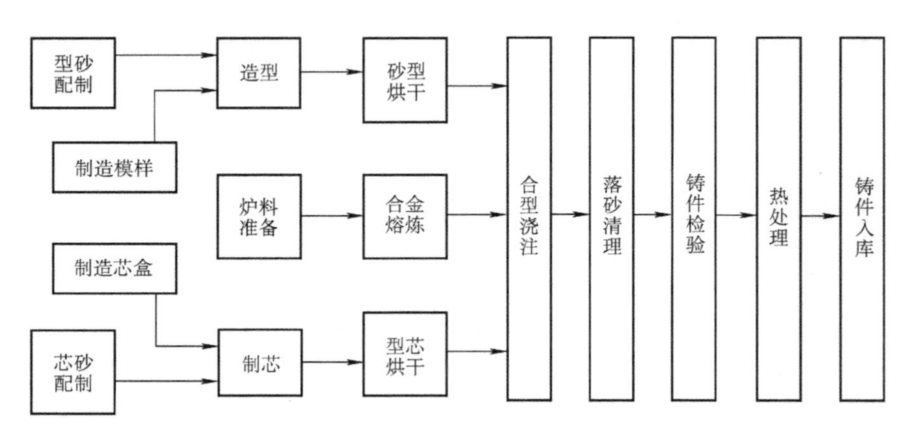

图 4-2 砂型铸造工艺过程

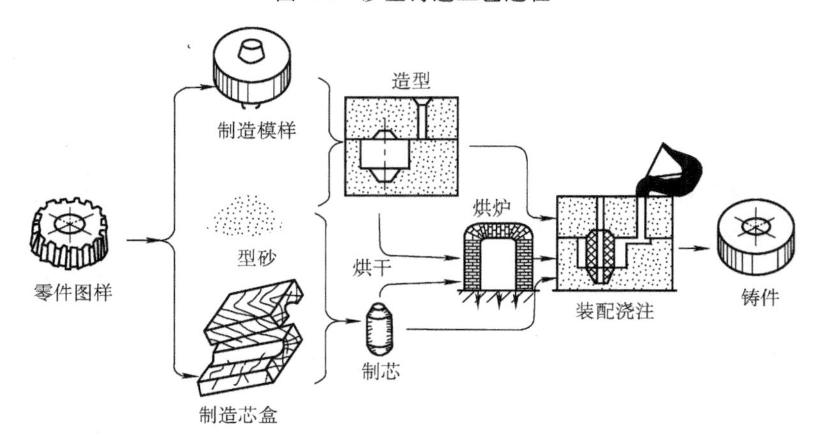

图 4-3 齿轮毛坯的砂型铸造过程

3. 造型方法

造型就是用型砂和模样制造铸型的过程。造型方法分手工造型和机器造型两大类。一般单件和小批量生产都用手工造型。在大量生产时，主要采用机器造型。

(1) 手工造型 全部用手工或手动工具完成的造型工序称为手工造型。按起模特点，手工造型分为整模造型（图 4-4）、分模造型（图 4-5）、挖砂造型（图 4-6）、三箱造型（图 4-7）、活块造型（图 4-8）等方法。

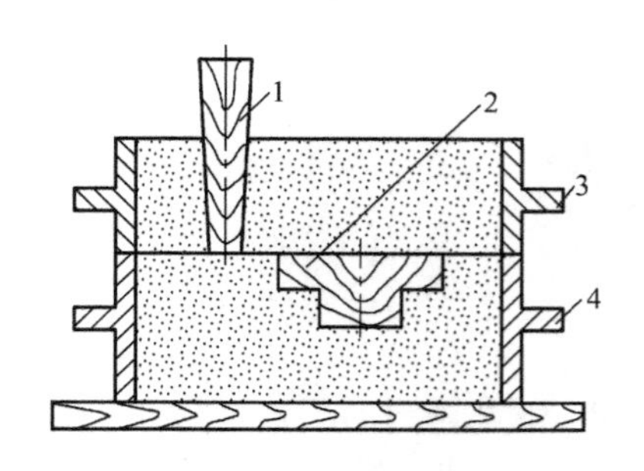

图 4-4 整模造型

1—浇口棒 2—模样 3—上型 4—下型

几种常用的手工造型方法的特点和适用范围见表 4-1。

(2) 机器造型 机器造型是指用机器全部地完成或至少完成紧砂操作的造型工序。机器造型的实质就是用机器代替手工紧砂和起模，它是现代化铸造生产的基本方法，适用于大批量生产。

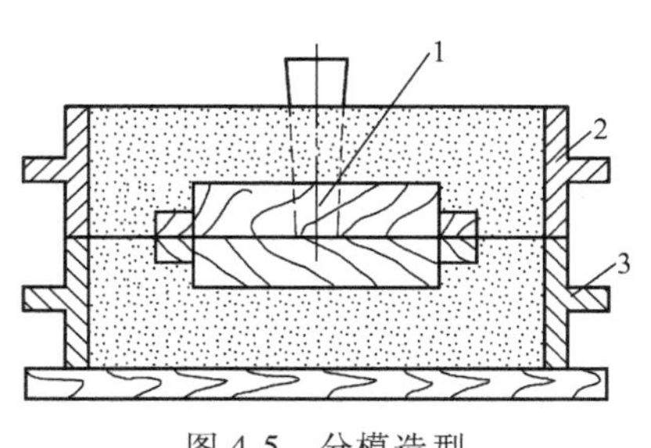

图 4-5 分模造型

1—模样 2—上型 3—下型

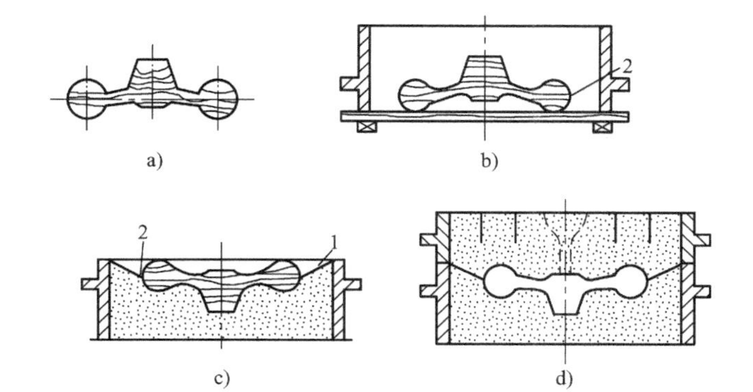

图 4-6 挖砂造型

a）手轮坯模样，分型面为曲面 b）放置模样，造下型

c）翻转，挖出分型面 d）造上型，起模，合型

1—分型面 2—最大截面

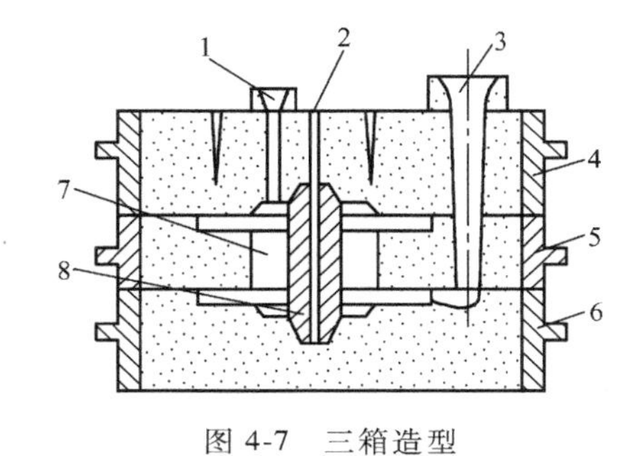

图 4-7 三箱造型

1—出气口 2—排气口 3—浇口杯 4—上型

5—中型 6—下型 7—型腔 8—型芯

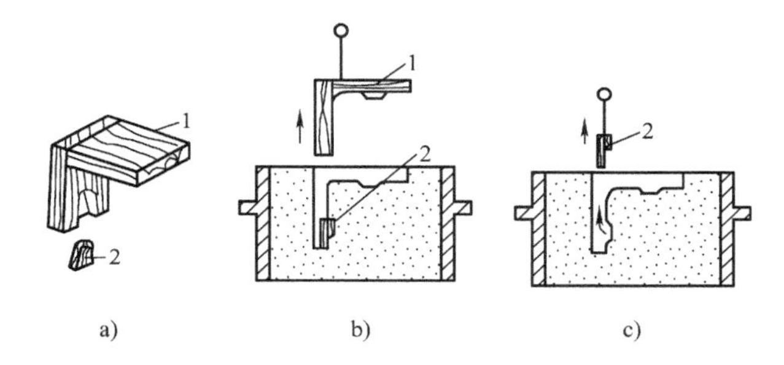

图 4-8 活块造型

a）模样 b）取出模样主体 c）取出活块

1—模样主体 2—活块

表 4-1 几种常用的手工造型方法的特点和适用范围

名 称	特 点	适 用 范 围
整模造型	模样为整体，分型面为平面，型腔全部在一个砂箱内，不会产生错型缺陷	最大截面在端部且为平面的铸件
挖砂造型	整体模，分型面为曲面，造下型后将妨碍起模的型砂挖去，然后造上型	单件小批量生产，整体模，分型面不平的铸件
分模造型	将模样沿最大截面分开，型腔位于上、下型内	最大截面在中部的铸件
三箱造型	铸型由上、中、下型构成，中箱高度要与铸件两分型面间距相适应	单件小批量生产，中间截面小、两端截面大的铸件
活块造型	铸件上有妨碍起模的小凸台，制作模样时将这部分做成活动的，拔出模样主体部分后，再取出活块	单件、小批量生产，带有凸台，难以起模的铸件

机器造型的两个主要工序是紧砂和起模。

1）紧砂方法。常用的紧砂方法有震实、压实、震压、抛砂、射压等几种，其中以震压应用最广。图 4-9a、b 所示为震压式紧砂方法。

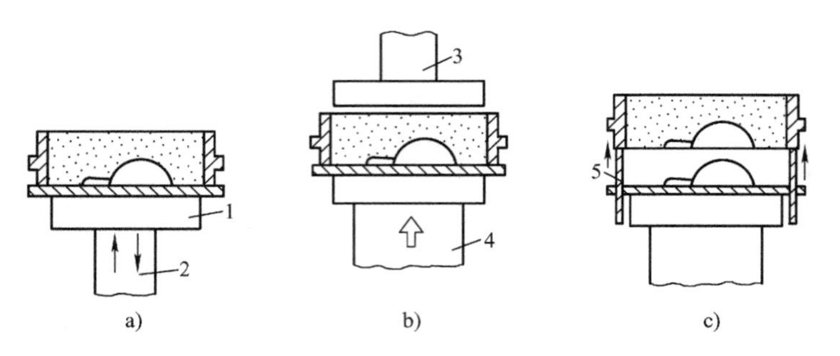

图 4-9 震压式紧砂方法和顶箱起模方法原理示意图

a）震实 b）压实 c）起模

1—工作台 2—震实活塞 3—压板 4—压实活塞 5—顶杆

2）起模方法。常用的起模方法有顶箱、漏模、翻转三种。图 4-9c 所示为顶箱起模方法。随着生产的发展，新的造型设备将会不断出现，从而使整个造型和制芯过程逐步实现自动化。

4. 典型浇冒系统

（1）浇注系统 浇注系统是铸型上供液体金属填充型腔和冒口而开的一系列通道。浇注系统能平稳地将金属液导入铸型型腔，还可挡渣、排气及控制铸件的凝固顺序。它对保证铸件质量极为重要。浇注系统通常由浇口杯、直浇道、横浇道和内浇道组成，如图 4-10 所示。

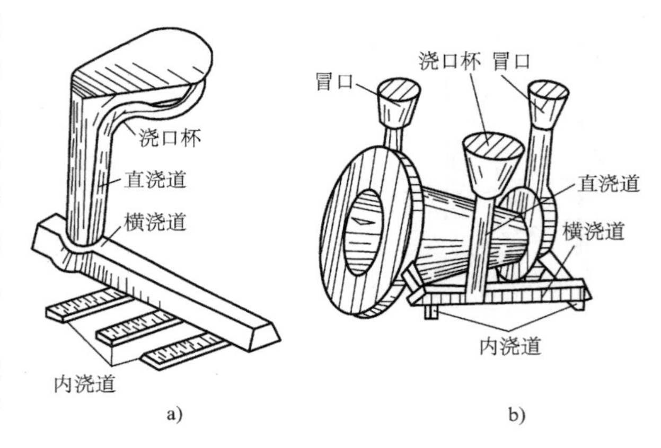

图 4-10 浇注系统和典型浇冒系统图

a）浇注系统 b）典型浇冒系统

1）浇口杯是直接承接金属液且位于直浇道顶部的扩大部分。它既可方便浇注又能减缓金属液对铸型的冲击。浇口杯可单独制造或直接在铸型内制出。

2）直浇道是连接横浇道与浇口杯的垂直通道。盛满金属液后，垂直的液柱形成充型压力，可使金属液迅速自动充满型腔。改变它的高度，可改变金属液的充型能力或速度。

3）横浇道是连接内浇道和直浇道的水平通道。它位于内浇道的上方，主要起挡渣的作用。

4）内浇道是引导金属液进入型腔的道口。内浇道的位置、方向和大小决定着金属液进入型腔的部位、速度和流向，从而可控制铸件的凝固顺序。它极大地影响着铸件的质量。

（2）冒口 对于易产生缩孔的铸件，典型浇冒系统还需开设冒口。它是铸型内储存供补缩铸件用的熔融金属的空腔。它有时还起排气、集渣等作用。冒口一般开设在铸件容易产生缩孔部位的上方。

5. 熔炼

金属熔炼质量的好坏对能否获得优质铸件有着重要的影响。如果金属液的化学成分不合格，就会降低铸件的力学性能和物理性能。金属液的温度过低，会使铸件产生冷隔、浇不足、气孔和夹渣等缺陷；金属液的温度过高会导致铸件总收缩量增加、吸收气体过多、粘砂等缺陷；铸造生产常用的熔炼设备有冲天炉（适于熔炼铸铁）、电弧炉（适于熔炼铸钢）、坩埚炉（适于熔炼非铁金属）、感应加热炉（适于熔炼铸钢和铸铁等）。

6. 合型、浇注、落砂、清理和检验

合型是指将铸型的各个组元，如上型、下型、型芯、浇口杯等组合成一个完整铸型的操作过程。合型时要保证铸型型腔几何形状、尺寸的准确性和型芯的稳固性。型芯放好并经检验后，才能扣上上型和放置浇口杯。合型后应将上、下型两型紧扣或用压铁压住，以防抬起上砂箱后金属液流出型外。

将金属液从浇包注入铸型的操作，称为浇注。金属液的浇注温度对铸件质量有很大影响。若浇注温度过高，则金属液吸气多，液体收缩大，铸件容易产生气孔、缩孔、裂纹及粘砂等缺陷。若浇注温度过低，则金属液流动性变差，会产生浇不足、冷隔等缺陷。

落砂是指用手工或机械使铸件和型砂（芯砂）、砂箱分开的操作过程。浇注后，铸件必须经过充分的凝固和冷却才能进行落砂。若落砂过早，则铸件易产生较大应力，从而导致变形或开裂；此外，铸铁件还会形成白口组织，从而使切削加工困难。

落砂后，从铸件上清除表面粘砂、型砂（芯砂）、多余金属等操作称为清理。清理主要是为了去除铸件上的浇口杯、冒口、型芯、粘砂以及飞边等。清理后对铸件进行检验，检验合格后才能成为铸件。

7. 铸件的缺陷

由于铸造工艺较为复杂，铸件质量受型砂质量、造型、熔炼、浇注等诸多因素的影响，容易产生缺陷。铸件常见缺陷见表 4-2。

表 4-2　铸件常见缺陷

缺陷	图　示	特　征	产生原因
气孔		表面比较光滑，呈梨形、圆形的孔洞，一般不在表面露出。大的气孔常孤立存在，小的气孔则成群出现	型砂含水过多，透气性差；起模和修型时刷水过多；砂芯烘干不良或砂芯通气孔堵塞；浇注温度过低或浇注速度太快
缩孔		形状不规则、孔壁粗糙并带有枝状晶的孔洞。缩孔多分布在铸件厚断面处或最后凝固的部位	铸件结构不合理，如壁厚相差过大，造成局部收缩过程中得不到足够熔融的金属补充；补缩不良
砂眼		在铸件内部或表面有充塞砂粒的孔眼	型砂和芯砂的强度不够；砂型和砂芯的紧实度不够；合型时铸型局部损坏；浇注系统不合理，冲坏了铸型

（续）

缺陷	图　示	特　征	产生原因
粘砂		铸件的部分或整个表面黏附着一层砂粒，以及金属的机械混合物或由金属氧化物、砂粒和黏土相互作用而生成的低熔点化合物。铸件表面粗糙，不易加工	型砂和芯砂的耐火性不够；浇注温度太高；未刷涂料或涂料太薄
冷隔		铸件上有未完全融合的缝隙或洼坑，其交接处是圆滑的	浇注温度太低；浇注速度太慢或浇注过程曾有中断；浇注系统位置开设不当或浇道太小
浇不足		铸件不完整	浇注时金属量不够；浇注时液体金属从分型面流出；铸件太薄；浇注温度太低；浇注速度太慢
裂纹	裂纹	裂纹即铸件开裂，分冷裂和热裂	铸件结构不合理，壁厚相差太大；砂型和砂芯的退让性差；落砂过早

4.3　特种铸造

与砂型铸造相比，特种铸造能避免砂型起模时的型腔扩大和损伤，合型时定位的偏差，砂粒造成的铸件表面粗糙和粘砂，从而使铸件的质量大大提高。

1. 金属型铸造

金属型铸造是指在重力作用下将熔融金属浇入金属型以获得铸件的铸造方法。

一个金属型可以被浇注几百次至几万次，可以实现“一铸多型”，从而节省造型的工时和材料，提高生产率，改善劳动条件。金属型铸造所得到的铸件具有尺寸精确、表面光洁、机械加工余量小、结晶颗粒细、力学性能较好的优点。

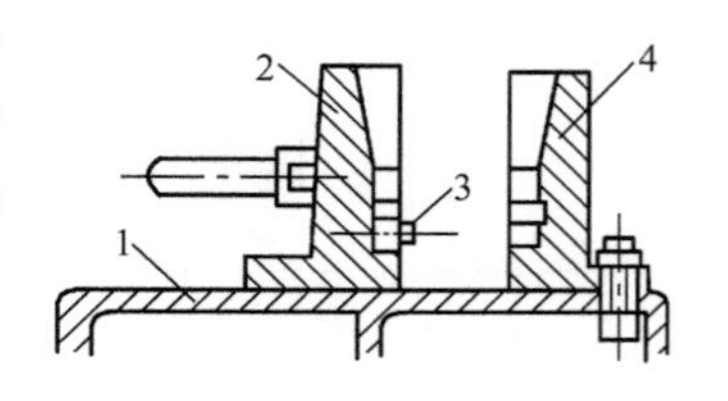

图4-11　垂直分型式金属型

1—底座　2—活动半型

3—定位销　4—固定半型

但金属型铸造周期较长、制造成本高、无退让性；铸型热导率高，这可使金属的流动性很快降低，易产生浇不足、冷隔、气孔等缺陷。故金属型铸造不适用于铸造单件、小批量生产和形状复杂的大型薄壁零件。图4-11所示为垂直分

型式金属型。

金属型铸造主要用于非铁合金（铝合金、铜合金或镁合金）铸件的大批量生产，如活塞、气缸体、气缸盖、液压泵壳体等。

2. 压力铸造

压力铸造是将熔融金属在高压下高速充型，并使之在压力下凝固的铸造方法。

压铸机是压力铸造的主要设备。压铸机可分为热压室式和冷压室式两类。冷压室式有立式和卧式两种，图4-12所示为立式冷压室式压铸机工作原理示意图。其工艺过程为，首先使压型中的动型与定型合紧，然后用活塞将压塞中的熔融金属压射到型腔，待金属凝固后打开压型即可得到铸件，并可用下活塞顶出余料。

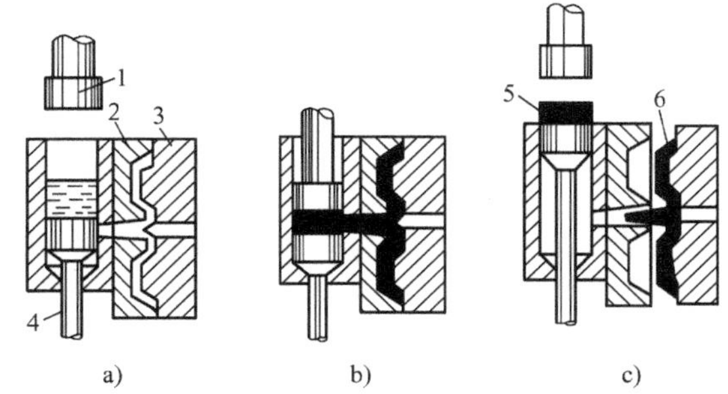

图4-12　立式冷压室式压铸机工作原理示意图

a）浇注　b）压射　c）开型

1—压铸活塞　2、3—压型　4—下活塞

5—余料　6—铸件

压力铸造以金属型铸造为基础，保留了金属型铸造的一些特点。压力铸造是在高压高速下注入金属液，故可铸造形状复杂、轮廓清晰的薄壁铸件。带有各种孔眼、螺纹、精细花纹图案的铸件，都可采用压力铸造。

3. 离心铸造

将熔融金属浇入水平、倾斜或立轴旋转的铸型中，在离心力作用下使之凝固成铸件的铸造方法，称为离心铸造。

离心铸造机根据转轴位置不同，可分为立式、卧式和倾斜式三种，其工作原理如图4-13所示。当铸型绕垂直轴线旋转时，浇入铸型中的熔融金属的自由表面呈抛物线形状，因此主要用来生产高度小于直径的圆环类短铸件。当铸型绕水平轴线旋转时，浇入铸型中的熔融金属的自由表面呈圆柱形，中空铸件无论在长度方向还是圆周方向的壁厚都比较均匀，故卧式离心铸造机的应用较广，主要用来生产长度大于直径的套类和管类铸件。

用离心铸造方法铸造圆形中空铸件时，可不用型芯，不用浇注系统，从而减少金属材料的消耗，还可以铸造双层金属铸件。离心铸造主要用于铸造钢、铸铁、非铁金属等材料的各类管状零件的毛坯。

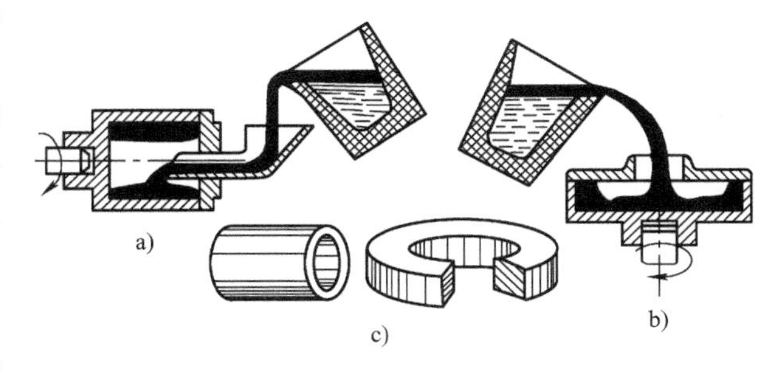

图4-13　离心铸造工作原理示意图

a）绕水平轴旋转　b）绕垂直轴旋转　c）铸件

4. 熔模铸造

熔模铸造是指先用易熔材料（如蜡料）制成模样，然后在模样上包覆若干层耐火涂料，制成型壳，最后熔出型壳中的模样后，型壳经高温焙烧，即可进行浇注的铸造方法。熔模铸造工艺过程如图4-14所示。

图4-14a中的母模是用钢或铜合金制成的标准铸件，用来制造压型。压型是制造蜡模的特殊铸型，为了保证蜡模质量，压型需要具有很高的尺寸精度和表面质量。当铸件的精

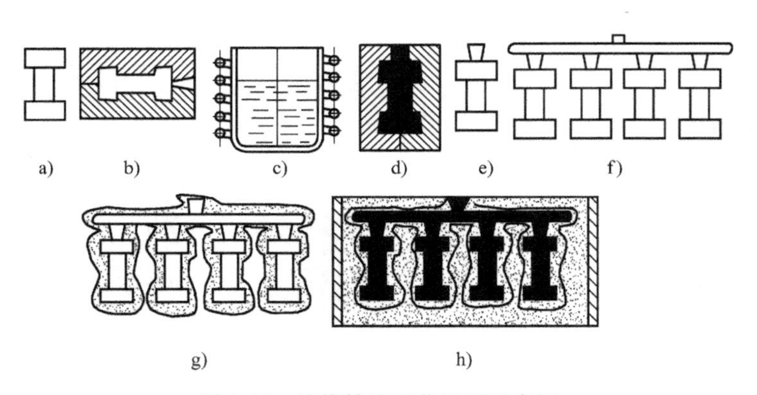

图4-14 熔模铸造工艺过程示意图

a）母模 b）压型 c）熔蜡 d）铸造蜡模 e）单个蜡模

f）组合蜡模 g）结壳熔出蜡模 h）填砂、浇注

度要求高或需要进行大批量生产时，压型需用钢、铝合金或锡青铜制成；当铸件精度要求不高或生产批量不大时，压型可用易熔金属（锡、铅、铋等）直接浇注出来。然后把配制的熔化蜡基材料（一般用50%石蜡和50%硬脂酸等制成）压入压型，待其冷却凝固后取出，即得到单个蜡模。将许多蜡模连接在浇注系统上，即成为蜡模组。再将蜡模组浸挂由粘结剂（如水玻璃等）和耐火材料（如石英粉等）配成的涂料后，放入硬化剂（通常为氯化铵溶液）中做硬化处理。如此重复直至蜡模组外结成5~10mm的硬壳为止，即成型壳。再将型壳放入85~95℃热水中或高压蒸汽中，使蜡熔化流出，形成具有空腔的铸型，如图4-14g所示。最后为了提高铸型强度及排除残留挥发物和水分，需将型壳加热到850~950℃进行焙烧，然后将铸型放置在砂箱内，周围填砂，即可进行浇注。

熔模铸造的特点：铸型是一个整体，无分型面，不需进行起模和合型等工序，且浇注出的铸件尺寸精确、表面粗糙度值低；铸型加热到高温后才能进行浇注，从而使金属液充填铸型的能力大大改善，可浇注出各种复杂形状的薄壁铸件；一般用熔模铸造制得的铸件，可减少或无须进行切削加工。但熔模铸造生产工艺复杂、生产周期长、成本高、铸件重量不能太大，故常被用于铸造中、小型形状复杂的精密铸件或高熔点、难以锻压或切削加工的铸件，如汽轮机叶片、汽车上的小型零件以及刀具等。

4.4 铸造新技术、新工艺

1. 造型技术的新进展

（1）气体冲压造型 这是近年来发展迅速的低噪声造型方法。其主要原理和特点是，将型砂填入砂箱和辅助框内，然后在短时间内快速释放阀门而给气，从而可对松散的型砂进行脉冲冲击紧实成形，气体压力逐步增大（最大3×10^5Pa），可一次紧实成形，无须辅助紧实。它包括空气冲压造型和燃气冲压造型两类。气体冲压造型具有砂型紧实度高、砂型均匀合理、能生产复杂铸件、噪声小、节约能源、设备结构简单等优点，近年来发展较快，主要用于铸造汽车、拖拉机、缝纫机、纺织机械所用铸件及进行水管的造型。

（2）静压造型　静压造型的特点是消除了震压式紧砂方法的噪声污染，型砂紧实效果好，铸件尺寸精度高。其工艺过程为：首先将填满型砂的砂箱置于装有通气塞的模板上，通以压缩空气，使之穿过通气塞排出，同时型砂被压实在模板上。越靠近模板，型砂紧实度越高。最后用压实板在型砂上部进一步压实，使其上、下紧实度均匀，起模后即成为铸型。

静压造型不需要刮去大量余砂，且造型设备维修简单，因而较适合我国国情，目前主要用于汽车和拖拉机的气缸等复杂件的生产。

（3）真空密封造型（V 法造型）　真空密封造型（V 法造型）是一种物理造型法，其基本原理是将真空技术与砂型铸造结合，靠塑料薄膜将砂型的型腔面和背面密封起来，借助真空泵抽气产生负压，造成砂型内、外压差使型砂紧固成形，经下芯、合模、浇注，待铸件凝固，解除负压或停止抽气，型砂便随之溃散而获得铸件。真空密封造型有利于金属液的充型，生产的铸件尺寸精度高、轮廓清晰、表面光洁，适合铸造薄壁铸件，是目前较先进又非常具有发展前途的铸造方法。在航空、冶金、机械加工等领域，其配合使用计算机技术进行辅助模拟，以预测铸造缺陷的产生，能大幅度节约时间，降低生产费用，提高铸件的生产率。

2. 快速成形技术（RPT）

要将一种新产品成功地打入现代激烈竞争的市场中，对于铸造商而言，只有将铸造与快速、柔性制造工艺相结合，才能使产品取得较高的市场占有率。快速成形技术集现代数控技术、CAD/CAM 技术、激光技术和新型材料科学成果于一体，突破了传统的加工模式，大大缩短了产品的生产周期。

目前，正在应用与开发的快速成形技术有 SLA（激光立体光刻成形技术）、SLS（激光粉末选区烧结成形技术）、FDM（熔丝沉积成形工艺）、LOM（分层叠纸制造成形工艺）和 DSPC（直接制壳生产铸件的工艺）等。各种快速成形技术都基于相同的原理，只是实现的方法不同而已。

3. 计算机在铸造中的应用

当前，计算机在铸造过程中的管理、设计、制造、测控、工艺、凝固模拟等方面都得到了广泛的应用。

铸造工艺计算机辅助设计 CAD 系统是利用计算机协助制造工艺设计者确定铸造方案、分析铸件质量、优化铸造工艺、估计铸造成本及显示并绘制铸造工艺图等的系统。其把计算机的快速性、准确性与设计人员的思维、综合分析能力结合起来，可以加快设计进程，提高设计质量，加速产品更新换代，提高产品竞争能力。

与传统的铸造工艺设计方法相比，用计算机辅助设计铸造工艺有如下特点。

1）计算准确、迅速，消除了人为的计算误差。

2）可同时对几个铸造方案进行工艺设计和比较，从而找出较好的方案。

3）能够储存并系统利用铸造工作者的经验，以方便日后的设计工作。

4）计算结果能自动打印记录，并能绘制铸造工艺图等技术文件。

铸造工艺 CAD 系统总流程如图 4-15 所示。

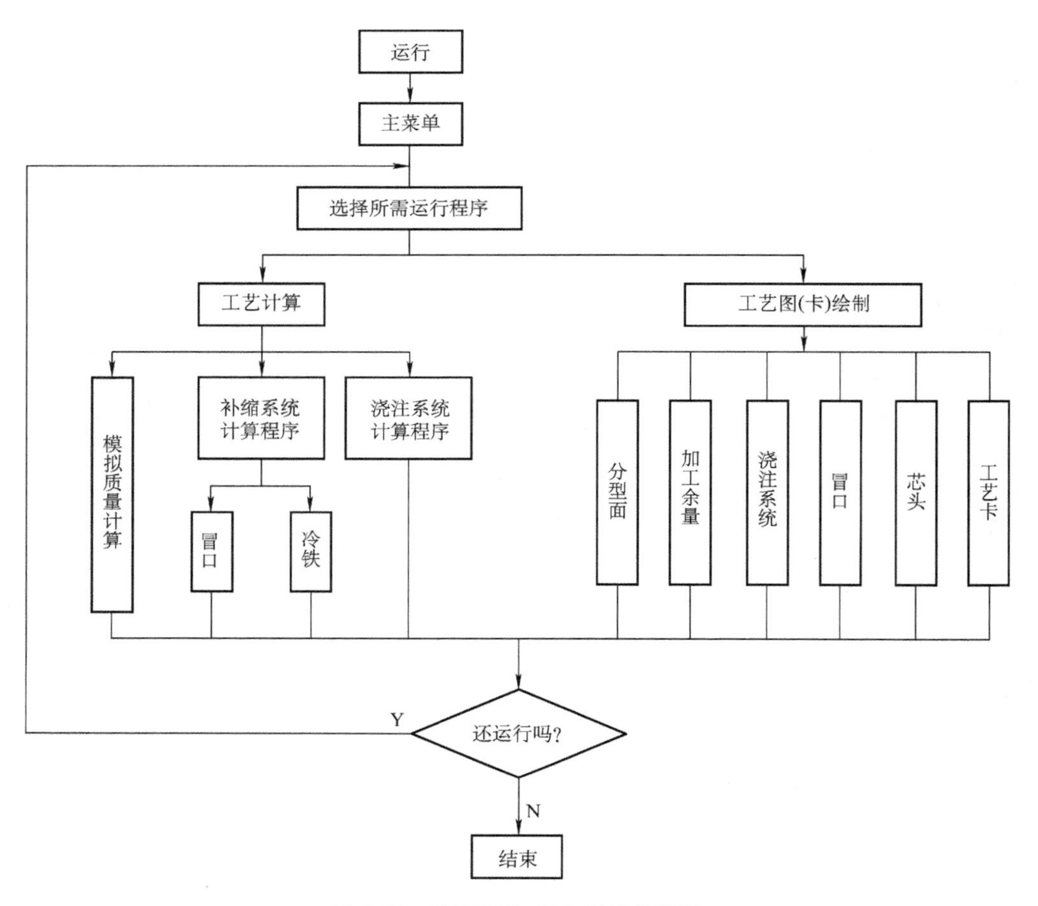

图 4-15　铸造工艺 CAD 系统总流程

小　结

铸造方法及工艺流程如下。

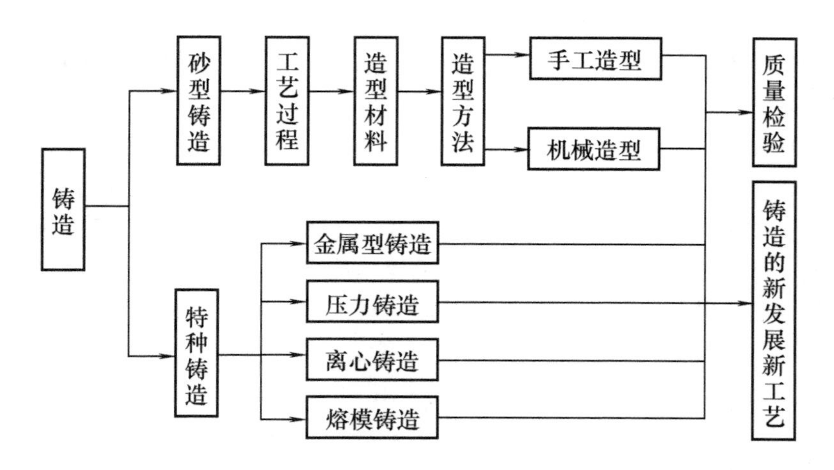

第5章 锻　　压

学习目标

1. 了解锻造与冲压生产的工艺过程、特点及应用。
2. 了解锻压生产所用设备（空气锤、压力机）和工具的构造、工作原理等。
3. 熟悉自由锻、模锻的基本工序及应用。
4. 了解冲压的基本工序及简单冲模的结构。
5. 了解锻压新技术、新工艺。

5.1　锻压基础知识

锻压是指对坯料施加外力，使其产生塑性变形，以改变其形状、尺寸，改善其性能，获得型材、棒材、板材、线材或锻压件等的加工方法。

1. 锻压的特点

（1）改善金属内部组织，提高力学性能　金属经锻压加工后，晶粒会变得细小，原铸造组织中的内部缺陷（如微裂纹、气孔、缩松等）可得到压合，从而使金属的力学性能得以提高。

（2）生产率较高　除自由锻外，其他锻压加工都具有较高的生产率，如齿轮轧制、滚轮轧制等制造方法均比机械加工的生产率高出几倍甚至几十倍以上。

（3）节省金属材料　由于锻压加工提高了金属的强度等力学性能，因此其可以相对地缩小同等载荷下零件的截面尺寸，减轻零件的重量。另外，精密锻压可使锻压件的尺寸精度和表面粗糙度接近成品零件，可做到少屑或无屑加工。

锻压加工的不足是锻件（锻造毛坯）尺寸精度不高，难以直接锻制外形和内形复杂的零件，且设备费用较高。

2. 锻压的分类及应用

各类钢材和大多数非铁金属及其合金都具有一定的塑性，它们均可以在热态或冷态下进行锻压加工。锻压包括锻造和冲压两大部分：锻造（自由锻、模锻等）主要用于生产重要的机器零件，如机床的齿轮和主轴、内燃机的连杆及起重机吊钩等；冲压主要用于板料加工，广泛应用于航空、车辆、电器、仪表及日用品等工业部门。锻压的其他加工方法有

轧制、挤压、拉拔等，主要用于生产型材、棒材、板材、线材。锻压加工的主要生产方式如图5-1所示。

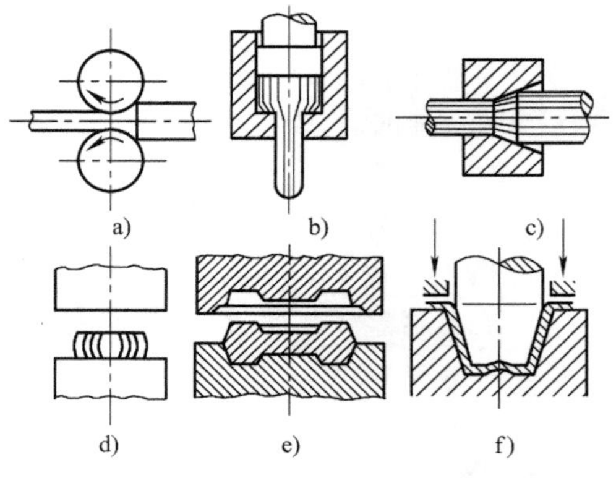

图5-1 锻压加工的主要生产方式
a）轧制 b）挤压 c）拉拔 d）自由锻
e）模锻 f）板料冲压

3. 锻压的安全技术

（1）锻造安全技术

1）锻造前必须仔细检查设备及工具，看楔铁、螺钉等有无松动，火钳、摔锤、铁砧、冲头等有无开裂或其他损坏现象。

2）选择火钳时必须使钳口与锻件的截面形状相适应，以保证夹持牢固。锻件应放在下砧铁中部。锻件及其他工具必须放正、放平、放稳，以防飞出。

3）握钳时应紧握火钳尾部，严禁将钳把或其他工具的柄部对准身体正面，而应置于体侧，以免工具受力后退时戳伤身体。

4）踏杆时脚跟不许悬空，这样才能稳定身体和灵活地操纵踏杆。不锤击时，脚应随即离开踏杆，以防误踏。

5）严禁用锤头空击下砧铁，也不许锻打过烧或已冷却的金属，以免损坏机器，造成金属迸溅或工件飞出。

6）放置及取出工件，清除氧化皮时，必须使用火钳、扫帚等工具，不许将手伸入上、下砧铁之间。

7）两人或多人配合操作时，必须听从掌钳者的统一指挥，冲孔及剁料时，司锤者应听从拿剁刀及冲子者的指挥。

（2）冲压安全技术 冲压操作貌似简单，但危险性很大，稍一疏忽，就会发生人身伤亡事故。因此，在操作过程中，要切记安全，注意下列事项。

1）无论设备运转或停止，都不许把手或身体伸进模具中间。

2）除连续作业外，不许把脚一直放在离合器踏板上进行操作，应每踩一下就把脚拿开。

3）当设备处于运转状态时，操作者不得离开操作岗位。

4）操作停止时，一定要切断电源，使设备停止运转。

5）不许掀动停车状态下的压力机开关和踏动离合器踏板。

6）最好采用工具夹持坯料或工件。

5.2 自由锻

自由锻是指只用简单的通用性工具，或在锻造设备的上、下砧铁间直接使坯料变形而获得所需几何形状及内部质量锻件的锻造方法。锻造时，被锻金属受力时的变形是在上、下砧铁平面之间做自由流动，故称自由锻。

1. 自由锻的特点

自由锻有如下优点：工艺灵活、所用工具设备简单、通用性好、成本低、可锻造小至几克大至数百吨的锻件。但其锻件精度低、工人劳动强度大、要求工人技术水平较高、生产率低。故自由锻多用于形状简单、精度要求不高的单件、小批量生产。

2. 自由锻设备

自由锻分手工锻和机器锻两种。机器锻是自由锻的基本方法。根据对坯料作用力的性质不同，机器锻造设备可分为锻锤和液压机两大类。

锻锤产生冲击力使金属变形，吨位的大小用其落下部分的质量来表示。锻锤又有空气锤和蒸汽-空气锤之分，主要用于生产中、小型锻件。空气锤的构造如图 5-2 所示。通过控制上下气阀 8、9 的不同位置，空气锤可以完成锤头悬空、单打、连打和压住锻件四个动作。

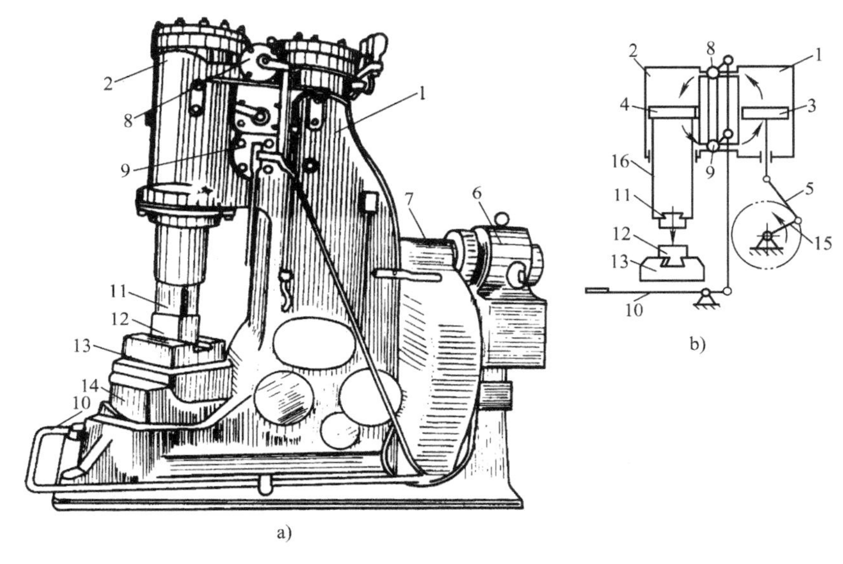

图 5-2　空气锤的构造

a）外形图　b）传动图

1—压缩气缸　2—工作气缸　3、4—活塞　5—连杆　6—电动机　7—减速器　8、9—气阀　10—踏杆　11—上砧铁　12—下砧铁　13—砧垫　14—砧座　15—曲柄　16—锤杆

生产中使用的液压机主要是水压机，主要由固定系统和活动系统两部分组成。水压机通过产生静压力使金属产生变形，吨位的大小用其产生的最大压力来表示。它可以完成质量达 300t 锻件的锻造任务，是巨型锻件唯一的成形设备。

3. 自由锻的基本工序

自由锻是通过局部锻打而逐步成形的，它的工序可分为基本工序、辅助工序和精整工序。基本工序是使金属产生一定程度塑性变形，以达到所需形状和尺寸的工艺过程，包括镦粗、拔长、冲孔、切割、弯曲、扭转、错移及锻接等。

(1) 镦粗　使毛坯高度减小、横截面积增大的锻造工序称为镦粗，如图 5-3 所示。镦粗常用于锻造高度小、横截面积大的工件，如齿轮、圆盘等。镦粗时，坯料的两个端面与上下砧铁间产生的摩擦力具有阻止金属流动的作用，故圆柱形坯料经镦粗之后呈鼓形。将坯料的一部分进行镦粗，称为局部镦粗。局部镦粗又分为端部镦粗和中部镦粗。

（2）拔长　拔长是指使毛坯横截面积减小、长度增加的锻造工序，如图 5-4 所示。拔长常用于锻造长而横截面积小的杆、轴类零件的毛坯，如轴、拉杆、曲轴等。

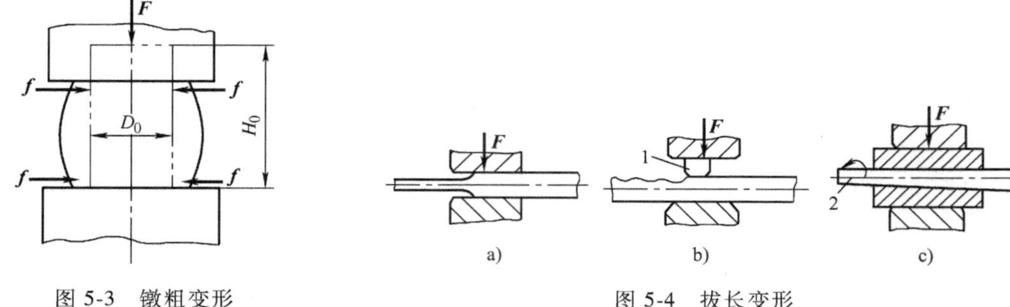

图 5-3　镦粗变形

图 5-4　拔长变形

a）平砧拔长　b）赶铁拔长　c）芯棒拔长

1—赶铁　2—芯棒

（3）冲孔　冲孔是指在坯料上冲出通孔或不通孔的锻造工序，如图 5-5 所示。冲孔常用于锻造齿轮坯、环套类等空心锻件。

（4）切割　切割是指将坯料分成几部分或切除锻件余量的锻造工序，如图 5-6 所示。切割常用于切除锻件的料头、钢锭的冒口等。

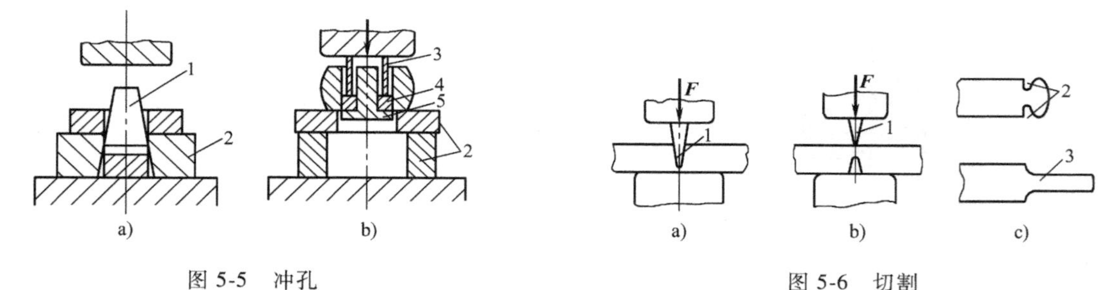

图 5-5　冲孔

a）实心冲头冲孔　b）空心冲头冲孔

1—冲头　2—漏盘　3—上垫　4—空心冲头　5—芯棒

图 5-6　切割

a）单面切割　b）双面切割　c）局部切割后再拔长

1—剁刀　2—先切口　3—再拔长

（5）弯曲　弯曲是将坯料弯成所规定的外形的锻造工序（图 5-7），常用于锻造直角尺、弯板、吊钩等轴、线弯曲的零件。

（6）锻接　锻接是将两件坯料在炉内加热至高温后用锤快击，使两者在固态时结合的锻造工序。锻接的方法有搭接、对接、咬接等，如图 5-8 所示。

（7）错移　错移是指将坯料的一部分相对另一部分平行错开一段距离的锻造工序，常用于锻造曲轴类零件。错移时，需先对坯料进行局部切割，然后在切口两侧分别施加大小相等、方向相反且垂直于轴线的冲击力或压力，从而使坯料实现错移。

（8）扭转　扭转是将坯料的一部分相对于另一部分绕其轴线旋转一定角度的锻造工序。该工序多用于锻造多拐曲轴和校正某些锻件。小型坯料扭转角度不大时，可用锤击方

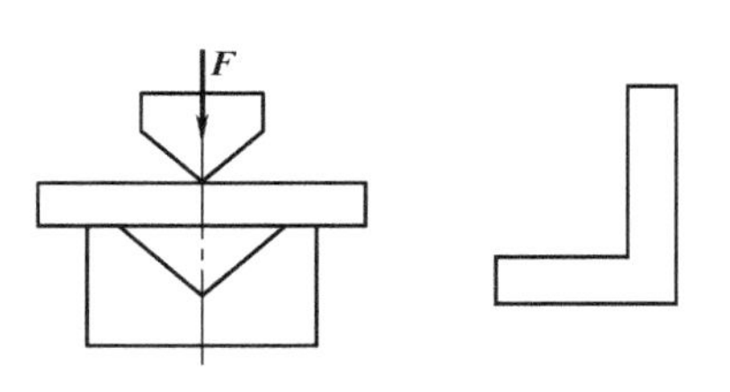

图 5-7 弯曲

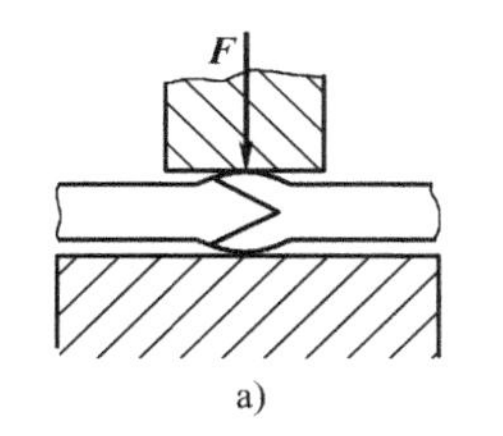

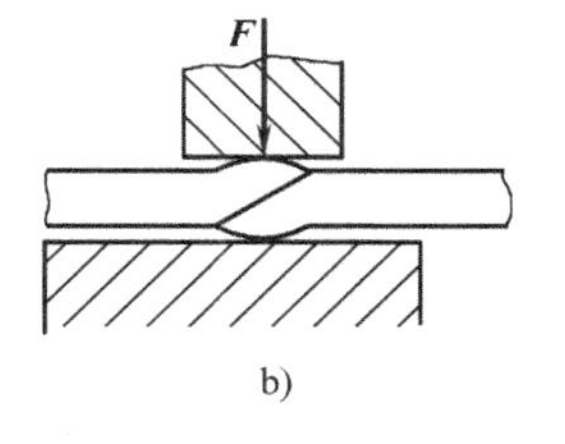

图 5-8 锻接
a）咬接 b）搭接

法锤击扭转，如图 5-9 所示。

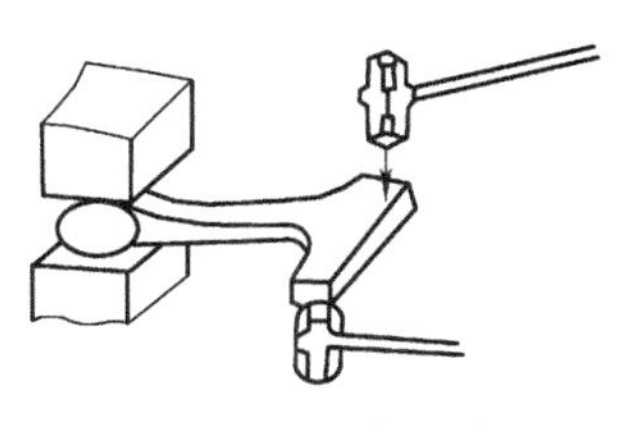
图 5-9 锤击扭转

辅助工序是为基本工序操作方便而进行的预先变形，如压钳口、倒棱、压肩等。

精整工序是对已成形的锻件表面进行平整，以减少锻件表面缺陷，使其形状、尺寸符合要求的工序。其一般在终锻温度以下进行。

4. 自由锻的常见缺陷（表 5-1）

表 5-1 自由锻的常见缺陷

缺陷名称	裂 纹	末端凹陷和轴心裂纹	折 叠
图示			
产生原因	（1）坯料质量不好 （2）加热不充分 （3）锻造温度过低 （4）锻件冷却不当 （5）锻造方法有误	（1）锻造时坯料内部未热透，变形只产生在坯料表面 （2）坯料整个截面未锻透，变形只产生在坯料表面	在锻压时坯料送进量小于单面压下量

5.3 模 锻

模锻是指利用模具使坯料变形而获得锻件的锻造方法。与自由锻相比，模锻有很多优点，如生产率较高，有时可比自由锻高几十倍；锻件形状和尺寸比较精确，加工余量少，能锻制形状比较复杂的零件；模锻操作技术要求不高，工人劳动强度低。但受到设备能力的限制，模锻件质量一般在 150kg 以下；模锻需要专门设备；锻模制造成本高。

1. 锤上模锻

锤上模锻就是将模具固定在模锻锤上，使毛坯变形获得锻件的锻造方法。锤上模锻所使用的设备有蒸汽-空气模锻锤、无砧座锤、高速锤等，其中蒸汽-空气模锻锤应用最广泛。

（1）锻模　根据锻件的复杂程度不同，锻模可分为单膛锻模和多膛锻模。单膛锻模的结构如图5-10所示，锻模由活动上模2和固定下模4两部分组成，并分别用楔铁10、7紧固在锤头1和模垫5上。上、下模合模后，其中部形成完整的模膛9、分型面8和飞边槽3。多膛锻模是将多工步模膛安排在一个锻模内，使坯料经几道预锻工序后，形状基本接近模锻件形状后终锻成形，以适应形状复杂锻件的生产。多膛锻模一般含有拔长模膛、滚压模膛、弯曲模膛、预锻模膛和终锻模膛。图5-11所示为弯曲连杆模锻件的多膛锻模。

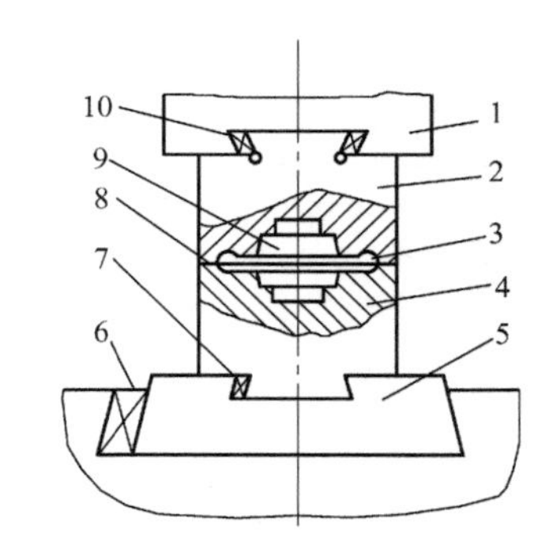

图5-10　单膛锻模的结构
1—锤头　2—上模　3—飞边槽
4—下模　5—模垫　6、7、10—紧固楔铁
8—分型面　9—模膛

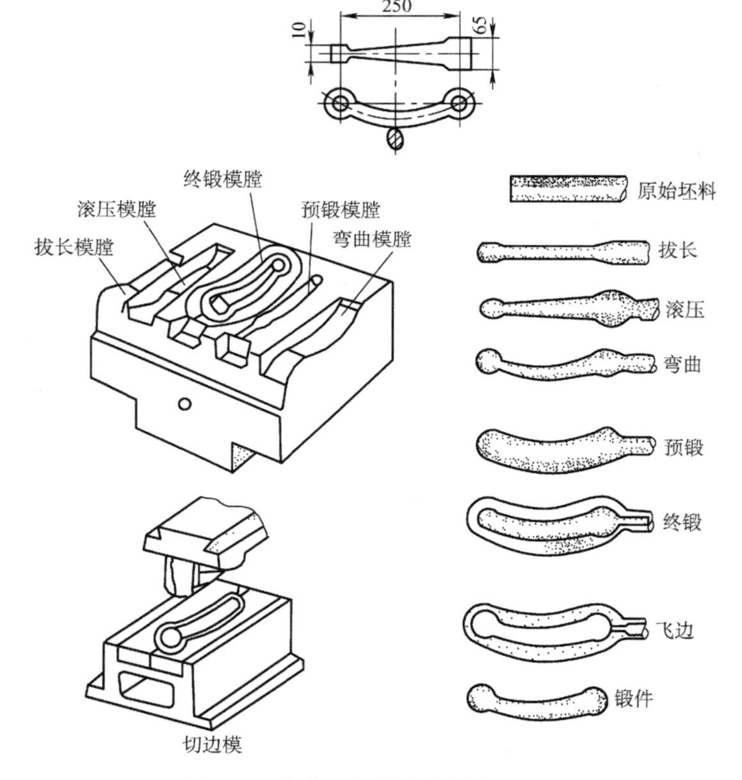

图5-11　弯曲连杆模锻件的多膛锻模

（2）锤上模锻工艺规程的制订　模锻生产工艺过程一般为：切断毛坯→加热坯料→模锻→切除飞边→校正锻件→锻件热处理→表面清理→检验→成堆存放。模锻工艺规程的内容包括绘制模锻件图、计算坯料尺寸、确定模锻工步（选择模膛）、选择模锻设备、安排修整及辅助工序等。

锤上模锻可以锻出形状比较复杂的锻件；锻件尺寸相对精确，加工余量小，比自由锻节省材料；操作简单，生产率高，易于实现机械化和自动化生产。其不足之处在于，坯料要整体变形，故变形抗力较大，而且锻模的制造成本很高，适合用于中、小型锻件的大批量生产。

2. 胎模锻

在自由锻设备上使用可移动模具生产模锻件的锻造方法，称为胎模锻。锻造时，一般操作是先将坯料经过自由锻预锻成近似锻件的形状，然后用胎模终锻成形。

根据结构形式的不同，胎模大致分为以下几种。

（1）摔子　用于锻造回转体轴类锻件，操作时需不断转动坯料，其主要作用是拔长，可锻造出圆柱体或六棱柱等（图 5-12a）。

（2）扣模　用来对坯料进行全部或局部扣形，主要生产杆状非回转体锻件（图 5-12b）。

（3）套筒模　用于锻造齿轮、法兰盘类锻件（图 5-12c、d）。

（4）合模　主要用于生产形状较复杂的连杆、叉形件等非回转体锻件（图 5-12e）。

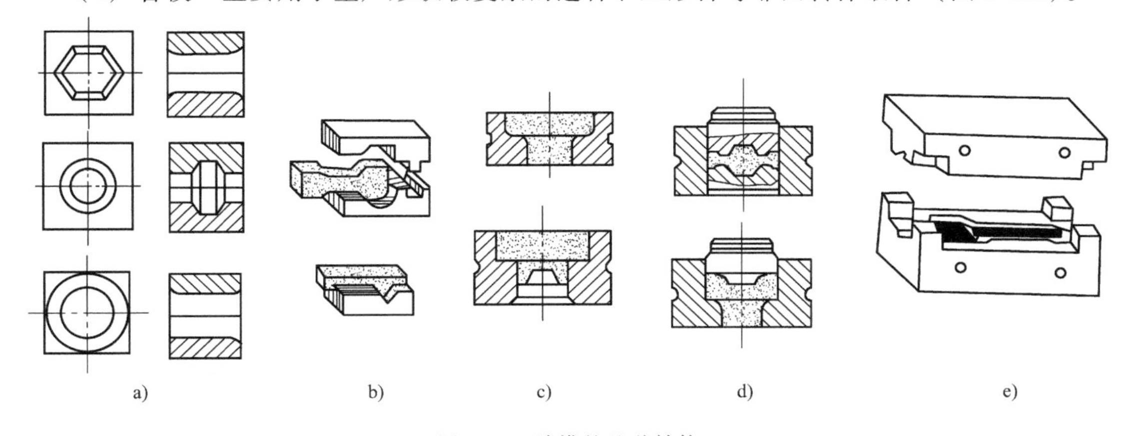

图 5-12　胎模的几种结构

a）摔子　b）扣模　c）开式套筒模　d）闭式套筒模　e）合模

胎模锻是介于自由锻和锤上模锻之间的一种锻造方法，工艺操作灵活，可以局部成形，扩大了自由锻设备的应用范围，而且锻件表面质量、形状和尺寸精度都高于自由锻。其不足之处是，工人劳动强度较大，生产率较锤上模锻低，适于中小批量生产。

锻件冷却后应进行质量检验，锻件合格后应进行去应力退火、正火或球化退火，以为切削加工做准备。变形较大的锻件应矫正，技术条件允许焊补的锻件缺陷应进行焊补。

5.4 板料冲压

1. 板料冲压的特点及应用

板料经成形或分离而得到制件的加工方法称为冲压。通常，板料冲压都是在冷态下进

行的，故又称冷冲压。只有当板料厚度达8~10mm时，才采用热冲压。

板料冲压应用十分广泛，如应用于汽车、拖拉机、农业机械、航空、电器、仪表以及日用品等工业部门。板料冲压可以压制出形状复杂的零件，冲压件具有较高的尺寸精度和表面质量，互换性好，一般不需切削加工，故废料较少。冲压件的重量轻、强度和刚度好。冲压操作简单，工艺过程便于实现机械化和自动化，故生产率高，成本低。由于冲模制造复杂，进行大批量生产时，板料冲压的优越性显得尤为突出。

2. 冲压设备

冲压设备主要是剪板机和压力机。

（1）剪板机　剪板机用于把板料切成需要宽度的条料，以供冲压工序使用。图5-13所示为斜刃剪板机的外形及传动机构，电动机1通过带轮使轴2转动，再通过齿轮传动及离合器3使曲轴4转动，于是带有刀片的滑块5便上下运动，进行剪切工作。生产中，常用的剪板机还有平刃剪、圆盘剪等。

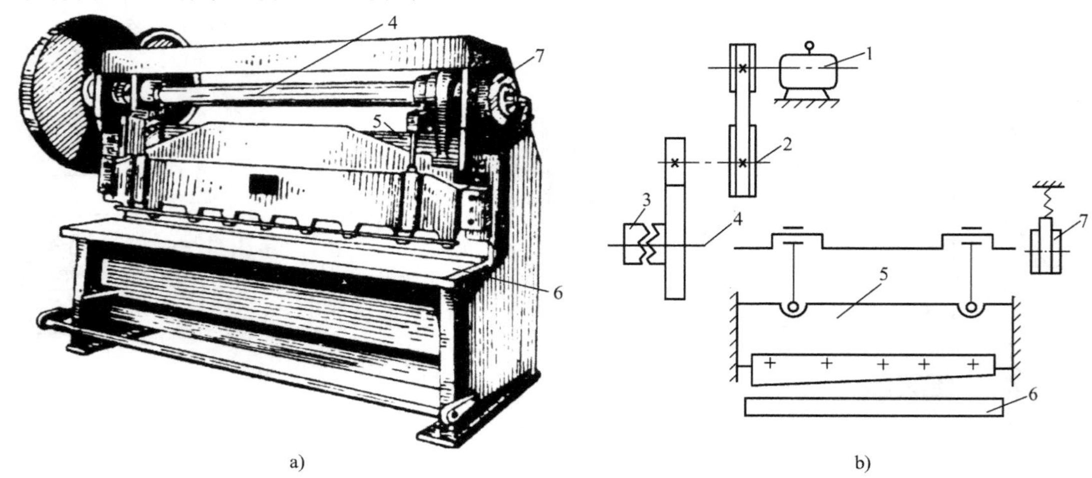

图5-13　斜刃剪板机

a）外形图　b）传动图

1—电动机　2—轴　3—离合器　4—曲轴　5—滑块　6—工作台　7—滑块制动器

（2）压力机　压力机的种类较多，主要有单柱压力机、双柱压力机、双动压力机等。图5-14所示为单柱压力机外形及传动示意图。电动机5带动飞轮4通过离合器3与单拐曲轴2相接，飞轮可在曲轴上自由转动。曲轴的另一端则通过连杆8与滑块7连接。工作时，踩下踏板6，离合器将使飞轮带动曲轴转动，滑块做上下运动；放松踏板，离合器脱开，制动闸1立刻使曲轴停止转动，滑块停留在待工作位置。

3. 压力机的基本工序

压力机的基本工序可分为分离和成形两大类。

（1）分离工序　分离工序是指使板料的一部分与另一部分相互分离的工序，如剪切、落料、冲孔等。

1）剪切指将材料沿不封闭轮廓分离的工序，通常都是在剪板机上进行的。

2）冲裁指利用冲模将板料以封闭的轮廓与坯料分离的一种冲压方法。冲模是指通过加压将金属、非金属板料进行分离、成形而得到制件的工艺装备。

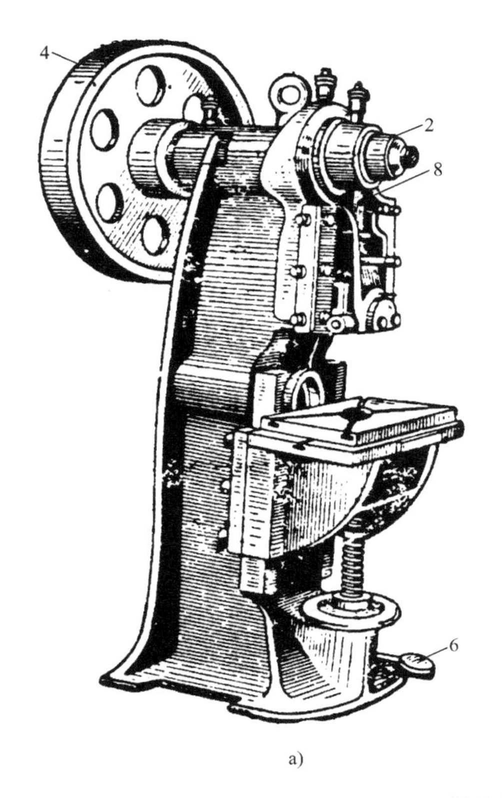

a)

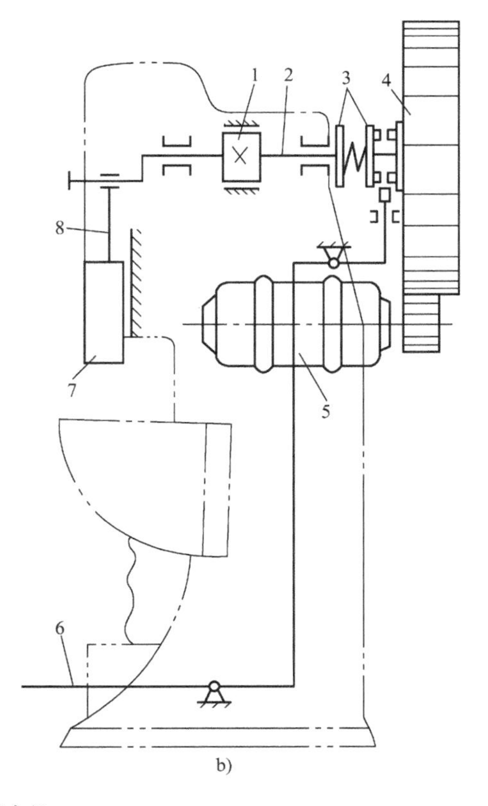

b)

图 5-14　单柱压力机

a）外形图　b）传动图

1—制动闸　2—曲轴　3—离合器　4—飞轮　5—电动机　6—踏板　7—滑块　8—连杆

落料和冲孔都属于冲裁工序。落料是指利用冲裁取得一定外形制件的冲压方法，被冲落的部分为成品，周边是废料；冲孔是指将冲压坯内的材料以封闭轮廓分离开来，得到带孔制件的一种冲压方法，被冲落的部分为废料，而周边形成的孔是成品。

板料的冲裁过程如图 5-15 所示。冲裁时，凸模和凹模的刃口必须锋利，并且两者之间应有合理的间隙。当断面质量要求较高时，间隙应当较小；反之间隙应较大，以提高冲模寿命。

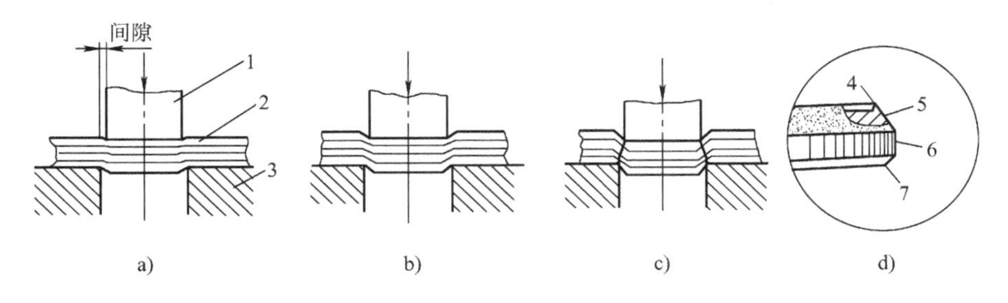

图 5-15　板料的冲裁过程

a）弹性变形　b）塑性变形　c）分离　d）落下部分的放大图

1—凸模　2—板料　3—凹模　4—飞边　5—断裂带　6—光亮带　7—塌角

（2）成形工序　成形工序是指使板料的一部分相对于另一部分产生位移而不致破裂的工序，如弯曲、拉深等。

1）弯曲指将板料、型材或管材在弯矩作用下弯成一定曲率和角度的成形方法，如图5-16所示。弯曲模的凹模工作部分应具有一定的圆角，以防止弯曲过程中材料外表被拉裂。

2）拉深指变形区在拉、压应力作用下，使板料（或浅的空心坯）成形为空心件（或深的空心件）的加工方法。拉深过程如图5-17所示。拉深模具的凸模和凹模边缘必须是圆角，凸模和凹模之间应采用比坯料厚度略大的间隙。为防止起皱，可用压边圈将坯料周边压紧，再进行拉深。压力的大小以工件不起皱、不拉裂为宜。当拉深件的深度较大，不能一次拉深成形时，可进行多次拉深。拉深可以制成筒形、阶梯形、盒形、球形及其他形状复杂的薄壁零件。

此外，成形工序还包括翻边、胀形、缩口及扩口等工序。

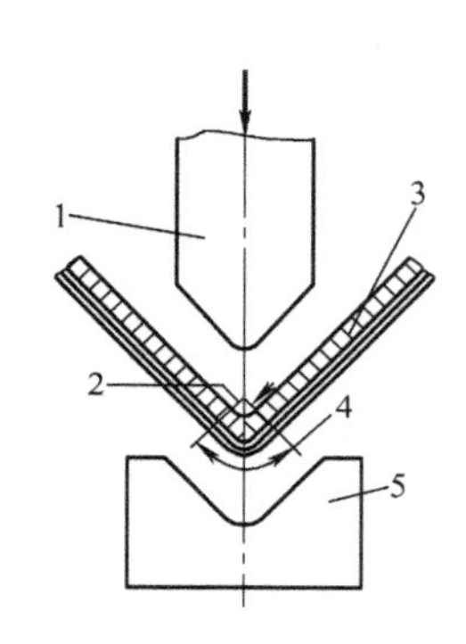

图5-16　弯曲过程示意图

1—V形冲头　2—被压缩的内层部分　3—弯曲后的金属　4—被拉伸的外层部分　5—V形凹模

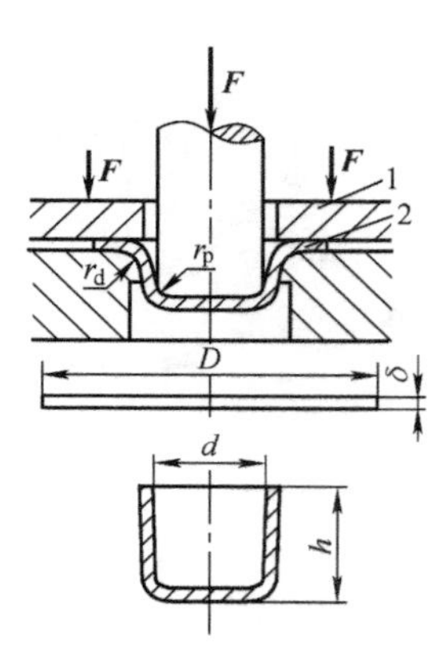

图5-17　拉深过程

1—压边圈　2—板料

5.5　锻压新技术、新工艺

随着科技的发展，金属锻压加工发展的基本趋势将是不断提高机械化、自动化的程度，以具有更高的生产率。金属锻压加工生产中也出现了许多新工艺和新技术，力求使零件的精度、表面粗糙度接近成品，使锻压加工不仅能够生产毛坯，也可直接生产多种零件，以实现少屑、无屑加工。近年来，我国锻压生产中已经广泛采用各种锻压新工艺，如精密模锻、轧制、挤压以及粉末压制等。

1. 精密模锻

精密模锻是一种在一般模锻设备上锻造形状复杂、尺寸精度要求高的锻件的先进模锻方法。精密模锻可加工生产出锥齿轮、叶片等。其工艺特点是使用普通的模锻设备进行锻造。精密模锻一般采用预锻和终锻两套锻模，对形状简单的锻件也可用一套锻模。锻造

时，先使用粗模锻造，并留有 0.1～1.2mm 的精锻余量。精锻模膛的精度一般要比锻件精度高两级。精锻模有导向结构，以保证合模准确。为排除模膛中的气体，减少金属流动阻力，使之容易充满模膛，在凹模上应开设排气孔。用精密模锻生产出的锻件公差、余量约为普通锻件的 1/3，表面粗糙度 Ra 值为 3.2～0.8μm，尺寸精度可达±0.2mm，实现了少屑、无屑加工。

2. 高速锤锻造

高速锤锻造是利用高压气体（压力为 14MPa 的空气或氮气）在极短时间内突然膨胀所释放的高能量推动锤头和框架系统做高速相对运动，从而对坯料进行悬空对击的工艺方法。

进行高速锤锻造时，高速锤打击速度高，约为 20m/s（一般模锻锤为 6～7m/s），坯料变形时间极短，为 0.001～0.002s，因此变形热效应大，金属充型性能好，形状复杂、有薄而高的肋的零件和塑性差、强度高、难变形的材料，都可作为其锻造对象；由于为悬空对击，故传给地面的振动小，但噪声大；高速锤锻造采用少、无氧化加热，锻造时一般一次打击成形；锻件公差等级为 IT9～IT8，表面粗糙度 Ra 值为 3.2～0.8μm，并可使流线沿锻件的外形合理分布，组织均匀致密，力学性能高，实现了少屑、无屑加工。但是高速锤锻造不能进行偏心打击，故仅适于单模膛锻造对称的锻件，且模具磨损快。

高速锤锻造可进行精密模锻、热挤压等加工，如可进行弧齿齿轮和发动机支架的精锻、叶片的挤压等。

3. 轧制

使金属坯料在旋转轧辊的压力作用下，产生连续塑性变形，获得要求的截面形状并改变性能的锻压方法，称为轧制。轧制具有生产率高、加工质量好、节约材料、加工成本低和力学性能好等优点，是少屑、无屑加工方法之一。轧制除了可用来生产板材、无缝管材和型材外，现已广泛用来生产各种零件。轧制零件常用的方法有辊锻、辗环和斜轧等。

（1）辊锻　用一对相向旋转的扇形模具使坯料产生塑性变形，以获得所需锻件或锻坯的锻造工艺称为辊锻。如图 5-18 所示，当扇形模具分开时，将加热的坯料送至挡块处，模具转动，夹紧坯料并将其压制成形。辊锻可作为模锻前的制坯工序，也可直接制造锻件。

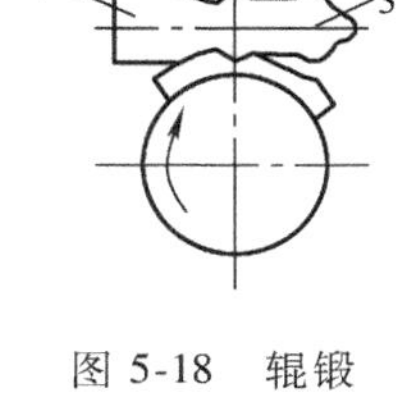

图 5-18　辊锻
1—轧辊　2—模具
3—零件　4—坯料

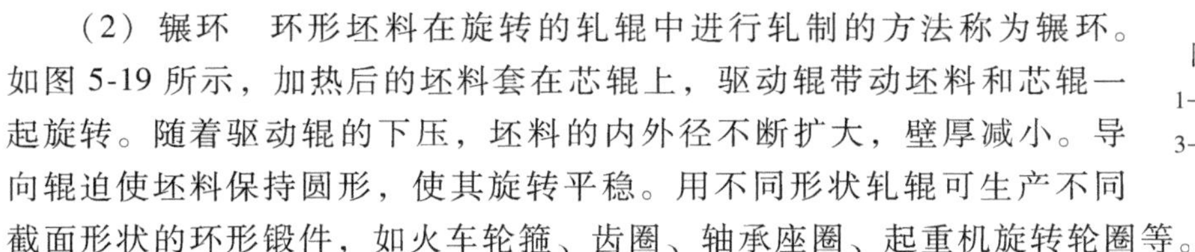

（2）辗环　环形坯料在旋转的轧辊中进行轧制的方法称为辗环。如图 5-19 所示，加热后的坯料套在芯辊上，驱动辊带动坯料和芯辊一起旋转。随着驱动辊的下压，坯料的内外径不断扩大，壁厚减小。导向辊迫使坯料保持圆形，使其旋转平稳。用不同形状轧辊可生产不同截面形状的环形锻件，如火车轮箍、齿圈、轴承座圈、起重机旋转轮圈等。

（3）齿轮轧制　用带齿的工具（轧辊）边旋转边进给，使毛坯在旋转过程中形成齿的成形方法，称为齿轮轧制，如图 5-20 所示。除了轧辊径向进给法外，采用坯料轴向进给法也可轧出齿轮，此时轧辊与毛坯中心距不变。冷轧齿轮的表面粗糙度 Ra 值可达 0.4μm 或更小，公差等级最高可达 IT6～IT7。由于金属纤维流向大体沿齿形连续分布，以及冷作硬化的作用，与切削齿轮相比，其强度大约可提高 15%。

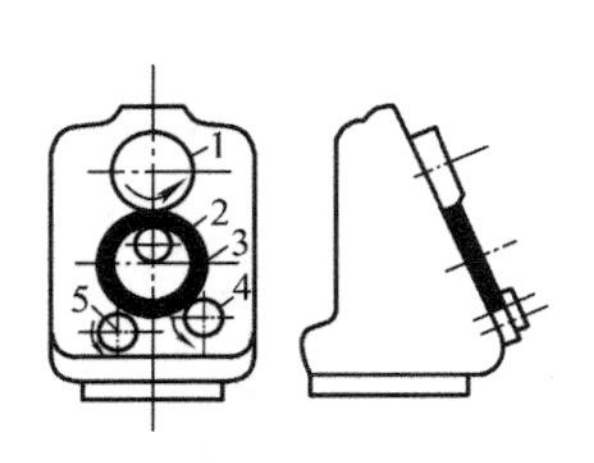

图 5-19　辗环

1—驱动辊　2—芯辊　3—坯料
4—导向辊　5—信号辊

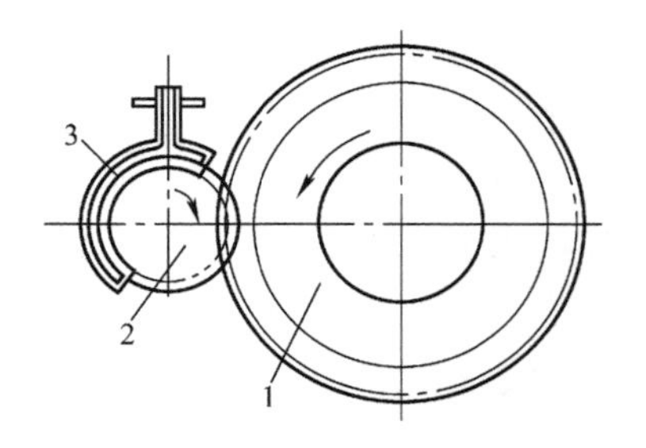

图 5-20　齿轮轧制

1—滚轧工具　2—齿坯　3—感应加热器

冷轧齿轮加工时间短，加工精度高，适合大批量生产。但该工艺由于受到坯料塑性的限制和轧辊强度的限制，因而主要用来轧制小模数（$m \leqslant 2.5$mm）的传动齿轮和细齿零件。

（4）斜轧（螺旋轧制）　进行轧制加工时，轧辊相互倾斜配置，做同向旋转，轧件在轧辊作用下反向旋转，同时还做轴向运动，即螺旋运动，这种轧制称为斜轧，又称为螺旋斜轧，如图 5-21 所示。斜轧钢球时，棒料在轧辊间的螺旋形槽中受轧制，轧辊每转一周即可轧制一个球，轧制过程是连续进行的。斜轧还可轧制周期变截面型材、冷轧丝杠，也可直接热轧出带螺旋线的高速工具钢滚刀体等。

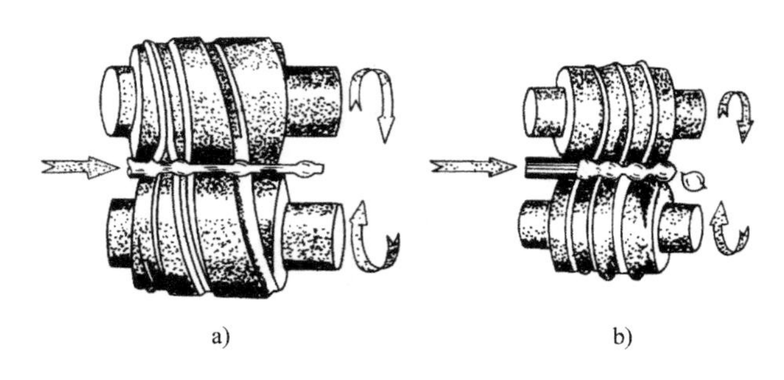

图 5-21　螺旋斜轧

a）截面周期变化轧制　b）轧制钢球

4. 挤压

坯料在三向不均匀压应力作用下，从模具孔口或缝隙挤出，使其横截面积减小、长度增加、成为所需制品的加工方法，称为挤压。挤压可以获得各种复杂截面的型材或零件。按金属坯料的温度不同，可分为冷挤压（常温）、温挤压（100～800℃）、热挤压（锻造温度）几种。挤压主要用于加工低碳钢、非铁金属及其合金。

5. 拉拔

坯料在牵引力作用下通过模孔被拉出，产生塑性变形而得到截面缩小、长度增加的制品的加工方法，称为拉拔，图 5-22 所示为拉拔模。拉拔一般在冷态下进行，故又称冷拉。拉拔的原始坯料为轧制或挤压的棒（管）材。

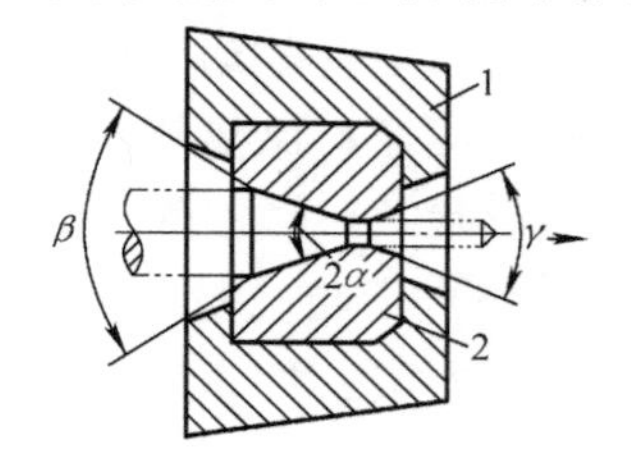

图 5-22　拉拔模

1—模套　2—模具

拉拔模用工具钢、硬质合金或金刚石制成，金刚石拉拔模用于拉拔直径小于 0.2mm 的金属丝。

6. 超塑性成形

所谓超塑性，是指金属在特定的组织、温度条件和变形速度下变形时，塑性比常态提高了几倍到几百倍，而变形抗力降低到常态的几分之一甚至几十分之一的异乎寻常的性质。如钢的超塑性变形超过 500%，纯钛超过 300%，锌铝合金超过 1000%等。

超塑性成形的工艺特点是：金属在拉伸过程中不产生缩颈现象；锻件晶粒组织均匀细小，整体力学性能均匀一致；金属填充模膛性能好，锻件尺寸精度高，可少用或不用切削加工，降低了金属材料的消耗。目前，常用的超塑性成形材料有锌铝合金、铝基合金、钛合金及高温合金等。超塑性成形还可应用于板料拉深（图 5-23）、板料气压成形及挤压成形等加工工艺中。

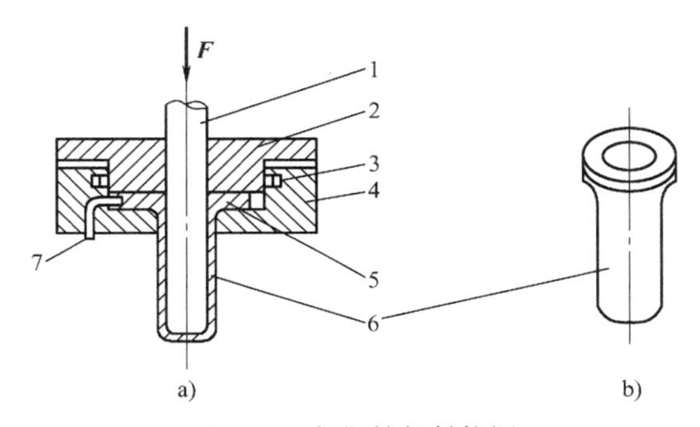

图 5-23　超塑性板料拉深

a）拉深示意图　b）拉深件

1—凸模　2—压板　3—电热元件　4—凹模　5—板坯

6—工件　7—高压油孔

7. 液态模锻

如图 5-24 所示，液态模锻是将定量的液态金属直接浇入金属模内，然后在一定时间内以一定的压力作用在金属液（或半液态）上，经结晶、塑性流动使之成形的加工工艺。液态模锻的一般工艺流程为原材料配制→熔炼→浇注→加压成形→脱模→灰坑冷却→热处理→检验→入库。液态模锻实际上是压力铸造与模锻的组合工艺，既有铸造工艺简单、成

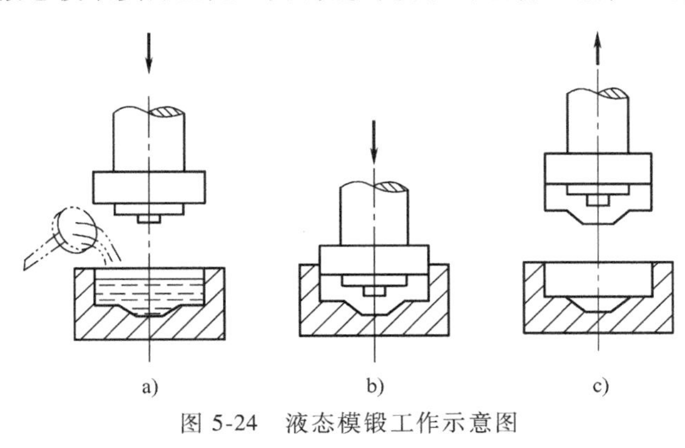

图 5-24　液态模锻工作示意图

a）浇注　b）加压　c）脱模

本低的特点，又兼有锻造产品性能好、质量可靠的优点。它适合于铝合金、铜合金、灰铸铁、碳钢、不锈钢等各种类型合金的加工生产。

小　结

锻压加工方法的比较如下。

加工方法		使用设备	适用范围	生产率	锻件精度	表面粗糙度 Ra 值	模具特点	模具寿命	机械化自动化	劳动条件	对环境影响
自由锻		空气锤 蒸汽-空气锤 水压机	小型锻件、单件小批量生产 中型锻件、单件小批量生产 大型锻件、单件小批量生产	低	低	大	无模具	—	难	差	振动和噪声大
模锻	胎模锻	空气锤 蒸汽-空气锤	中小型锻件、中小批量生产	较高	中	中	模具简单，且不固定在设备上，取换方便	较低	较易	差	振动和噪声大
	锤上模锻	蒸汽-空气锤 无砧座锤	中小型锻件、大批量生产，适合锻造各种类型模锻件	高	中	中	锻模固定在锤头和砧铁上，模膛复杂，造价高	中	较难	差	振动和噪声大
轧制	横轧	齿轮轧机	适合各种模数较小的齿轮大批量生产	高	高	小	模具为一模数与零件相同的齿形轧轮	高	易	好	无
	斜轧	斜轧机	适合钢球、丝杠等零件的大批量生产，也可为曲柄压力机制坯	高	高	小	两个轧辊即为模具，轧辊上带有螺旋形槽	高	易	好	无
冲压		压力机	各种板类件的大批量生产	高	高	小	组合模具复杂，有导柱、导套装置，产品质量取决于凸凹模精度和间隙大小	高	易	好	较小

第6章 焊　接

学习目标

1. 了解焊接生产的工艺过程、特点、应用及焊接安全操作规程。

2. 了解焊条电弧焊的设备及操作、维护的一般方法、电焊条的组成及作用，熟悉焊条电弧焊的常用工艺方法。

3. 了解气焊与气割的设备及工艺过程。

4. 了解埋弧焊、二氧化碳气体保护焊、氩弧焊等焊接方法及工艺，了解焊接新技术、新工艺、新设备。

6.1 焊接基础知识

1. 焊接的特点及应用

焊接是指通过加热或加压（或两者并用），并且用（或不用）填充材料，使工件结合成一个整体的加工方法。随着焊接技术的迅速发展及计算机技术在焊接中的应用，焊接质量及生产率的不断提高，焊接在桥梁、建筑、舰船、容器、锅炉、电子等结构制造中得到了广泛的应用。焊接主要有以下特点。

1）减轻结构重量，节省金属材料。用焊接代替铆接，不但金属材料可以节省15%～20%，而且金属结构的自重也得以减轻。

2）能分大为小，以小拼大。在制造大型构件或形状复杂的结构件时，可先把材料分大为小，然后用逐步装配焊接的方法以小拼大，化简单为复杂。大型结构（如轮船船体）都是以小拼大制造出来的。

3）可制造双金属结构。用焊接可以对不同性能的材料进行连接，不仅发挥了各金属的性能，而且降低了成本。

4）结构强度高，产品质量好。焊接使焊件之间达到了原子结合，在多数情况下焊接接头都能达到与母材等强度，甚至高于母材的强度。因此，焊接结构的产品质量比铆接要好。目前，焊接已基本上取代了铆接。

5）生产率较高，易于实现机械化与自动化。

焊接也存在不足之处，由于焊接是一个不均匀的加热和冷却过程，故接头组织不均匀，所以焊后会产生焊接应力与变形。

2. 焊接的分类

焊接的方法有很多，按照焊接过程的特点通常分为以下三大类。

（1）熔焊　利用局部加热的方法，将待焊处的母材金属熔化以形成焊缝的焊接方法。

（2）压焊　在焊接过程中，无论加热还是不加热，都对焊件施加压力以完成焊接的焊接方法。

（3）钎焊　钎焊是指采用比母材熔点低的金属材料做钎料，将焊件和钎料加热到高于钎料熔点、低于母材熔化的温度后，利用液态钎料润湿母材，以填充接头间隙，并与母材相互扩散实现连接的焊接方法。

焊接方法的详细分类如图 6-1 所示。

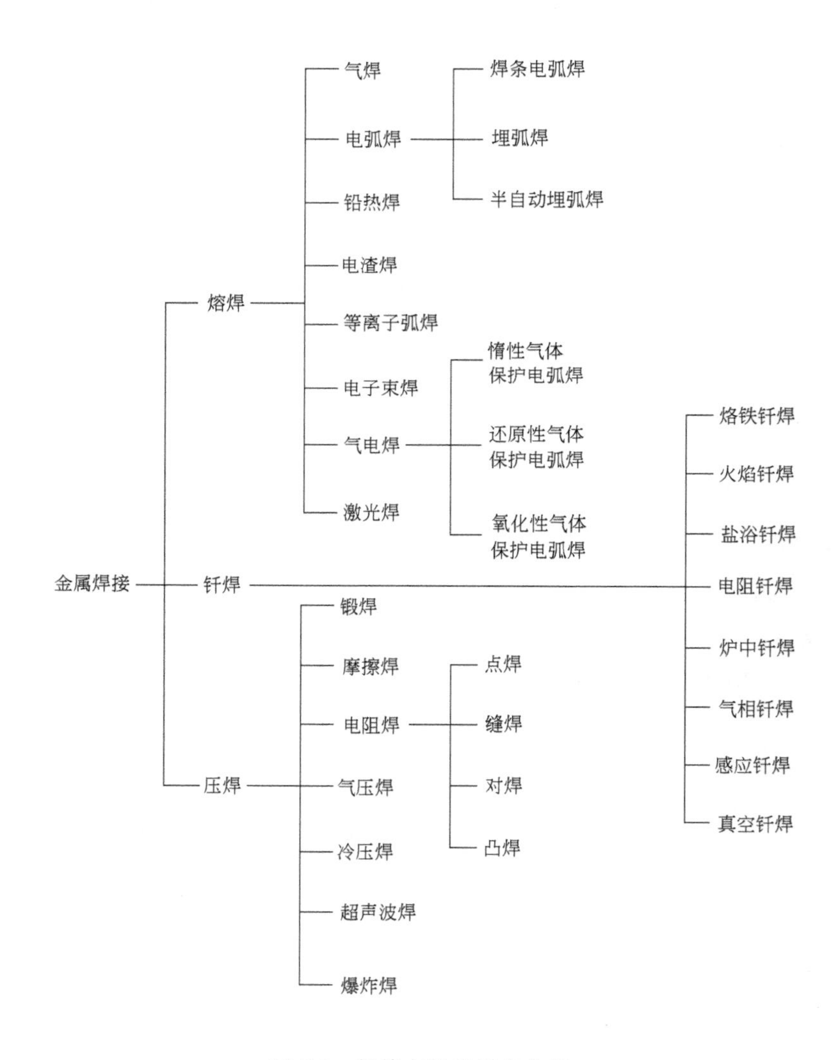

图 6-1　焊接方法的详细分类

3. 焊接安全操作规程

焊工作业可能遇到的危害

➢焊工在进行焊接作业时，要与电、可燃及易爆气体、易燃液体、压力容器等接触。

➢焊接时，焊工周围的空气常被一些有害气体、烟尘及粉尘所污染，如氧化锰、氧化锌、臭氧、氟化物、一氧化碳和金属蒸气等。焊工长期呼吸这些烟尘和气体，对身体健康是不利的，甚至可能患肺尘埃沉着症（简称尘肺）及锰中毒等。

➢在焊接过程中还会产生电弧光的辐射、焊接热源（电弧、气体火焰）的高温、高频磁场、噪声和射线等。

➢有时要在高处、水下、容器设备内部等特殊环境下进行焊接作业。

➢如果焊工不熟悉有关劳动保护知识，不遵守安全操作规程，就可能引起触电、灼伤、火灾、爆炸、中毒、窒息等事故，这不仅给国家财产造成经济损失，而且直接危及焊工及其他工作人员的人身安全。

（1）预防触电的安全操作规程

1）焊机外壳必须接地或接零。

2）遇到焊工触电时，切不可赤手去拉触电者，应先迅速切断电源；如果切断电源后触电者呈昏迷状态，应立即实施人工呼吸，直至专业救护人员到来。

3）在光线暗的场地或夜间工作等一般情况下，使用的工作照明灯的安全电压应不大于 36V；在容器内、高空或特别潮湿的场所作业时，安全电压应不超过 12V。

4）穿戴好劳动保护用品，工作服、手套、绝缘鞋应保持干燥。

5）在潮湿的场地工作时，应用干燥的木板或橡胶板等绝缘物作为垫板。

6）焊工在拉、合电源闸刀或接触带电物体时，必须单手进行。因为双手操作电源闸刀或接触带电物体时，如发生触电，电流会通过人体心脏形成回路，造成触电者迅速死亡。

（2）预防火灾和爆炸的安全操作规程

1）焊接前要认真检查工作场地周围是否有易燃易爆物品（如棉纱、油漆、汽油、煤油、木屑等）。如有易燃易爆物品，应将这些物品移至距焊接工作场地 10m 以外的地方。

2）在进行焊接作业时，应注意防止金属火花飞溅而引起火灾。

3）严禁在带压状态下焊接设备，带压设备一定要先解除压力（卸压），且必须在焊接前打开所有孔盖。也不许对常压而密闭的设备进行焊接作业。

4）凡被化学物质或油脂污染的设备，都应清洗后再焊接。如果是易燃易爆或有毒的污染物，更应彻底清洗，经有关部门检查并填写动火证后才能焊接。

5）在进入容器内工作时，焊炬应随焊工同时进出，严禁将焊炬放在容器内而焊工擅自离开，以防混合气体燃烧和爆炸。

6）焊条头及焊后的焊件不能随便乱扔，应妥善保管，严禁将其放在易燃易爆物品附近，以免引起火灾。

7）离开施焊现场时，应关闭气源、电源，并将火种熄灭。

（3）预防有害气体和烟尘中毒的安全操作规程

1）焊接场地应具备良好的通风条件，最好使用焊接排烟净化系统，如图6-2所示。

2）合理组织劳动布局，避免多名焊工拥挤在一起作业。

3）尽量扩大自动焊、半自动焊的使用范围，以代替手工焊接。

4）做好个人防护工作，如使用静电防尘口罩等，以减少烟尘对人体的侵害。

图6-2　焊接排烟净化系统

（4）预防弧光辐射的安全操作规程

1）焊工必须使用有电焊防护玻璃的面罩。

2）面罩应该轻便、形状合适、耐热，且不导电、不导热、不漏光。

3）焊工工作时，应穿白色帆布工作服，防止弧光灼伤皮肤。

4）操作引弧时，焊工应该注意周围人群，以免强烈的弧光伤害他人眼睛。

5）在厂房内和人多的区域进行焊接时，应尽可能地使用弧光防护屏，如图6-3所示，避免周围人群遭受弧光伤害。

6）进行重力焊或装配定位焊时，要特别注意弧光的伤害，焊工或装配工要佩戴防光眼镜。

（5）特殊环境焊接的安全操作规程　特殊环境焊接是指在一般工业企业正规厂房以外的地方，如高空、野外、容器内部进行焊接。其中焊工在距基准面2m及以上有可能坠落的高处进行焊接作业称为高处（登高）焊接作业。

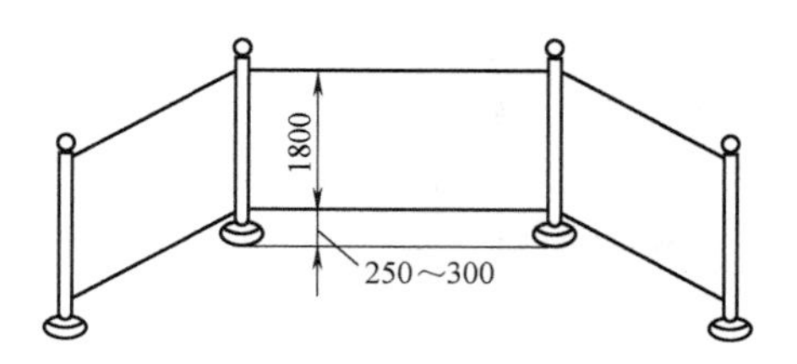

图6-3　弧光防护屏

特殊环境焊接的安全操作规程见表6-1。

表6-1　特殊环境焊接的安全操作规程

特殊环境	安全操作规程
高处焊接作业	（1）患有高血压、心脏病等疾病及酒后人员，不能进行高处焊接作业 （2）进行高处焊接作业时，焊工应系上安全带，地面应有人监护（或两人轮换作业） （3）进行高处焊接作业时，登高工具（如脚手架等）要安全、牢固、可靠，焊接电缆线等应扎紧在固定的位置，不能缠绕在身上或搭在背上。不能用可燃材料固定脚手架、焊接电缆线和气焊（割）胶管 （4）作业时，乙炔瓶、氧气瓶、弧焊机等焊接设备和工具应尽量留在地面 （5）雨天、雪天、雾天或刮大风（六级以上）时，禁止高处焊接作业
容器内焊接作业	（1）进入容器内部前，先要弄清容器内部的情况 （2）对容器与外界联系的部位进行隔离和切断，如电源和附带在设备上的水管、料管、蒸汽管、压力管等均要切断并挂牌。如容器内有污染物应进行清洗，并经检查确认无危险后，才能进入内部焊接 （3）进入容器内部焊接要实行监护制，并派专人进行监护。监护人不能随便离开现场，并要与容器内部的人员经常取得联系，如图6-4所示 （4）在容器内进行焊接时，内部尺寸不应过小，应注意做好通风排气工作。通风应用压缩空气，严禁使用氧气作为通风气体 （5）在容器内部作业时，要做好绝缘防护工作，最好垫上绝缘垫，以防发生触电等事故
露天或野外焊接作业	（1）夏季在露天作业时，必须有防风雨棚或临时凉棚 （2）露天作业时应注意风向，不要让吹散的铁液及焊渣伤人 （3）雨天、雪天或雾天，不准露天作业 （4）夏季露天气焊时，应防止氧气瓶、乙炔瓶直接受烈日暴晒，以免气体膨胀发生爆炸；冬季如遇瓶阀或减压器冻结，应用热水解冻，严禁火烤

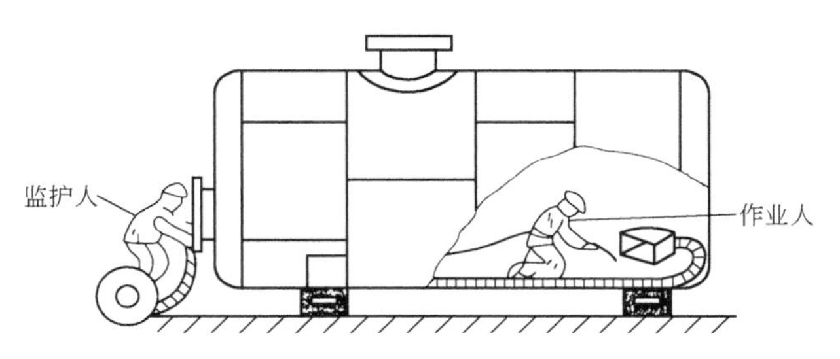

图 6-4 容器内焊接的监护措施

6.2 焊条电弧焊

焊条电弧焊是手工操纵焊条进行焊接的电弧焊方法，如图 6-5 所示。它是利用焊条与焊件之间产生的电弧热熔化焊条和焊件接头处，再经冷却凝固，达到焊条与焊件材料原子结合的焊接过程。焊条电弧焊因具有操作方便、灵活，设备简单等优点，是目前生产中应用最为广泛的一种焊接方法。

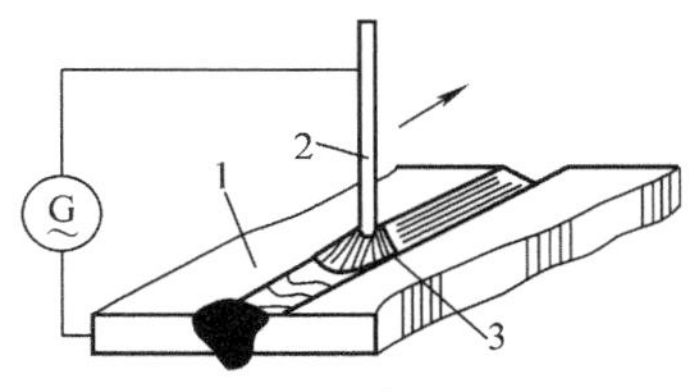

图 6-5 焊条电弧焊

1—焊件 2—焊条 3—电弧

1. 焊接电弧

（1）焊接电弧的产生 焊接电弧是在焊条与焊件之间气体介质中产生强烈而持久放电现象时产生的电弧。

焊接电弧的产生过程如图 6-6 所示。当焊条的一端与焊件瞬时接触时，电路形成短路，产生很大的短路电流，接触点金属温度迅速升高，从而使相接触的金属很快熔化并产生金属蒸气；当把焊条提起 2~4mm 时，焊条与焊件之间高热的气体和金属蒸气极易被电离，在两极间电场力的作用下，被加热的阴极表面发射出电子并撞击气体介质，使气体介质电离成正离子和电子，正离子奔向阴极，电子奔向阳极。它们在运动过程中到达焊条与工件表面时，不断碰撞和复合，会产生大量的光和热，从而在焊条端部与焊件之间形成电弧。

（2）焊接电弧的组成 焊接电弧由阴极区、阳极区和弧柱区三部分组成，如图 6-7 所示。

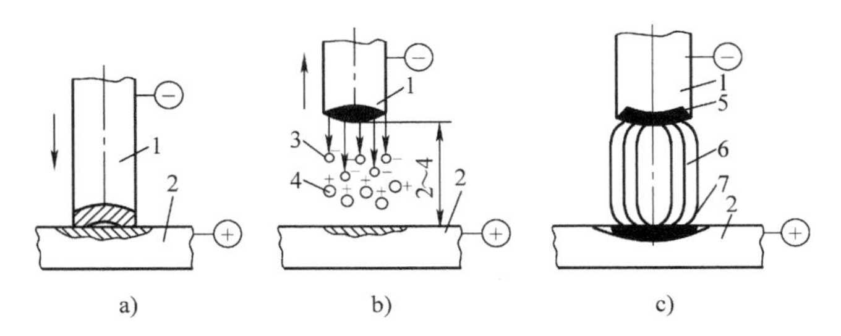

图 6-6 焊接电弧的产生过程示意图

a）焊条与工件接触 b）拉开焊条 c）引燃电弧

1—焊条 2—工件 3—自由电子 4—正离子

5—阴极斑点 6—弧柱 7—阳极斑点

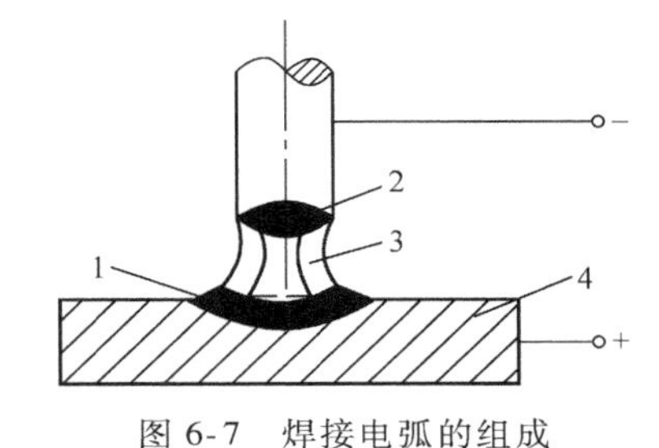

图 6-7 焊接电弧的组成

1—阳极区 2—阴极区 3—弧柱区 4—焊件

阴极区是指电弧紧靠负电极发射电子的区域。因发射电子需消耗一定能量，所以阴极区产生的热量不多，只占电弧总热量的36%左右，温度约为2400K。

阳极区是指电弧紧靠正电极接收电子的区域。由于高速电子撞击阳极表面，因而阳极区会产生较多的能量，占电弧总热量的43%左右，温度约为2600K。

弧柱区是指阴极区与阳极区之间的气体空间区域。由于阴极区厚度很小，所以弧柱区长度基本上等于电弧长度。弧柱是由电子、正离子和电离的原子组成的。弧柱中心温度最高，可达6000~8000K，产生的热量约占电弧总热量的21%。

（3）焊接电弧的极性及应用　焊接电弧的不同区域温度是不同的，阳极区的温度要高于阴极区。采用直流弧焊机焊接有正接与反接之分。

当把焊件接正极、焊条接负极时，这种接法称为正接法，电弧热量大部分集中在焊件上使焊件熔化速度加快，从而保证了足够的熔深，故多用于焊接较厚的焊件。

相反，当焊件接负极、焊条接正极时，这种接法称为反接法，适合于焊接较薄的焊件或焊接过程不需要较多热量的焊件，如非铁金属、不锈钢、铸铁焊件。

使用交流电源进行焊接时，由于电源极性瞬时交替变化，焊件与焊条得到的热量是相等的，不存在正接、反接的问题。

电弧热量的多少与焊接电流和电压的乘积成正比。焊接电弧开始引燃时的电压称为引弧电压（电焊机空载电压），一般为50~80V。电弧稳定燃烧时，焊件与焊条之间的电压称为电弧电压（工作电压），一般为20~30V。电弧电压主要与电弧长度（焊件与焊条间的距离）有关。电弧越长，相应电弧电压也越高。由于电弧电压变化较小，生产中主要通过调节焊接电流来调节电弧热量。焊接电流越大，则电弧产生的总热量就越多；反之总热量就越少。

2. 焊条电弧焊设备

焊条电弧焊的主要设备是弧焊机。按焊接电流的种类不同，弧焊机可以分为交流弧焊机和直流弧焊机两类。

（1）交流弧焊机　交流弧焊机实际上是一种满足焊接要求的特殊降压变压器。焊接时，焊接电弧的电压基本不随焊接电流变化。这种电焊机结构简单，制造方便，使用可靠，成本较低，工作时噪声较小，维护、保养容易，是常用的焊条电弧焊设备。但它的电弧稳定性较直流弧焊机差。

（2）直流弧焊机　直流弧焊机所供给焊接电弧的电流是直流电。直流弧焊机分为两种：一种为焊接发电机，即交流电动机带动直流发电机旋转，直流发电机产生满足焊接要求的直流电；另一种为焊接整流器。直流弧焊机的特点是能够得到稳定的直流电，因此电弧燃烧稳定、焊接质量较好。与交流弧焊机相比，直流弧焊机构造复杂、维修困难、噪声较大、成本高，适合焊接较重要的焊件。

3. 焊条

焊条是涂有药皮的供焊条电弧焊使用的熔化电极。

（1）焊条的组成　焊条由焊芯和药皮组成。焊芯一般是一根具有一定长度及直径的钢丝，焊条药皮则是压涂在焊芯表面上的涂料层，如图6-8所示。焊条端部有一段没有药皮的夹持端，用焊钳夹住后可以导电。焊条末端的药皮磨成倒角，便于焊接时引弧。

焊条长度一般为250~450mm。焊条直径是以焊芯直径来表示的，常用的有ϕ2mm、ϕ2.5mm、ϕ3.2mm、ϕ4mm、ϕ5mm、ϕ6mm等几种规格。

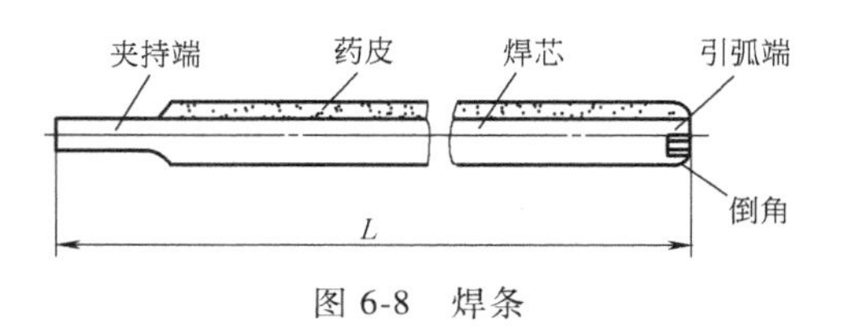

图6-8　焊条

药皮组成物的成分相当复杂，由各种矿物类、铁合金和金属类、有机类及化工产品等原料组成。一种焊条药皮的配方，一般都是由八九种以上的原料组成，这些组成物在焊接过程中分别起到稳弧、造渣、造气、脱氧、稀释、黏结等作用。

(2) 焊条的分类、型号

1) 焊条的分类。焊条的分类方法有很多，按用途分为碳钢焊条、低合金钢焊条、不锈钢焊条、铸铁焊条、堆焊焊条、镍和镍合金焊条、铜和铜合金焊条、铝和铝合金焊条等；按照焊条药皮中氧化物的性质分为酸性焊条和碱性焊条两类。

酸性焊条熔渣中酸性氧化物（如SiO_2、TiO_2、Fe_2O_3）的比例较高，具有电弧稳定、熔渣飞溅小、易脱渣、流动性和覆盖性较好等优点，因此焊缝美观，对铁锈、油脂、水分的敏感性不大，但焊接中对药皮合金元素烧损较大，抗裂性较差，一般适用于焊接低碳钢和不重要的结构件。

碱性焊条熔渣中碱性氧化物（如CaO、FeO、MnO_2、Na_2O）的比例较高，具有电弧不够稳定，熔渣的覆盖性较差，焊缝不美观，焊前要求清除掉焊件上的油脂和铁锈等缺点。但碱性焊条焊缝金属中含锰量比酸性焊条高，有害元素比酸性焊条少，故碱性焊条焊缝的力学性能比酸性焊条好。因碱性焊条的脱氧去氢能力较强，焊接后焊缝的质量较高，故其适用于焊接重要的结构件。

2) 焊条的型号。焊条型号的编制方法按国家统一标准，根据GB/T 5117—2012规定，非合金钢及细晶粒钢焊条（即碳钢焊条）型号用字母“E”表示焊条类型，用其后的两位数字表示熔敷金属抗拉强度的最小值（单位为MPa），其后第三位及第四位数字组合则表示药皮类型、焊接位置及焊接电流。如E4303表示熔敷金属抗拉强度$R_m \geq 430$MPa，适用于全位置焊接，药皮类型为钛型，电流种类是交流和直流正、反接。

(3) 焊条选用原则

1) 根据焊件的力学性能和化学成分选用。焊接低碳钢或低合金钢时，一般都要求焊缝金属与母材等强度；焊接耐热钢、不锈钢等主要考虑熔敷金属的化学成分与母材相当。

2) 根据焊件的结构复杂程度和刚性选用。焊接形状复杂、刚性较大的结构，及焊接承受冲击载荷、交变载荷的结构时，应选用抗裂性好的碱性焊条。

3) 根据焊件的工艺条件和经济性选用。焊接难以在焊前进行表面清理的焊件时，可采用对锈、氧化物和油敏感性较小的酸性焊条；在满足使用性能要求的前提下，尽量选用高效率，价廉的焊条，如酸性焊条。

此外，还要根据劳动生产率、劳动条件、焊接质量等选用焊条。

4. 焊条电弧焊工艺

(1) 焊接接头基本形式和坡口基本形式　根据工件结构形状、厚度及工作条件的不同，焊接接头形式和坡口形式也不同，如图6-9所示。基本的焊接接头形式有对接接头、角接接头、T形接头、搭接接头等；基本的坡口形式有I形坡口（不开坡口）、单边V形

坡口、V形坡口、双V形坡口、U形坡口和双U形坡口等。

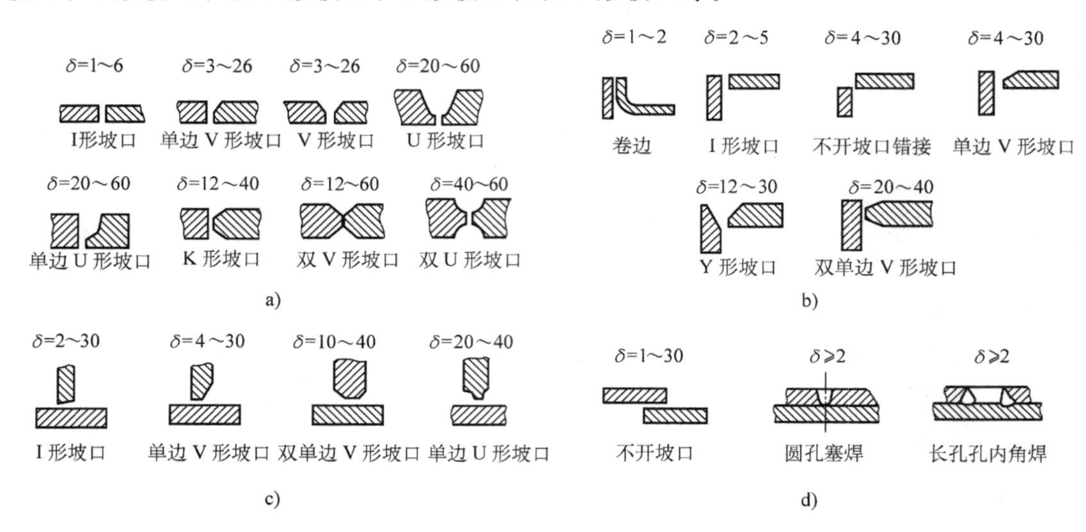

图6-9　焊接接头形式和坡口形式

a）对接接头　b）角接接头　c）T形接头　d）搭接接头

（2）焊缝的空间位置　焊接时，按焊缝在空间位置的不同，焊接可分为平焊、横焊、立焊和仰焊四种（图6-10）。其中平焊操作容易、劳动条件好、生产率高、质量易于保证，一般都应把焊缝放在平焊位置施焊。横焊、立焊、仰焊时焊接较为困难，应尽量避免。若无法避免时，应选用小直径的焊条、较小的电流，调整好焊条与焊件间的夹角与焊接电弧弧长后再进行焊接。

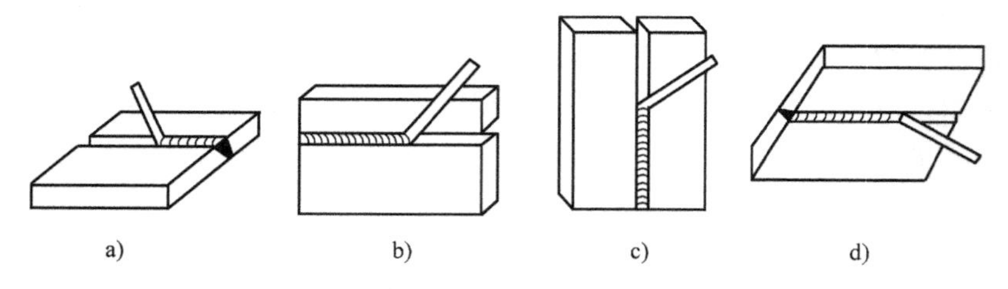

图6-10　各种空间位置的焊缝

a）平焊　b）横焊　c）立焊　d）仰焊

（3）焊接参数的选择　为了保证焊接质量，焊接时选定的各物理量的总称叫焊接参数。焊接参数主要包括焊条直径、焊接电流、焊接速度、电弧长度和焊接层数等。

1）焊条直径。焊条直径的大小与焊件厚度、焊接位置及焊接层数有关。一般焊件厚度大时应采用大直径焊条；平焊时，焊条直径应大些；多层焊在焊第一层时应选用较小直径的焊条。焊件厚度与焊条直径的关系见表6-2。

表6-2　焊件厚度与焊条直径的关系

焊件厚度/mm	≤1.5	2	3	4~5	6~12	>12
焊条直径/mm	1.6	1.6~2.2	2.5~3.2	3.2~4.0	4~5	4~6

2）焊接电流。焊接电流主要根据焊条直径来选择。电流过大会造成熔融金属向熔池

外飞溅；电流过小则熔池温度低，熔渣与熔融金属分离困难，焊缝中容易夹渣。平焊时可选用较大的焊接电流，而其他位置焊接时，焊接电流比平焊要小些。使用碱性焊条时，焊接电流比使用酸性焊条要小些。

3）焊接速度。焊接速度一般由焊工根据焊缝尺寸和焊条特点自行掌握，不应过快或过慢，应以焊缝的外观与内在质量均达到要求为适宜。

4）电弧长度。电弧长度在焊条电弧焊过程中是靠手工操作来掌握的。电弧过长，会使电弧不稳定、熔深减小、熔融金属飞溅增加，还会使空气中的氧和氮侵入熔池内，降低焊缝质量，所以电弧长度应尽量短些。

5）焊接层数。中、厚焊件焊接时必须开坡口，进行多层焊接。由于后焊的焊层对先焊的焊层有热处理作用，多层焊有利于提高焊缝的质量。

总之，选择焊接参数时，应在保证焊接质量的条件下，尽量选用较大直径焊条和较大电流进行焊接，以提高劳动生产率。

5. 焊接缺陷

焊接过程中，在焊接接头中产生的金属不连续、不致密或连接不良的现象称为焊接缺陷。

产生焊接缺陷的主要原因有：焊接接头处未清理干净，焊条未烘干，焊接参数选择不当或操作方法不正确等。常见焊接缺陷的质量分析见表 6-3。

表 6-3　焊接缺陷的质量分析

缺陷	定　义	缺陷原因	图　示
未焊透	焊接时焊件接头根部未完全熔透	(1)焊接电流太小 (2)坡口角度太小 (3)钝边太大 (4)间隙太小 (5)焊条角度不当	
烧穿	焊接过程中，熔化金属从坡口背面流出，形成穿孔的缺陷	烧穿使单面焊双面成形焊接中背面焊缝无法成形，是一种不允许存在的缺陷，应及时进行补焊	
夹渣	焊后在焊缝中残留焊渣	(1)焊接电流太小，导致液态金属与熔渣混淆不清 (2)焊接速度过快，熔渣来不及浮出 (3)焊件边缘及焊层或焊道之间未清理干净 (4)焊条角度不对	
气孔	焊接时，熔池中的气泡在凝固时未能逸出而残留下来所形成的空穴	(1)焊件边缘上留有水、锈等杂质 (2)焊接电弧过长	

（续）

缺陷	定　　义	缺陷原因	图　　示
咬边	沿焊趾的母材部位产生的沟槽或凹陷	（1）焊接电流过大，电弧过长 （2）坡口内填充量不足就进行盖面焊 （3）运条时焊缝两侧停顿时间短，运条角度不正确	
焊瘤	焊接过程中，熔化金属流淌到焊缝之外未熔化的母材上所形成的金属瘤	（1）焊接速度过慢，焊接电流过大 （2）操作不熟练，运条方法不当 多发生在仰位、立位、横位焊缝表面及打底层的背面焊缝表面，不仅影响焊缝的成形，也容易导致裂纹的产生	平焊 仰焊　立焊
焊接裂纹	裂纹是指存在于焊缝或热影响区内部或表面的缝隙	是焊接结构中危险性最大的焊接缺陷 按裂纹的方向和所处的位置不同，裂纹的形式如右图所示	1—弧坑裂纹　2—横向裂纹　3—热影响区裂纹 4—纵向裂纹　5—熔合线裂纹　6—根部裂纹
未熔合	熔焊时，焊道与母材之间或焊道与焊道之间，未完全熔化结合的部分	未熔合可能发生在焊件根部，也可能发生在表面焊缝边缘或焊层间。未熔合的危害仅次于裂纹缺陷，是焊接接头中不允许存在的	

6.3　气焊与气割

6.3.1　气焊

气焊是利用气体火焰作为热源的一种熔焊方法，最常用的是氧乙炔焊，此外还有氢氧焊。近年来，利用液化气或丙烷燃气焊接发展也很迅速。

气焊是利用可燃气体和助燃气体通过焊炬按一定比例混合，获得所需性质的火焰作为热源，熔化被焊金属和填充金属，使其形成牢固的焊接接头的焊接方法。气焊时，先将焊件的焊接处加热到熔化状态形成熔池，并不断地熔化焊丝向熔池中填充，气体火焰覆盖在熔化金属的表面起保护作用，随着焊接过程的进行，熔化金属冷却形成焊缝。气焊的原理如图 6-11 所示。

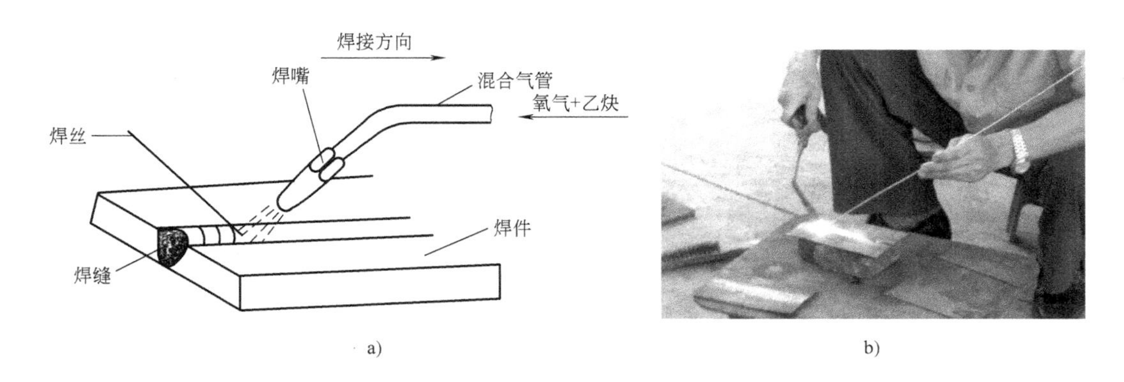

图 6-11　气焊的原理

气焊具有设备简单、操作方便、成本低、适应性强等优点，但其火焰温度低、加热分散、热影响区宽、焊件变形大且过热严重，因此气焊接头质量不如焊条电弧焊容易保证。目前在工业生产中，气焊主要用于焊接薄板、小直径薄壁管、铸铁、非铁金属、低熔点金属及硬质合金等。

1. 气焊的设施

气焊设备和工具的连接如图 6-12 所示。气焊常用的可燃气体是乙炔气（C_2H_2），使用的助燃气体是氧气（O_2）。

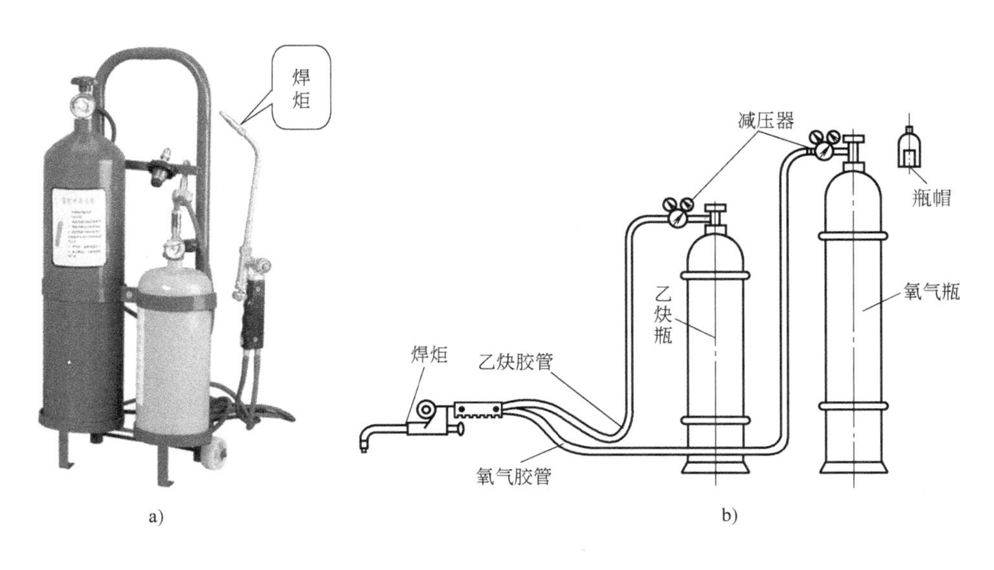

图 6-12　气焊设备和工具的连接

（1）氧气和氧气瓶

1）氧气。氧气是助燃剂，与乙炔混合燃烧时，能产生大量的热量。气焊、气割用的氧气纯度应不低于98.5%，否则会影响火焰温度和气割速度。

氧气在高压情况下遇到油脂有爆炸的危险，所以一切有高压氧气通过的器件、管道等，不允许沾染油脂。

2）氧气瓶。氧气瓶是储存高压氧气的圆柱形容器（图6-13a），外表漆成天蓝色作为标志，最高压力为14.7MPa，容积约为40L，储气量约为6m^3。

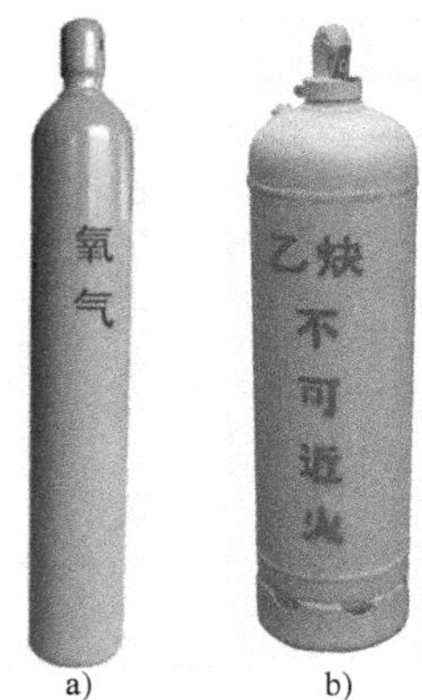

a)　b)

图6-13　氧气瓶和乙炔气瓶

a）氧气瓶　b）乙炔气瓶

➢氧气瓶属高压容器，有爆炸危险，使用中必须注意安全。

➢禁止单人肩扛氧气瓶，如图6-14a所示。

➢氧气瓶上无防振圈时，禁止用滚动方式搬运氧气瓶，如图6-14b所示，以防由于撞击产生火花而引起氧气瓶爆炸。

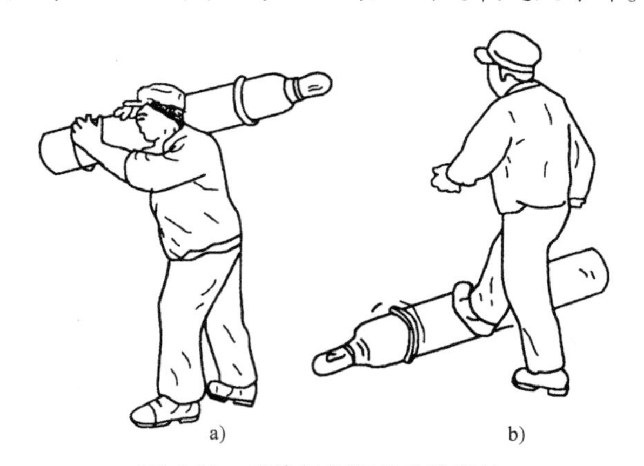

a)　b)

图6-14　运输氧气瓶的危险做法

a）单人肩扛氧气瓶　b）用滚动方式搬运氧气瓶

➢搬运氧气瓶时应避免剧烈振动和撞击。夏日要防止曝晒；冬天如阀门冻结，应用热水解冻，严禁用火烘烤。

➢焊接操作中氧气瓶距明火或热源的距离应在5m以上。瓶中氧气不允许全部用完，余气的表压应保持在98～196kPa，以防瓶内混入其他气体而引起爆炸。

（2）乙炔和溶解乙炔气瓶

1）乙炔。乙炔是可燃气体，无色，工业用乙炔因混有硫化氢、磷化氢等杂质而有刺鼻的臭味。乙炔与氧混合燃烧时，火焰温度可高达 3300℃，较其他可燃气体燃烧时的温度高，且乙炔气体容易获得，燃烧后不产生有害气体，因此氧乙炔焰是气焊最常用的热源。

乙炔温度超过 300℃ 且压力增大到 147kPa 以上时，遇火会爆炸。当乙炔温度达到 580℃时会自行爆炸。因此，乙炔最高工作压力禁止超过 147kPa。此外，乙炔的化学性质很活泼，不能与铜、银等长期接触，否则也会引起爆炸。

乙炔与空气或乙炔与氧气混合达到一定浓度时，遇明火或高温均能发生燃烧甚至爆炸，因此使用乙炔应注意安全，车间、厂房等应注意通风。

2）溶解乙炔气瓶。溶解乙炔气瓶是储存及运输乙炔的专用容器（图 6-13b），外表漆成白色，并用红漆在瓶体标注“乙炔”字样。乙炔气瓶的最高压力为 1.47MPa。为保证稳定和安全地储存乙炔，在乙炔气瓶内充满了浸渍丙酮的多孔填料。

➢在搬运、装卸、使用乙炔气瓶时，都应竖立放稳，严禁在地面卧放，否则会导致瓶内的丙酮流出，甚至会通过减压器流入乙炔胶管和焊炬内，引起燃烧或爆炸，如图 6-15 所示。

➢使用乙炔时，必须经减压器减压，禁止直接使用。

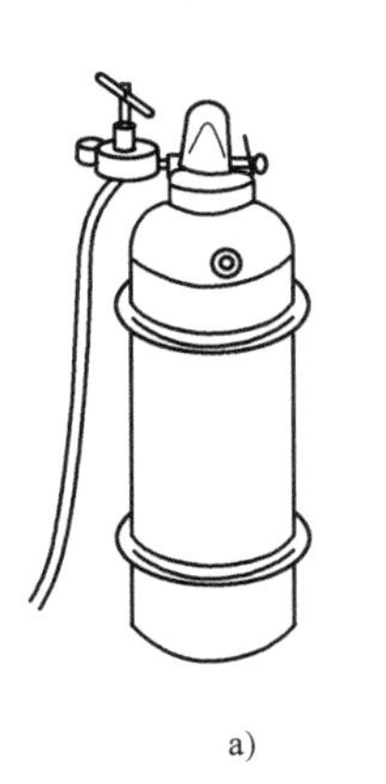

a)

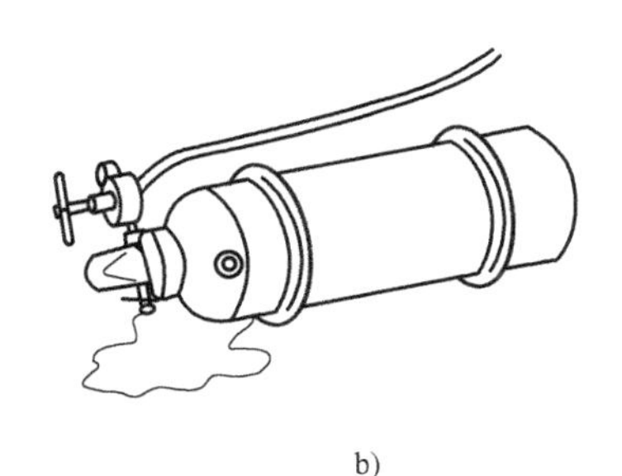

b)

图 6-15　乙炔气瓶的使用

a）正确　b）错误

（3）减压器　减压器是将高压气体降为低压气体的调节装置，其作用是将气瓶中流出的高压气体的压力降低到需要的工作压力，并保持压力的稳定。图 6-16 所示分别为氧气减压器和乙炔减压器。

（4）焊炬　焊炬是气焊时用于控制火焰并进行焊接的工具。其作用是使氧气与可燃气体按一定比例混合，再将混合气体喷出燃烧，形成稳定的火焰。图 6-17a 所示为常用的射吸式焊炬，可燃气体通过喷射氧流的射吸作用与氧气混合，也称为低压焊炬。使用时，开启氧气调节阀和乙炔调节阀，此时具有一定压力的氧气由喷嘴高速喷出，使喷嘴周围形成负压，把喷嘴四周的低压乙炔气吸入射吸管，经混合气管混合后从焊嘴喷出，点燃后形成火焰。

焊炬的焊嘴可以根据焊件厚度进行选择和更换，如图 6-17b 所示。

a)　　b)

图 6-16　减压器

a）氧气减压器　b）乙炔减压器

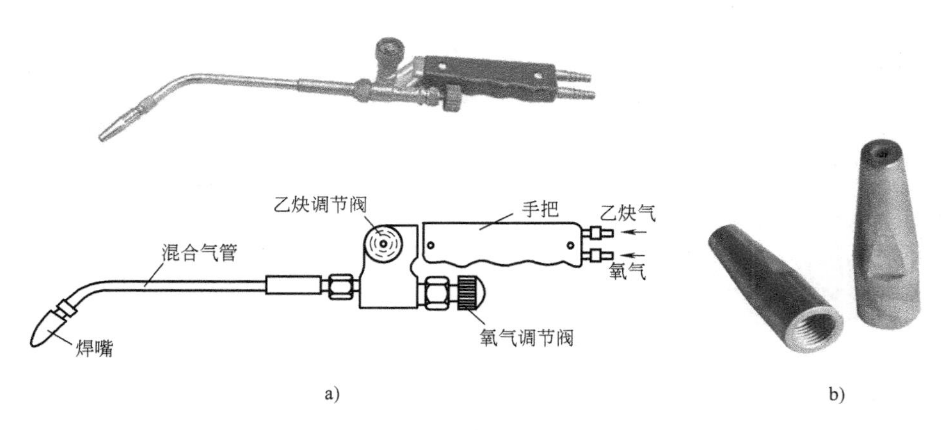

a)　　b)

图 6-17　焊炬

a）焊炬　b）焊嘴

2. 氧乙炔焰

氧乙炔焰是乙炔与氧气混合燃烧所表成的火焰。气焊时，氧气与乙炔的混合比不同，燃烧所形成的氧乙炔焰也不同，见表 6-4。

表 6-4　氧乙炔焰

氧乙炔焰	中　性　焰	碳　化　焰	氧　化　焰
结构形状	焰心 内焰 外焰	焰心 内焰 外焰	焰心 内焰 外焰
性质	氧气与乙炔的混合比为 1.1～1.2 时的火焰	氧气与乙炔的混合比小于 1.1 时的火焰	氧气与乙炔的混合比大于 1.2 时的火焰

（续）

氧乙炔焰	中　性　焰	碳　化　焰	氧　化　焰
特点	中性焰火焰燃烧充分，在燃烧区内既无过量的氧又无游离的碳，对焊缝金属没有氧化及碳化作用	火焰中含有游离碳，具有较强的还原作用和一定的渗碳作用。由于火焰中含碳气体过剩，在焰心周围明显地出现可见的富碳区，形成内焰。用碳化焰焊接时会使焊缝增碳，硬度提高，塑性降低	火焰中有过量的氧，在尖形焰心外面形成一个有氧化性的富氧区。由于对金属有氧化作用，会影响焊缝质量
应用	中性焰是应用最广的一种火焰，常用于焊接低碳钢、中碳钢、低合金钢和纯铜	常用于焊接高碳钢、铸铁和硬质合金	很少采用，主要用于焊接黄铜

3. 气焊操作工艺

（1）焊前准备　气焊前，应彻底清除焊件接头处的锈蚀、油污、油漆和水分等。

（2）选择焊丝　在气焊时焊丝与熔化的焊件混合形成焊缝金属。常用的气焊焊丝有碳素结构钢焊丝、合金结构钢焊丝、不锈钢焊丝、铜及铜合金焊丝、铝及铝合金焊丝和铸铁焊丝等。

根据焊件材料来选择焊丝，焊接低碳钢焊件一般选用 H08A 焊丝，重要接头选用 H08MnA 焊丝。

（3）气焊熔剂　气焊熔剂是气焊时的助熔剂，其作用是与熔池内的金属氧化物或非金属夹杂物相互作用生成熔渣，覆盖在熔池表面，使熔池与空气隔离，有效防止熔池金属继续被氧化，改善焊缝质量。因此，焊接非铁金属（如铜及铜合金、铝及铝合金）、铸铁、耐热钢及不锈钢等材料时，通常都要使用气焊熔剂。

（4）移动方向　按焊炬和焊丝沿焊缝移动的方向不同，分为左焊法与右焊法两种，如图 6-18 所示。

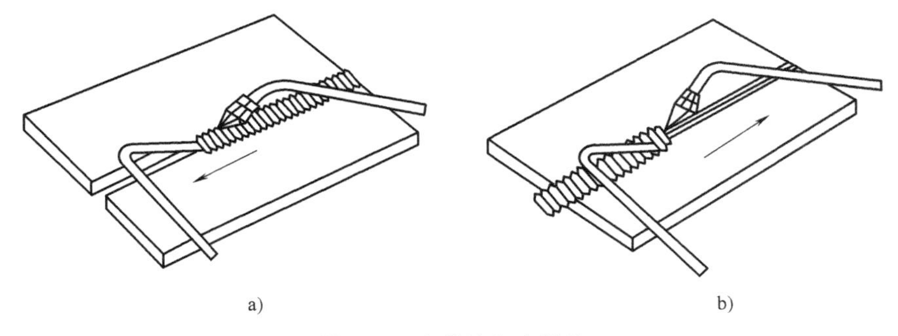

图 6-18　左焊法和右焊法

a）左焊法　b）右焊法

左焊法：焊炬和焊丝自右向左进行焊接的方法。其气体火焰指向焊件的待焊部分，焊缝冷却快，适用于薄板和低熔点金属的焊接。

右焊法：焊炬和焊丝自左向右进行焊接的方法。其气体火焰指向已形成的焊缝，能使焊缝缓慢冷却和保护焊缝，热量集中，熔深大，适用于焊接较厚的焊件。

（5）控制焊嘴倾角　气焊时，焊嘴相对焊件表面倾斜的角度称为焊嘴倾角 α，如图 6-19 所示。焊嘴倾角 α 大，火焰集中，热量损失少，焊件受热多、升温快，适于焊接较厚的焊件；反之，焊嘴倾角 α 小，焊件受热少、升温慢，适于焊接较薄的焊件。

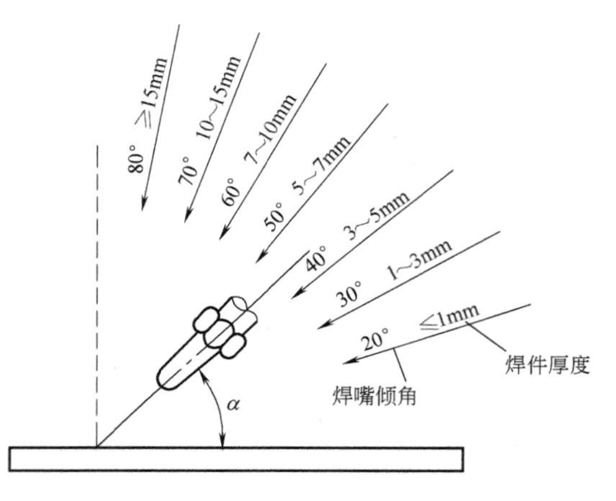

图 6-19　焊嘴倾角

4. 气焊的特点

1）由于气焊利用气体火焰作为热源，所以焊接时不需要电源。

2）气焊的火焰温度较电弧焊电弧的温度低，火焰控制容易，热量输入调节方便，设备简单，使用灵活。

3）火焰热量比电弧热量分散，焊件受热面积大，因此变形也大，焊接质量不如电弧焊。

4）生产率较低。气焊主要用于碳素钢、低合金钢、非铁金属（如铜、铝等）的薄件、小件的焊接，多为单件、小批量生产或维修场合。此外，气焊的火焰还可用于钎焊，氧气切割时的预热以及小工件热处理（火焰淬火）。

5. 焊炬的常见故障

焊炬的故障主要是由于堵塞、漏气和磨损（包括烧损）三个基本原因造成的。其常见的故障及排除方法见表 6-5。

表 6-5　焊炬的常见故障及排除方法

故　　障	原　　因	排除方法
开关处漏气或焊嘴漏气	(1)压紧螺母松动或垫圈磨损 (2)焊嘴未拧紧	(1)更换 (2)拧紧
焊嘴孔径扩大或成椭圆形	(1)使用过久 (2)焊嘴磨损 (3)使用通针不当	用锤子轻敲焊嘴尖部使孔径缩小后,再用小钻头钻孔
焊炬发热	(1)使用时间过长 (2)焊嘴离工件太近	浸入冷水中冷却后,再打开氧气调节阀,吹净堆积物
火焰能率调节不大,乙炔压力过低	(1)胶管被挤压或堵塞 (2)焊炬堵塞 (3)手轮打滑	(1)排除挤压 (2)排除堵塞,吹洗胶管及焊炬 (3)检修各处开关

6.3.2　气割

气割是利用气体火焰的热能将工件切割处预热到一定温度后，喷出高速切割氧流，使材料燃烧并放出热量，从而实现切割的方法。因此，金属的气割过程实质是金属在纯氧中的燃烧过程，而不是熔化过程。

气割过程如图 6-20 所示。

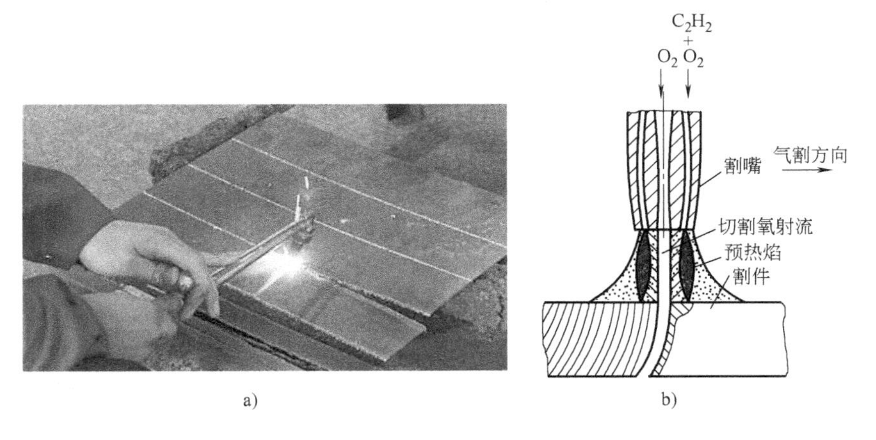

图 6-20　气割
a）气割操作　b）气割过程示意图

气割常用的可燃气体是乙炔气（C_2H_2），使用的助燃气体是氧气（O_2），与气焊相同。因此，气割所用的工具与气焊所用工具大部分是相同的，不同的是气焊是用焊炬对焊件进行焊接，而气割则是用割炬对金属材料进行切割。

（1）割炬　割炬是气割的主要工具，可以安装和更换割嘴（图 6-21b），以及调节预热火焰气体流量和控制切割氧流量。图 6-21c 所示为常用的射吸式割炬，它与射吸式焊炬原理相同，混合气体由割嘴喷出，点燃后形成预热火焰。乙炔气流量的大小由乙炔调节阀控制。与焊炬不同的是，割炬上另有切割氧调节阀，专用于控制切割氧流量。

射吸式割炬能在不同的乙炔压力下工作，既能使用低压乙炔，又能使用中压乙炔。

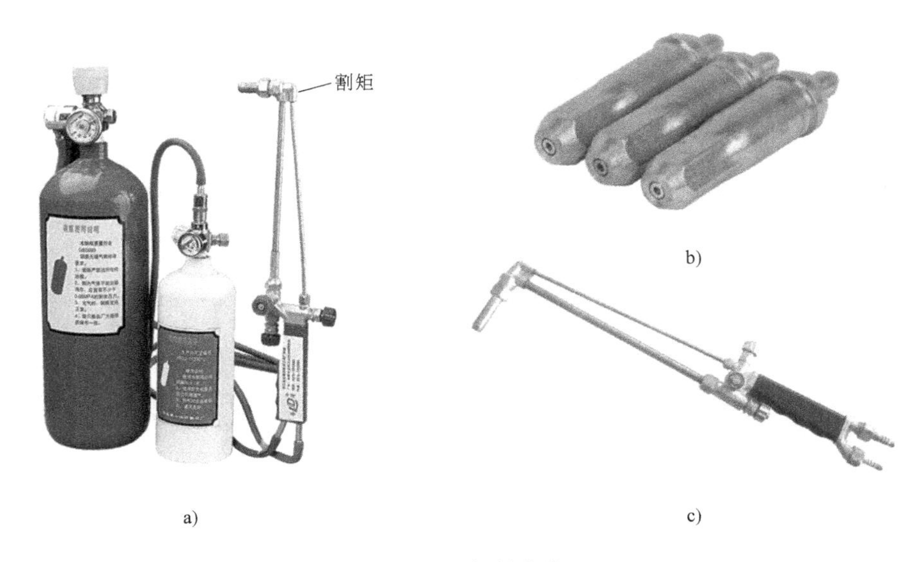

图 6-21　气割设施
a）气割设备和工具的连接　b）割嘴　c）割炬

（2）气割操作工艺（表6-6）

表6-6　气割操作工艺

工艺	预　热	切　割	终　割
操作工艺内容	先在切割线的端头（工件的边缘）预热，使其温度达到燃烧温度（呈红色）	慢慢开启切割氧调节阀，当看到氧化铁渣被切割氧气流吹掉时，逐渐加大切割氧气流。手工气割时，割嘴沿气割方向后倾20°～30°角，以提高气割速度	临近终点时，割嘴应向气割方向后倾一定角度，使材料下部提前被割穿，并注意余料下落位置，然后再全部割穿，这样收尾的割缝较平整 气割完毕后，应迅速关闭切割氧调节阀，并将割炬拿起，再关闭乙炔调节阀，最后关闭预热氧调节阀
图示		20°～30° 气割方向	

➤气割速度是否正常，可根据熔渣流动方向来判断。

➤当熔渣的流动方向基本上与工件表面垂直时，说明气割速度正常；若熔渣成一定角度流出，后拖量较大，则说明气割速度过快。

➤所谓的"后拖量"是指气割面上的切割氧流轨迹的始、终点在水平方向上的距离，如图6-22所示。

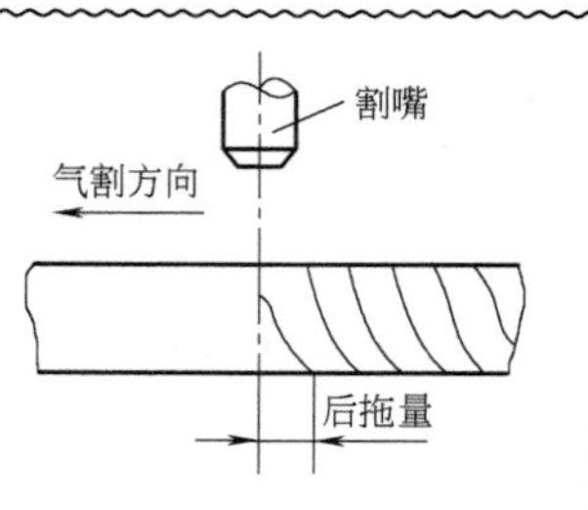

图6-22　后拖量示意图

（3）气割的特点　气割设备简单，操作方便，使用范围广；所用的气体、设备和工具与气焊相同，只是气焊时使用焊炬，气割时使用割炬。

气割广泛用于碳素钢和低合金钢的切割。

（4）割炬的常见故障　割炬的常见故障及排除方法和焊炬基本相同。

6.4　其他焊接方法及焊接新技术简介

6.4.1　其他焊接方法

1. 埋弧焊

（1）埋弧焊的原理　埋弧焊是电弧在焊剂层下燃烧进行焊接的方法。埋弧焊分自动和

半自动两种，最常用的是自动埋弧焊。与焊条电弧焊相比较，自动埋弧焊具有以下三个显著的特点。

1）采用连续焊丝。

2）使用颗粒焊剂。

3）焊接过程自动化。

图 6-23b 所示为自动埋弧焊的示意图。自动埋弧焊焊机上的导电嘴 5 和焊件 8 分别用电缆与焊接电源两极连接。焊剂经漏斗 1 撒在焊件待焊表面上，焊丝 3 由焊丝盘 2 经自动焊机头 4 穿过导电嘴连续送入焊剂层下。引弧后，电弧在焊丝和焊件之间燃烧，形成熔池和熔渣，由于电弧被埋在由熔渣和熔池金属包围的封闭空间内燃烧，所以称为埋弧焊。随着焊接的连续进行，可得到受焊剂和渣壳保护的焊缝。

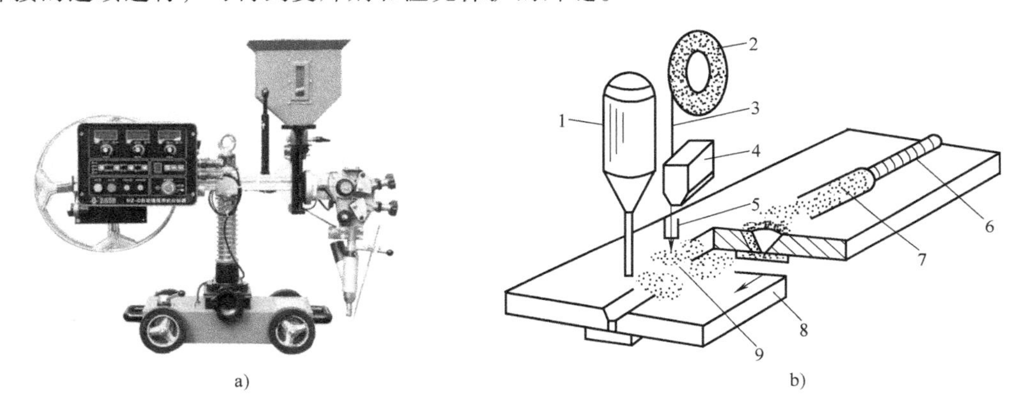

图 6-23　自动埋弧焊

a）自动埋弧焊焊机　b）自动埋弧焊示意图

1—漏斗　2—焊丝盘　3—焊丝　4—自动焊机头

5—导电嘴　6—焊缝　7—渣壳　8—焊件　9—焊剂

（2）埋弧焊的特点　埋弧焊具有下列优点。

1）焊缝质量好。电弧在焊剂层下燃烧，熔池金属不受空气的影响，焊丝的送进和沿焊缝的移动均为自动控制，因此工作稳定，焊接质量好。

2）生产率高。埋弧焊允许使用较大的焊接电流，熔深大，焊速快，因而生产率高。

3）成本低。埋弧焊能量损失少，使用连续焊丝余料损失少，一般厚度的焊件不需要开坡口，因此可节约大量能源、材料和工时，成本低。

4）劳动条件改善。埋弧焊过程已实现机械化、自动化，焊接时无可见弧光，烟尘少，劳动条件得到了改善。

埋弧焊的缺点是适应性差，只适用于水平位置焊接（允许倾斜坡度不超过 20°）和长而直或大圆弧的连续焊缝，而且对生产批量有一定要求（大批量生产），因此其应用受到了一定的限制。

2. 二氧化碳气体保护焊

二氧化碳气体保护焊是利用 CO_2 作为保护气体的气体保护焊。

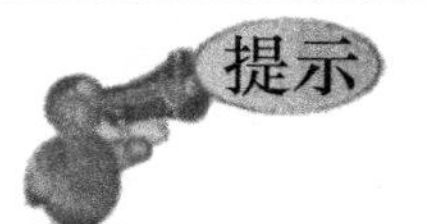

气体保护电弧焊

➢气体保护电弧焊是用外加气体作为电弧介质并保护电弧和焊接区的电弧焊，简称气体保护焊。

➢按保护气体的不同，气体保护电弧焊常见的有二氧化碳气体保护焊和惰性气体保护焊（氩弧焊、氦弧焊等）等几种。

➢气体保护电弧焊具有下列特点。

1）采用外加气体保护，与熔渣保护相比较，电弧可见，焊接时容易观察熔池。

2）电弧受气体压缩而热量集中，熔池小，热影响区较窄，焊件变形小。

3）电弧气氛的含氢量较易控制，可减小冷裂倾向。

4）适用于焊接钢铁及各种非铁金属。

如图6-24所示，焊接时焊丝7由送丝机构8控制，经送丝软管9从焊炬头部的导电嘴10中自动送出，焊丝既是电极也是填充金属。CO_2气体由CO_2气瓶6经减压器5、流量计4等从喷嘴2以一定速度喷入焊接区，将电弧和熔池12与空气隔开。焊接过程由焊工手持焊炬进行。

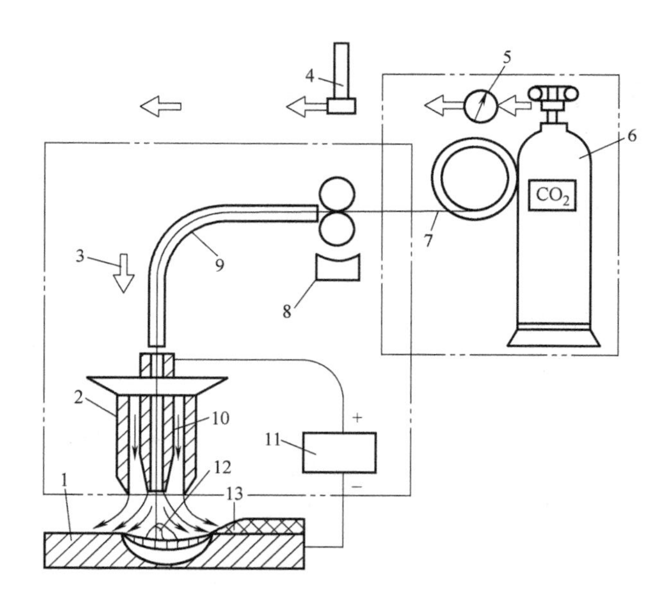

图6-24 二氧化碳气体保护焊示意图

1—焊件 2—喷嘴 3—CO_2气体 4—流量计 5—减压器 6—CO_2气瓶 7—焊丝 8—送丝机构 9—送丝软管 10—导电嘴 11—电源 12—熔池 13—焊缝

用于气体保护焊的CO_2气体纯度应高于99%。为确保焊接可靠，操作时应严格按“先通CO_2气体保护，然后焊接，最后滞延停气”的顺序执行。

焊丝应使用含有足够脱氧剂的焊丝，如H08Mn2Si。

焊接使用直流电源，采用反接法（焊件接电源负极，焊丝接电源正极）。

二氧化碳气体保护焊具有成本低、焊接质量好、生产率较高、操作方便等优点，常用

于低碳钢和低合金结构钢的焊接。

3. 氩弧焊

氩弧焊是使用氩气作为保护气体的气体保护焊。按所用的电极不同，氩弧焊分为熔化极氩弧焊和不熔化极（钨极）氩弧焊两种，如图 6-25 所示。

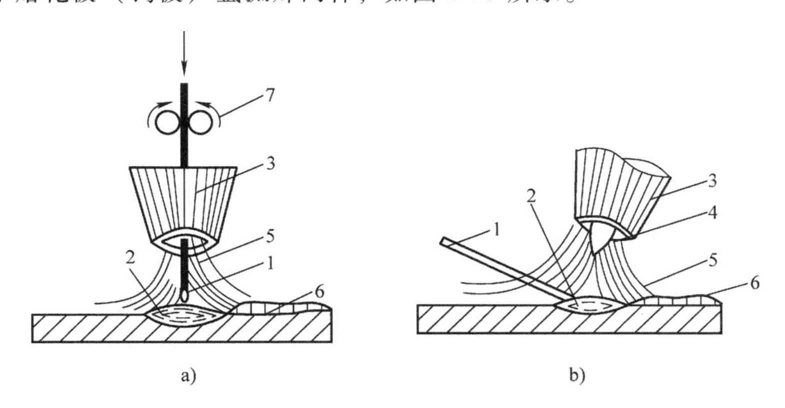

图 6-25　氩弧焊示意图

a）熔化极氩弧焊　b）不熔化极氩弧焊

1—焊条　2—熔池　3—喷嘴　4—钨极　5—气流　6—焊缝　7—送丝滚轮

由于氩气是惰性气体，既能保护熔池不被氧化，本身也不与熔化金属起化学反应，故氩弧焊的焊缝质量高、成形好；在压缩氩气流中的电弧，热量集中，热影响区小，焊接变形小。

氩弧焊是一种明弧焊，便于操作，适用于各种位置的焊接，电弧稳定，熔融金属飞溅小，焊后无焊渣，易实现焊接机械化和自动化。

但氩弧焊所用的设备及控制系统比较复杂、维修困难；氩气价格较贵，焊接成本高。

氩弧焊应用范围广泛，目前主要用于焊接非铁金属（如铝、镁及其合金），低合金钢、耐热钢及不锈钢，稀有金属（如钼、钽、钛及其合金）等。

此外，焊接还有电阻焊、电渣焊、钎焊等多种方法。

6.4.2　焊接新技术简介

随着社会的发展，科学的进步，新产品、新材料不断涌现，焊接技术也正在不断发展，进一步完善。

为了进一步提高焊接生产率，焊接工作者研制出了各种新型焊条，如铁粉焊条、重力焊条、躺焊焊条等；在自动化方面还研制出了各种送丝方式和焊缝跟踪装置；在能源方面大力发展高能束焊接，即等离子束焊接、电子束焊接、激光束焊接等。

计算机技术在焊接中也得到了广泛的应用。从焊接的设计、焊接的控制系统到焊接的生产制造都广泛地应用了计算机技术。焊接技术人员通过采用焊接计算机控制系统、模糊控制等控制方式，实现了焊接过程（包括备料、切割、装配、焊接、检验）全过程自动化，从而提高了焊接机械化、自动化水平。焊接机器人在我国也已经进入了实用阶段。

另外，焊接工作人员还进行了太阳能焊接实验的研究，并取得了一定的成果。

小　　结

熔　焊	电弧焊	焊条电弧焊、埋弧焊
	气焊	
	气体保护焊	CO_2 气体保护焊、氩弧焊
	电渣焊、等离子弧焊、铝热焊、电子束焊、激光焊	

第7章 金属切削加工的基础知识

学习目标

1. 理解金属切削运动与切削要素的相关知识。
2. 熟悉车刀的主要角度及其作用，了解常用刀具材料及选用方法。
3. 了解金属切削过程中的常见物理现象，熟悉提高切削效益的途径。

金属切削加工是使用高于工件硬度的刀具，在工件上切除多余金属材料，使工件达到规定的几何形状、尺寸精度和表面质量的一种机械加工方法。常用的切削刀具有车刀、铣刀、刨刀、钻头、镗刀、砂轮等，常见的切削加工方法有钻削、车削、铣削、刨削、镗孔、磨削等。常用金属切削加工方法分类如图7-1所示。切削加工虽有多种不同的方式，但它们在很多方面都有着共同的规律。

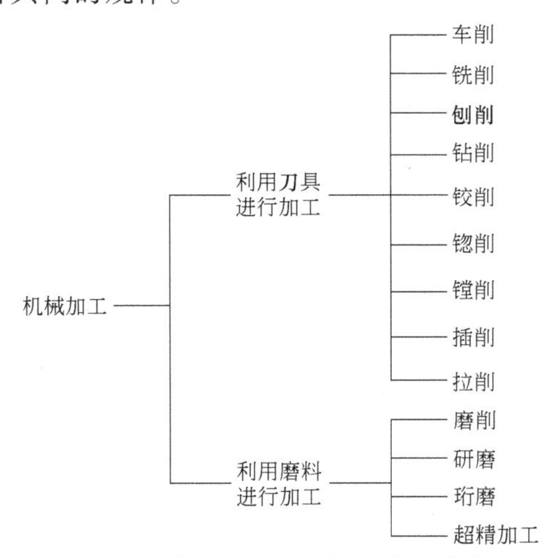

图7-1　常用金属切削加工方法分类

7.1　金属切削运动与切削用量要素

7.1.1　切削运动

切削运动指切削加工时，切削工具和工件之间的相对运动。如图7-2所示，车削时工件的旋转运动是切除多余金属的基本运动，车刀平行于工件轴线的直线运动是保证切削连续进行的运动。由这两个运动组成的切削运动，来完成工件外圆表面的加工。

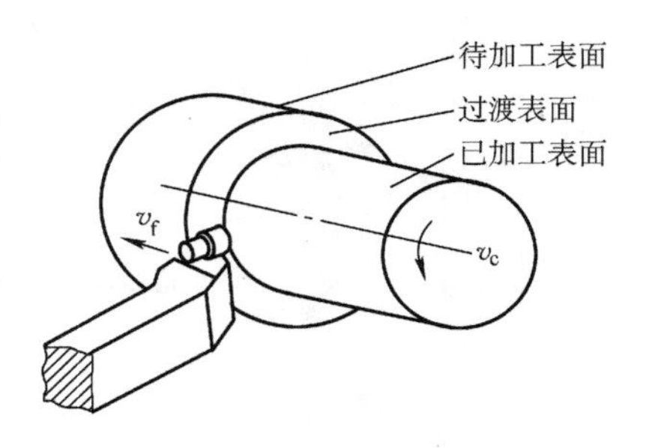

图 7-2 车削运动与切削表面

按在切削加工中所起作用的不同，切削运动可分为主运动和进给运动两大类。

1. 主运动

主运动是形成机床切削速度或消耗主要动力的工作运动。如图 7-3 所示，车削时工件的旋转运动、钻削时刀具的旋转运动、刨削时刀具的往复直线运动、铣削时刀具的旋转运动及磨削时砂轮的旋转运动等都是主运动。可见，主运动即为切去金属所需的运动，其切削速度最高、消耗功率也最大。

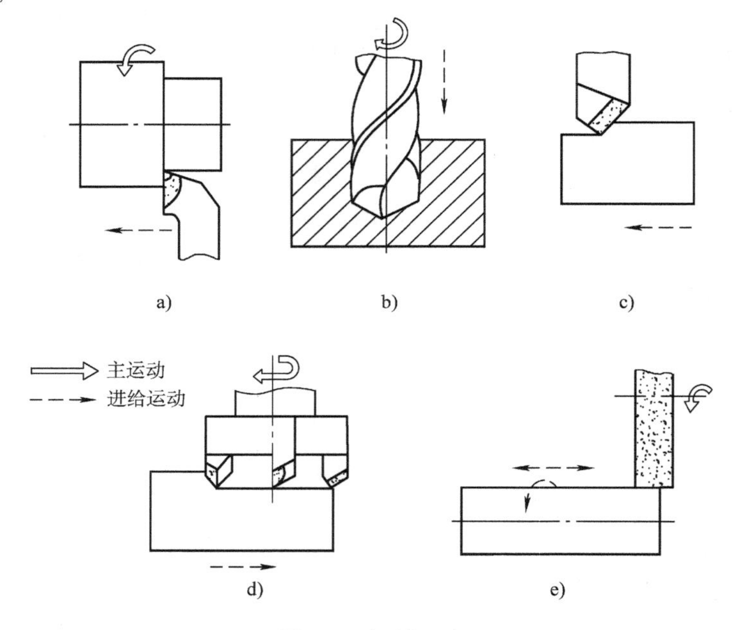

图 7-3 切削运动

a）车削 b）钻削 c）刨削 d）铣削 e）磨削

2. 进给运动

进给运动是把工件上的被切削材料投入到切削中的工作运动。进给运动与主运动配合，可得到所需的已加工表面。如图 7-3 所示，车削时刀具的直线运动、钻削时刀具的轴向进给运动、刨削时工件的间歇直线运动、铣削时工件的直线运动、磨削时工件的旋转运动及其往复直线运动都是进给运动。进给运动可以是连续的运动，也可以是间断运动。一般进给运动是切削加工中速度较低、消耗功率较少的运动。

各种切削加工都有特定的切削运动。切削运动的形式有旋转的、直线的、连续的、间歇的等。一般主运动只有一个，进给运动可以有一个或几个。主运动和进给运动可由刀具和工件分别完成，也可由刀具（如钻头）单独完成。

7.1.2　切削表面

在切削加工中，工件上产生三个不断变化的表面，如图 7-2 所示。

(1) 待加工表面　待加工表面指加工时即将被切除的工件表面。

(2) 已加工表面　已加工表面指已被切去多余金属而形成的工件新表面。

(3) 过渡表面　过渡表面指工件上切削刃正在切削的表面，并且是切削过程中不断变化着的表面。

7.1.3　切削用量要素

以车削为例，切削过程中切削速度 v_c、进给量 f（或进给速度 v_f）和背吃刀量 a_p 称为切削用量三要素，如图 7-4 所示。

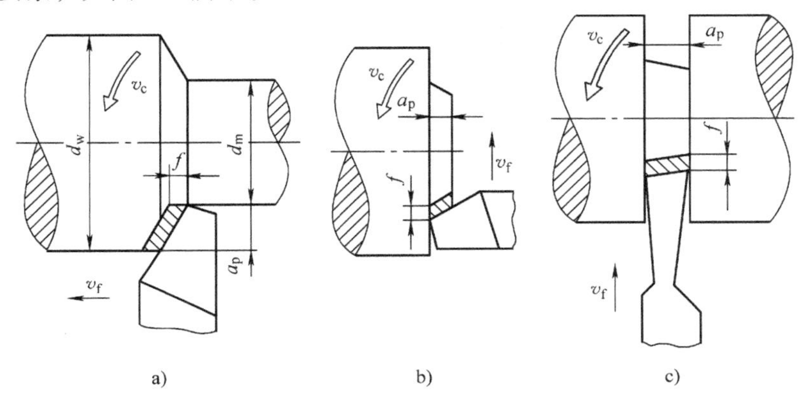

图 7-4　切削用量

a）车外圆　b）车端面　c）车槽

1. 切削速度 v_c

切削速度是指切削刃选定点相对于工件主运动的瞬时速度。若主运动为工件旋转运动，则切削速度为其最大的线速度，计算公式为

$$v_c = \frac{\pi d_w n}{1000}$$

式中　v_c——切削速度（m/min）；

d_w——工件待加工表面的直径（mm）；

n——工件的转速（r/min）。

若主运动为往复直线运动，如刨削、插削，则以其平均速度为切削速度，其计算式为

$$v_c = \frac{2Ln}{1000}$$

式中　L——工件或刀具做往复直线运动的行程长度（mm）；

n——工件或刀具每分钟往复的次数。

2. 进给量 f

进给量指在主运动每转一周或每一行程后，刀具在进给运动方向上相对于工件的位移量，单位是 mm/r（用于车削、镗削等）或 mm/行程（用于刨削、磨削等）。进给量表示进给运动的速度。

3. 背吃刀量（切削深度）a_p

背吃刀量指在垂直于主运动方向和进给运动方向的工作平面内，测量的刀具切削刃与工件切削表面的接触长度。对于外圆车削（图7-4），背吃刀量为工件上已加工表面和待加工表面间的垂直距离，单位为mm，即

$$a_p=\frac{1}{2}(d_w-d_m)$$

式中　d_w——工件待加工表面的直径（mm）；

d_m——工件已加工表面的直径（mm）。

7.2　刀具的基本知识

切削刀具种类繁多、构造各异。其中较典型、较简单的是车刀，其他刀具的切削部分都可以看成是以车刀为基本形态演变而来的，如图7-5所示。下面以车刀为例介绍刀具的基本知识。

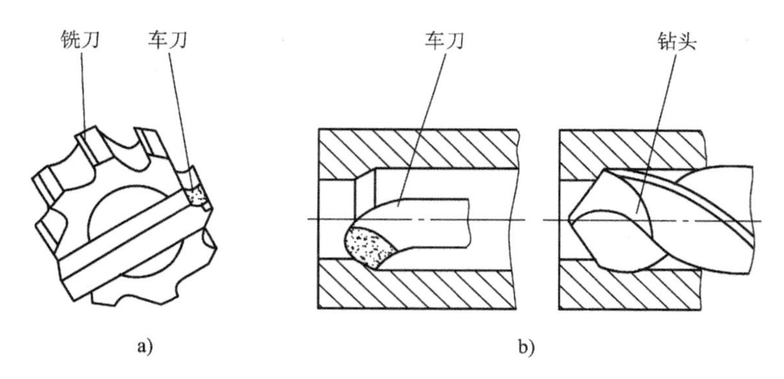

图7-5　几种刀具切削部分的形状比较

a）铣刀与车刀　b）钻头与车刀

7.2.1　刀具切削部分的组成

图7-6所示为普通外圆车刀，由刀体和刀柄两部分组成。刀体用于切削，刀柄用于装夹。刀具切削部分一般由三个表面、两个切削刃和一个刀尖组成。

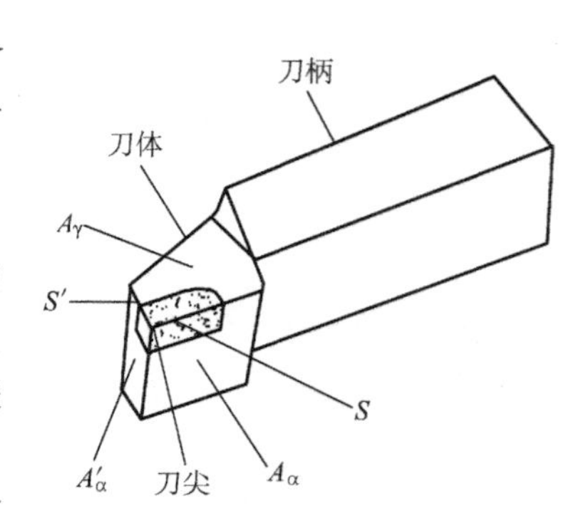

图7-6　车刀的组成

1. 三个表面

前面（前刀面）A_γ：刀具上切屑流过的表面称为刀具的前面。

后面（主后刀面）A_α：刀具上与过渡表面相对的表面称为刀具的后面。

副后面（副后刀面）A'_α：刀具上与已加工表面相对的表面称为刀具的副后面。

2. 两个切削刃

主切削刃 S：前面和后面的交线为主切削刃。

副切削刃 S'：前面和副后面的交线为副切削刃。

3. 刀尖

刀尖指主切削刃和副切削刃的交点。刀尖实际上是一段短直线或圆弧。

不同类型的刀具，其刀面、切削刃的数量不完全相同。

7.2.2　刀具静止参考系

刀具角度是确定刀具切削部分几何形状的重要参数。它对切削加工影响很大。为便于度量和刃磨刀具，需要假定三个辅助平面做基准，构成刀具静止参考系，如图 7-7 所示。

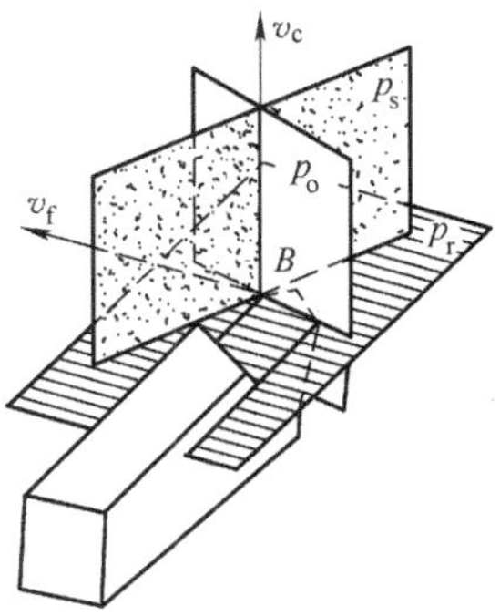

（1）基面 p_r　过切削刃选定点平行或垂直于刀具上的安装面（轴线）的平面。车刀的基面可理解为平行刀具底面的平面。

（2）切削平面 p_s　过主切削刃选定点与主切削刃相切并垂直于基面的平面。

图 7-7　刀具静止参考系

（3）正交平面 p_o　过切削刃选定点同时垂直于基面与切削平面的平面。

上述三个平面在空间是相互垂直的。

7.2.3　车刀的几何角度

车刀的几何角度是在刀具静止参考系内度量的，如图 7-8 所示。

1. 在正交平面 p_o 内测量的角度

（1）前角 γ_o　前角指前面与基面在正交平面内的夹角。前角反映前面对基面的倾斜程度，有正、负和零之分。若基面在前面之上，则前角为正值；基面在前面之下，则前角为负值；基面与前面重合，为零度前角。前角越大，刀就越锋利，切削时就越省力。但前角过大，则会降低切削刃强度，影响刀具寿命。其选择取决于工件材料、刀具材料和加工性质。

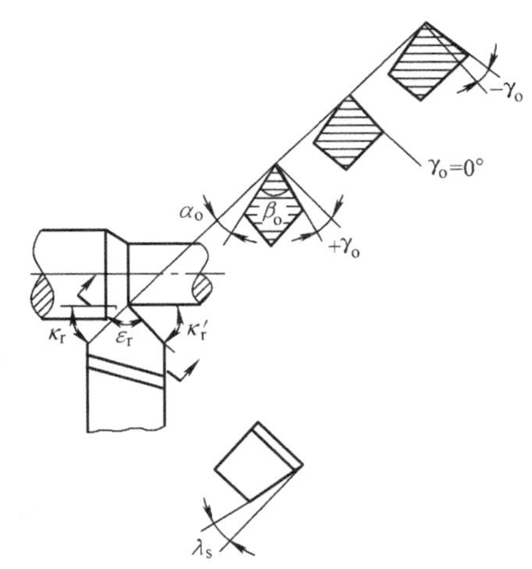

图 7-8　车刀的几何角度

（2）后角 α_o　后角指后面与切削平面在正交平面内的投影之间的夹角。后角反映后面对切削平面的倾斜程度，影响后面与加工表面的摩擦程度。后角越大，摩擦越小。但后角过大，则会降低切削刃强度，影响刀具寿命。

（3）楔角 β_o　楔角指前面与后面在正交平面内的投影之间的夹角。

如图 7-8 所示，前角、后角和楔角三者之间的关系为

$$\gamma_o+\alpha_o+\beta_o=90°$$

2. 在基面内测量的角度

（1）主偏角 κ_r　主偏角为主切削刃在基面上的投影与进给运动方向的夹角。主偏角一般为正值。

（2）副偏角 κ_r' 副偏角为副切削刃在基面上的投影与进给运动反方向的夹角。副偏角一般为正值。

（3）刀尖角 ε_r 刀尖角指主、副切削刃在基面内的投影之间的夹角。

由图7-8可知，主偏角、副偏角和刀尖角三者之间的关系为

$$\kappa_r+\kappa_r'+\varepsilon_r=180°$$

3. 在切削平面内测量的角度

刃倾角 λ_s：在切削平面内测量的主切削刃与基面间的夹角，如图7-8所示。当刀尖为主切削刃上的最低点时，λ_s为负值；当刀尖为主切削刃上的最高点时，λ_s为正值；当主切削刃为水平时，λ_s为零，如图7-9所示。

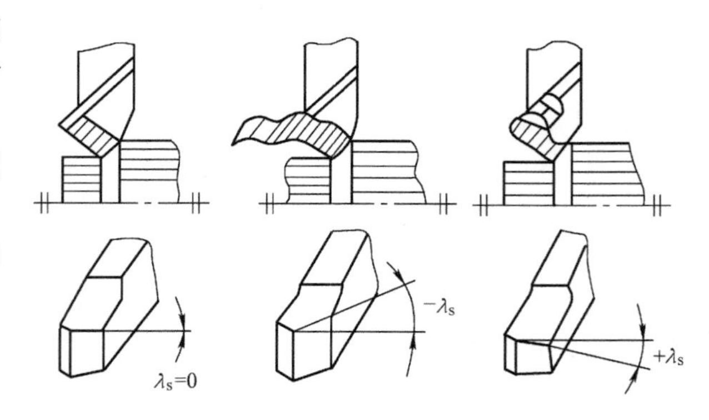

图7-9 刃倾角及其对排屑方向的影响

7.2.4 刀具材料

1. 刀具材料应具备的性能

（1）高的硬度 刀具材料的硬度必须高于工件材料的硬度，以便切入工件。在常温下刀具材料的硬度一般应在60HRC以上。

（2）足够的强度和韧性 强度主要指抗弯强度，韧性是指冲击韧度。只有具备足够的强度和韧性，刀具才能承受切削力和切削时产生的振动，以防脆性断裂和崩刃。

（3）高的耐磨性 耐磨性即抵抗磨损的能力，刀具材料在剧烈摩擦下磨损要小。

（4）高的耐热性 高的耐热性指刀具在高温下仍能保持硬度、强度、韧性和耐磨等性能。

（5）良好的工艺性能 为便于刀具本身的制造，刀具材料还应具有一定的工艺性能，如可加工性、磨削性能、焊接性及热处理性能等。

2. 常用刀具材料的种类

目前生产中所用的刀具材料以高速钢和硬质合金居多，碳素工具钢、合金工具钢因耐热性差，仅用于制造手工工具或切削速度较低的刀具。

（1）高速钢 高速钢又称锋钢、白钢，硬度可达62~67HRC，在550~600℃时仍能保持常温下的硬度和耐磨性，有较高的抗弯强度和冲击韧度，并易磨出锋利的切削刃。因此，高速钢特别适宜制造形状复杂的切削刀具，如钻头、丝锥、铣刀、拉刀、齿轮滚刀等，其允许切削速度一般为 $v_c<30m/min$。

（2）硬质合金 硬质合金具有高耐磨性和高耐热性，硬度可达74~82HRC，能耐850~1000℃的高温，允许使用的切削速度可达100~300m/min，因此在生产中得到了广泛的应用。但硬质合金抗弯强度低，韧性差，一般制成各种形状的刀片焊接或夹固在刀体上，使用中很少制成整体刀具。

用于制作切削刀具的材料还有陶瓷、人造金刚石、立方氮化硼、稀土硬质合金。陶瓷材料制作的刀具硬度可达90~95HRA；人造金刚石是目前人工制成的硬度最高的刀具材料；立方氮化硼的硬度和耐磨性仅次于人造金刚石，耐热性和化学稳定性好；在各种硬质合金刀具材料中，添加少量的稀土元素，均可有效地提高硬质合金的断裂韧度和抗弯强度。

各种刀具材料的使用性能、工艺性能和价格不同。常用刀具材料的性能和应用场合见表 7-1。

表 7-1　常用刀具材料的性能和应用场合

<table>
<tr><th colspan="2">类型</th><th>典型牌号</th><th colspan="2">硬度及性能特点</th><th>主要应用场合</th></tr>
<tr><td rowspan="4">工具钢</td><td>优质碳素工具钢</td><td>T8A、T10A、T12A 等</td><td colspan="2">60～64HRC
耐磨性好，热硬性差，在 200℃ 以下切削；切削速度 8～10m/min</td><td>一般用来制造切削速度低、尺寸较小的手动工具</td></tr>
<tr><td>合金工具钢</td><td>9SiCr、CrWMn 等</td><td colspan="2">60～64HRC
热硬性温度为 300～350℃，切削速度较碳素工具钢高 10%～20%</td><td>一般用来制造形状复杂的低速刀具，如铰刀、丝锥和板牙等</td></tr>
<tr><td>高速钢</td><td>W6Mo5Cr4V2、W18Cr4V 等</td><td colspan="2">63～66HRC
其热硬性温度达 550～600℃，切削速度为 30m/min 左右</td><td>用于制造成形车刀、切削刀具、钻头和拉刀等</td></tr>
<tr><td>高性能高速钢</td><td>W6Mo5Cr4V2Co8、W2Mo9Cr4VCo8、W6Mo5Cr4V2Al 等</td><td colspan="2">66HRC 以上
在 630～650℃ 时仍可保持 60HRC 的硬度</td><td>一般用于切削高硬度钢、不锈钢、钛合金、高温合金等难切削材料</td></tr>
<tr><td rowspan="3">硬质合金</td><td>K 类（钨钴类）</td><td>K10、K20、K30、K40 等（YG8、YG6、YG3、YG8C、YG6X、YG3X）</td><td>其抗弯强度、冲击韧度较高</td><td rowspan="3">常温硬度达 89～93HRA，热硬性温度高达 900～1000℃，切削速度比通用高速钢高 4～7 倍，耐磨性好，但韧性差、抗弯强度低</td><td>主要用来加工脆性材料，如铸铁、青铜等</td></tr>
<tr><td>P 类（钨钛钴类）</td><td>P10、P20、P30 等（YT5、YT14、YT15、YT30）</td><td>其硬度高、耐热性好，但冲击韧度低</td><td>主要用来加工塑性材料，如碳钢等</td></tr>
<tr><td>M 类（钨钛钽钴类）</td><td>M10、M20 等（YW1、YW2）</td><td>有较高的硬度、抗弯强度和冲击韧度</td><td>这类硬质合金既可用于加工铸铁，也可用于加工钢，通常用于切削难加工材料</td></tr>
<tr><td rowspan="2">陶瓷</td><td>氧化铝</td><td>P1(AM)</td><td colspan="2">硬度为 91.5～93HRA，热硬性温度高达 1000～1200℃，切削速度比通用高速钢高 8～12 倍，耐磨性好，但导热性差、韧性差、抗弯强度低</td><td>用于高速、小进给量精车、半精车铸铁和调质钢</td></tr>
<tr><td>碳化混合物</td><td>M5(T1)</td><td colspan="2">硬度为 92.5～93HRA，热硬性温度高达 1000～1100℃，切削速度比通用高速钢高 6～10 倍，耐磨性好，但导热性差、韧性差、抗弯强度低</td><td>用于粗、精加工冷硬铸铁、淬硬合金钢</td></tr>
<tr><td rowspan="2">超硬材料</td><td>立方氮化硼</td><td>—</td><td colspan="2">硬度为 8000～10000HV，热硬性温度高达 1400～1500℃，耐磨性、导热性好，但抗弯强度低</td><td>用于精加工调质钢、淬硬钢、高速钢、高强度耐热钢以及非铁金属</td></tr>
<tr><td>人造金刚石</td><td>—</td><td colspan="2">硬度为 9000HV，热硬性温度为 700～800℃，切削速度比通用高速钢高约 25 倍，耐磨性、导热性好，但抗弯强度低</td><td>用于非铁金属的高精度、低表面粗糙度值切削</td></tr>
</table>

3. 常用刀具的选用

刀具的选用是金属切削加工工艺中的重要内容之一，不仅影响工件的加工效率，而且直接影响工件的加工质量。在选用刀具时应考虑以下几方面。

（1）根据工件材料的可加工性选用刀具　如工件材料为高强度钢、钛合金、不锈钢，建议选择耐磨性较好的可转位硬质合金刀具。

（2）根据工件的加工阶段选用刀具　即粗加工阶段以去除余量为主，应选用刚度较好、精度较低的刀具；半精加工、精加工阶段以保证工件的加工精度和产品质量为主，应选用刀具寿命长、精度较高的刀具。

（3）根据工件加工区域的结构特点选择刀具切削部分结构　如车削工件上的槽时，应根据槽的形状结构和尺寸等参数选择合适的车刀进行加工。

7.3 金属切削过程中的物理现象

7.3.1 切屑的形成及切屑类型

1. 切屑的形成

切削时，在刀具切削刃的切割和前面的推挤作用下，使被切削的金属层产生变形、剪切滑移的过程称为切削过程。切削过程也是切屑形成的过程。

2. 切屑的类型

由于工件材料性质和切削条件的不同，切削过程中金属层的滑移变形程度也就不同，因此产生了以下四种类型的切屑（图7-10）。

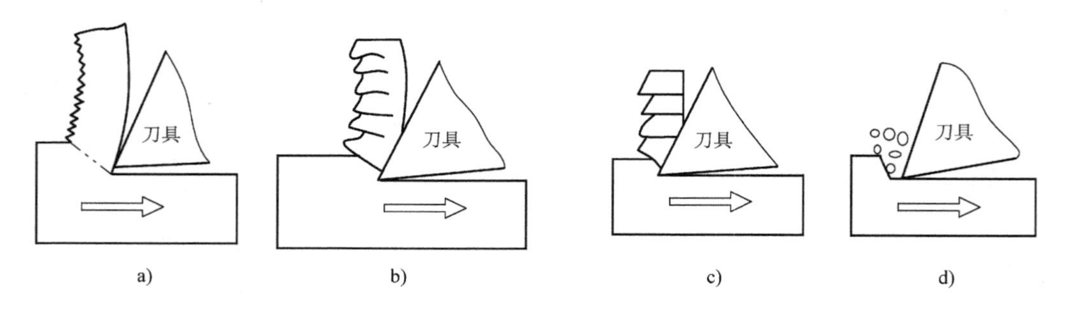

图7-10　常见切屑类型

a）带状切屑　b）挤裂切屑　c）单元切屑　d）崩碎切屑

（1）带状切屑　它的内表面光滑，外表面呈毛绒状。一般在加工塑性金属材料时，因切削厚度较小、切削速度较快、刀具前角较大而形成这类切屑。

形成带状切屑的切削过程较平稳，切削力变化小，因此工件表面粗糙度 *Ra* 值较小。但如果产生连绵不断的带状切屑，则会妨碍工作，容易发生事故，所以必须采取断屑措施。

（2）挤裂切屑　它的内表面有时有裂纹，外表面呈锯齿形。这类切屑大多是在切削速度较慢、切削厚度较大、刀具前角较小时，由于切屑剪切滑移量较大，局部达到了破裂而形成的。

（3）单元切屑　如果挤裂切屑的整个剪切面上的切应力超过了材料的破裂强度，那么整个单元被切离，成为梯形的单元切屑。

（4）崩碎切屑　切削脆性金属材料时，由于材料的塑性很小，抗拉强度较低，刀具切入后，近切削刃和前面的局部金属未经塑性变形就被挤裂或发生脆断，从而形成不规则的崩碎切屑。工件材料越硬、越脆，刀具前角越小，切削厚度越大，越容易产生这类切屑。

崩碎切屑与刀具前面的接触长度较短，切削力、切削热集中在切削刃附近，容易发生刀具磨损和崩刃。

7.3.2　积屑瘤

用中等切削速度切削钢料或其他塑性金属时，有时在车刀前面的近切削刃处，牢固地粘着一小块金属，这就是积屑瘤。

1. 积屑瘤的形成

切削过程中金属的变形和摩擦，使切屑和刀具前面之间产生很大的压力和很高的温度。当温度（中碳钢约 300℃）和压力条件适当时，切屑和刀具前面之间将产生很大的摩擦力（尤其当刀具前面表面粗糙度 *Ra* 值较大时，摩擦力就更大）。当摩擦力大于切屑内部的结合力时，切屑底层的一部分金属就被“冷焊”在前面的近切削刃处，从而形成积屑瘤（图 7-11）。

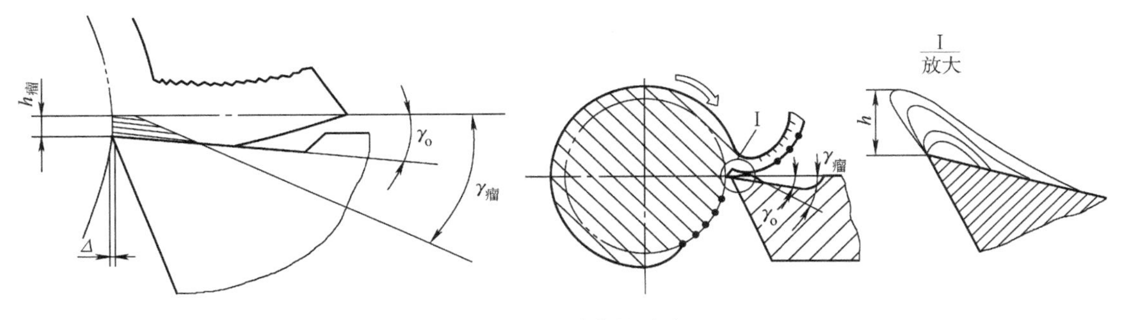

图 7-11　积屑瘤的形成

2. 积屑瘤对加工的影响

（1）保护刀具　积屑瘤的硬度为工件材料硬度的 2~3 倍，好像一个刃口圆弧半径较大的楔块，能代替切削刃进行切削，且保护了切削刃和刀具前面，减少了刀具的磨损。

（2）增大实际前角　有积屑瘤的车刀，实际前角 $\gamma_{瘤}$ 可增大至 30°~35°，因而减少了切屑的变形，降低了切削力。

（3）影响工件表面质量和尺寸精度　积屑瘤是不稳定的，它时大时小、时积时失，从而会影响工件的尺寸精度。

一般来说，积屑瘤在粗加工时允许存在，精加工时由于工件的表面质量和尺寸精度要求较高，必须避免产生积屑瘤。

3. 切削速度对积屑瘤产生的影响

1）切削速度较慢（5m/min 以下）时，不会产生积屑瘤。

2）当以中等切削速度（15~30m/min）切削时，切削温度约为 300℃，最易产生积屑瘤。

3）切削速度较快（70m/min以上）时，切削温度很高，切屑底层金属变软，不会产生积屑瘤。

由此可见，在精加工时，为了避免产生积屑瘤，减小工件表面粗糙度 *Ra* 值，应用高速钢车刀低速切削（5m/min以下），或用硬质合金车刀高速切削（70m/min以上）。

7.3.3　切削力

切削力的形成，是切削加工中的基本物理现象之一。在切削加工过程中，刀具上参与切削的各切削部分所产生的合力，称为总切削力 $\boldsymbol{F}$，如图7-12所示。

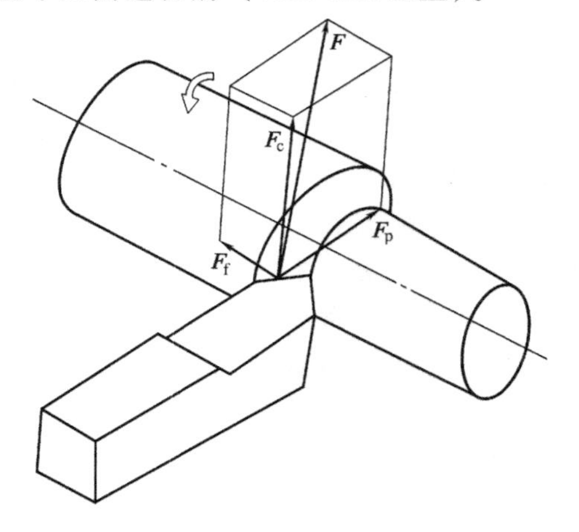

图7-12　切削力的来源

1. 总切削力的分解

（1）主切削力 $\boldsymbol{F}_c$　主切削力是切削合力沿主运动方向的分力，垂直于基面。其数值在一般情况下是分力中最大的，所做的功最多，约占切削总功率的95%以上，是计算机床动力和主传动系统零件强度和刚度的主要依据。

（2）进给力 $\boldsymbol{F}_f$　进给力是切削合力沿进给运动方向上的分力，在基面内，与进给方向即工件轴线方向平行。进给力一般只消耗切削总功率的1%~5%，也是计算进给系统零件强度和刚度的依据。

（3）背向力 $\boldsymbol{F}_p$　背向力是切削合力沿工作平面垂直方向上的分力，在基面内，与进给方向垂直，即通过工件直径方向。因为切削运动在此方向上的速度为零，所以 $\boldsymbol{F}_p$ 不做功，但会使工件弯曲变形，还会引起振动，从而对工件表面粗糙度产生不利影响。

2. 影响切削力的因素

（1）工件材料　工件材料是影响切削力的主要因素。工件材料的强度和硬度越高，变形抗力越大，切削力也越大。在强度、硬度相近的材料中，塑性大、韧性高的材料，切削时产生的塑性变形较大，使之发生变形或破坏需要做的功和消耗的能量较多，故切削力比较大。

（2）刀具角度　刀具角度中对切削力影响最大的是前角。切削各种材料时，加大刀具前角都会使切削力减小。对于塑性大的材料，加大前角可使切削力降低得更多一些；主偏角对 $\boldsymbol{F}_f$、$\boldsymbol{F}_c$、$\boldsymbol{F}_p$ 都有影响，但对 $\boldsymbol{F}_p$ 的影响较大。为了减小 $\boldsymbol{F}_p$，防止工件的弯曲变形和振动，在车削细长轴时，常用较大的主偏角（90°或75°）。

（3）切削用量　切削用量对切削力的影响主要表现在背吃刀量和进给量上。当增大背吃刀量和进给量时，被切削的金属增多，切削力明显增大。但实验表明，当其他切削条件一定时，背吃刀量加大一倍，切削力增大一倍；而进给量加大一倍，切削力只增加68%~86%。切削速度对切削力的影响不大，一般情况下可以不予考虑。

7.3.4　切削热

1. 切削热的来源和传散

在切削过程中，由金属的弹性、塑性变形以及摩擦产生的热，称为切削热。切削热会使工件产生热变形，影响加工精度。切削区域（工件、切屑、刀具三者之间的接触区）的

温度称为切削温度。切削温度过高会加速刀具磨损，降低刀具使用寿命。

切削热通过切屑、工件、刀具和周围介质传散。切削热传至各部分的比例：一般情况下切屑带走的热量最多，如不用切削液，以中等切削速度切削钢材时，切削热的50%~86%由切屑带走，40%~10%传入工件，9%~3%传入刀具，1%左右传入周围空气。

2. 影响切削热的主要因素

凡是能增大切削力的因素，都会使切削热增多；凡是能减小切削力的因素，都会使切削热减少。另外，材料的导热性好，有利于降低切削温度。

切削用量对切削温度的影响程度是不同的。切削速度增大一倍时，切削温度增加20%~33%；进给量增大一倍时，切削温度大约只升高 10%；背吃刀量增大一倍时，切削温度大约只升高 3%。

因此，为了有效地控制切削温度，选用大的背吃刀量和进给量比选用大的切削速度有利。减小主偏角，将使切削刃工作长度增加，散热条件得到改善，因而有利于降低切削温度。

7.3.5　刀具磨损

在切削过程中，切削刃由锋利逐渐变钝以致不能正常使用的现象，称为刀具磨损。刀具磨损到一定程度后必须及时重磨，否则切削加工时会产生振动并会使工件表面质量恶化。

1. 刀具磨损的形式

（1）前面磨损　前面磨损是指在离主切削刃一小段距离处形成月牙洼的刀具磨损现象，故又称月牙洼磨损，如图 7-13a 所示。其磨损程度一般以月牙洼深度 *KT* 表示。这种磨损形式比较少见，一般是由于刀具以较快的切削速度和较大的切削厚度加工塑性金属时，形成的带状切屑滑过刀具前面所致。

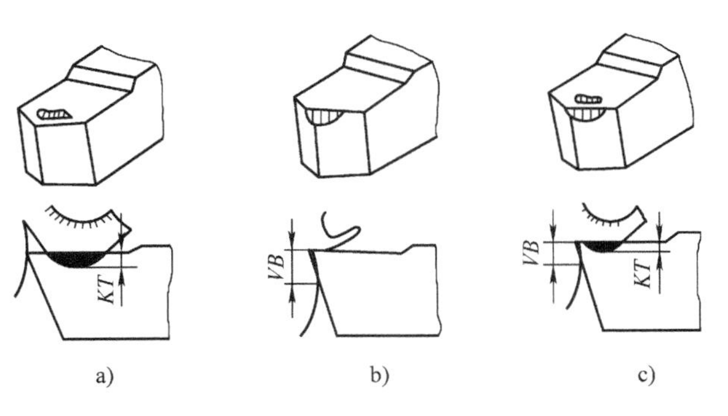

图 7-13　刀具磨损形式

a）前面磨损　b）后面磨损　c）前、后面磨损

（2）后面磨损　刀具在切削铸铁等脆性金属，或以较慢的切削速度和较小的切削厚度切削塑性金属时，摩擦主要发生在工件过渡表面与刀具后面之间，刀具磨损也就主要发生在后面，如图 7-13b 所示。后面磨损会形成后角为零的棱面，通常用棱面的平均高度 *VB* 表示后面的磨损程度。

（3）前、后面磨损　在粗加工或半精加工塑性金属时，以及加工带有硬皮的铸铁件时，刀具常发生前面和后面都磨损的情况，如图 7-13c 所示。这种磨损形式比较常见。由于后面磨损的棱面高度便于测量，故前、后面磨损程度也用 *VB* 表示。

2. 刀具寿命与总寿命

刀具两次刃磨之间实际进行切削的总时间，称为刀具寿命，用符号 *T* 表示，单位是 min。要合理确定刀具寿命。对于比较容易制造和刃磨的刀具，刀具寿命应低一些；反之，应高一些。例如，硬质合金焊接车刀 $T=60\sim90\text{min}$，高速钢钻头 $T=80\sim120\text{min}$，硬质合金

面铣刀 $T=120\sim180\text{min}$，高速钢齿轮刀具 $T=200\sim300\text{min}$ 等。

刀具总寿命与刀具寿命是有区别的。刀具总寿命是指一把新刀从投入切削起，到报废为止的实际切削总时间，其中包括该刀具的多次重磨。因此，刀具总寿命等于该刀具的刃磨次数乘以刀具寿命。

影响刀具寿命的因素很多，主要有工件材料、刀具材料、刀具几何角度、切削用量以及是否使用切削液等因素。在上述诸多因素中，切削用量中的切削速度是关键因素。为了保证各种刀具所规定的刀具寿命，必须合理地选择切削速度。

7.4　提高切削效益的途径

合理选用刀具几何参数、切削用量、切削液及改善材料可加工性等是提高切削质量、效率和降低加工成本的重要措施。

7.4.1　提高工艺系统的刚度

切削加工时由机床、刀具、夹具（用以装夹工件或引导刀具的装置）和工件所组成的统一体，称为工艺系统。工艺系统受切削力的作用将产生变形，从而影响工件的加工精度，因此工艺系统必须有足够的刚度。例如，车削轴类零件时用的中心架、跟刀架；机床上粗而短的主轴；粗而短的外圆车刀刀杆等，它们将直接影响工艺系统的刚度，从而影响加工质量。

7.4.2　合理选用刀具角度

在一定的切削条件下，选用合适的刀具材料和刀具角度，才能保证良好的切削效果。常用刀具材料的性能特点及选用前面已经做了介绍，这里只介绍刀具主要几何角度的选用原则。

1. 前角 γ_o 的选择

前角 γ_o 如图7-14所示，其选用的原则是在满足刀具强度要求的前提下尽量选用较大前角。例如，切削正火后的45钢，一般选 $\gamma_o=15°\sim20°$；切削经淬火的45钢，由于其硬度大大提高，故要求刀具具有足够的刃口强度，常选 $\gamma_o=-5°\sim-15°$。

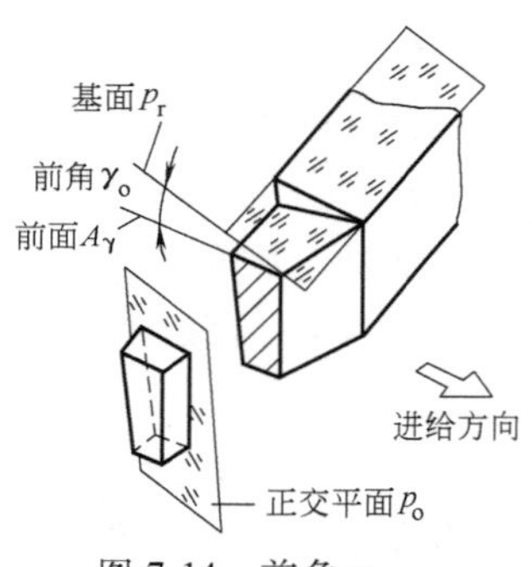

图7-14　前角 γ_o

表7-2为硬质合金车刀合理前角的参考值。

表7-2　硬质合金车刀合理前角的参考值

工件材料	合理前角		工件材料	合理前角	
	粗　车	精　车		粗　车	精　车
低碳钢	20°~25°	25°~30°	灰铸铁	10°~15°	5°~10°
中碳钢	10°~15°	15°~20°	铜及铜合金	10°~15°	5°~10°
合金钢	10°~15°	15°~20°	铝及铝合金	30°~35°	35°~40°
淬火钢	-5°~-15°		钛合金 $R_m\leq$ 1.177GPa	5°~10°	
不锈钢	15°~20°	20°~25°			

2. 后角 α_o 的选择

后角 α_o 如图 7-15 所示。粗加工时，刀具所承受的切削力较大并伴有冲击，为保证刃口强度，后角应选小一些。精加工时，切削力较小，切削过程平稳，为减少摩擦，后角应稍大一些。例如，45 钢工件粗车时，选 $\alpha_o=4°\sim6°$；精车时选 $\alpha_o=6°\sim8°$。

表 7-3 为硬质合金车刀合理后角的参考值。

表 7-3 硬质合金车刀合理后角的参考值

工件材料	合理后角		工件材料	合理后角	
	粗车	精车		粗车	精车
低碳钢	8°~10°	10°~12°	灰铸铁	4°~6°	6°~8°
中碳钢	5°~7°	6°~8°	铜及铜合金	6°~8°	6°~8°
合金钢	5°~7°	6°~8°	铝及铝合金	8°~10°	10°~12°
淬火钢	8°~10°		钛合金 $R_m\leq$ 1.177GPa	10°~15°	
不锈钢	15°~20°	20°~25°			

3. 主偏角 κ_r 的选择

主偏角 κ_r 如图 7-16 所示。主偏角的大小影响刀尖的强度、散热条件、背向力的大小等。减小主偏角能提高切削刃强度、改善散热条件，并可使切削层厚度减小、宽度增加，减轻单位长度切削刃上的负荷，从而有利于提高刀具的寿命。而加大主偏角，则有利于减小背向力，防止工件变形，减小加工过程中的振动。当工艺系统刚度好时，应选用较小的主偏角；当工艺系统刚度差时，应选用较大的主偏角。主偏角的参考值见表 7-4。

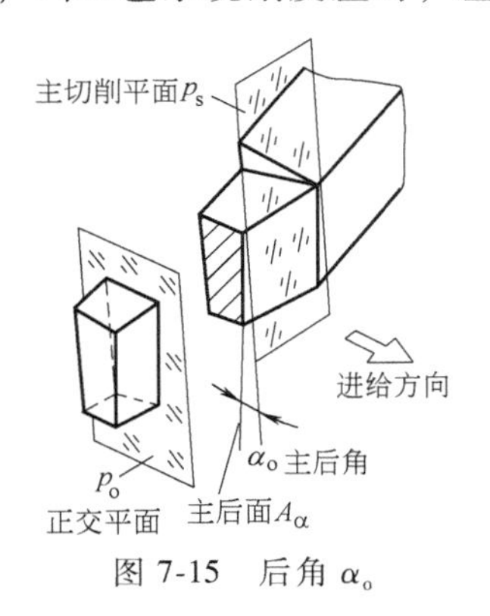

图 7-15 后角 α_o

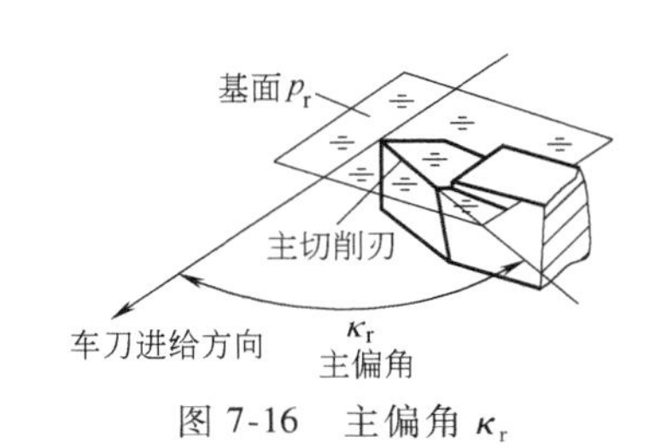

图 7-16 主偏角 κ_r

表 7-4 主偏角的参考值

工作条件	主偏角 κ_r
系统刚度大、背吃刀量较小、进给量较大、工件材料硬度高	10°~30°
系统刚度大（l/d<6）、加工盘类零件	30°~45°
系统刚度小（l/d=6~12）、背吃刀量较大或有冲击时	60°~75°
系统刚度小（l/d>12）、车台阶轴、车槽及切断	90°~95°

4. 副偏角 κ'_r 的选择

副偏角 κ'_r 如图 7-17 所示。副偏角的主要作用是减小副切削刃与已加工表面的摩

擦。减小副偏角有利于降低已加工表面的残留高度，降低已加工表面的表面粗糙度 Ra 值。外圆车刀的副偏角常取 $\kappa_r' = 6° \sim 10°$。粗加工时，副偏角可取得大一些；精加工时可取得小一些。为了降低已加工表面的表面粗糙度 Ra 值，有时还可以磨出 $\kappa_r' = 0°$ 的修光刃。

5. 刃倾角 λ_s 的选择

刃倾角 λ_s 如图7-18所示。刃倾角影响刀尖强度，并控制切屑流动的方向。负的刃倾角使切屑流向已加工表面，正的刃倾角使切屑流向待加工表面，刃倾角为零时切屑沿垂直切削刃的方向流出。粗车一般钢材和灰铸铁时，常取 $\lambda_s = 0° \sim -5°$，以提高刀尖强度；精车时常取 $\lambda_s = 0° \sim 5°$，以防止切屑划伤已加工表面。

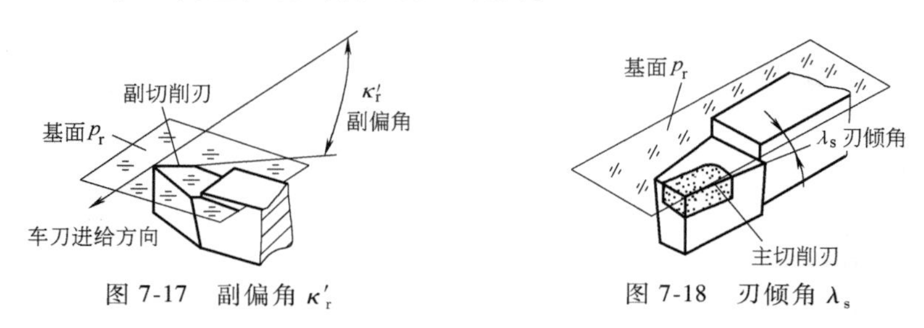

图7-17　副偏角 κ_r'　　图7-18　刃倾角 λ_s

7.4.3　合理选用切削用量

切削用量三要素 v_c、f、a_p 虽然对加工质量、刀具寿命和生产率均有直接影响，但影响程度却不相同，且它们之间又是互相联系、互相制约的，不可能都选择得很大。因此，这就存在着一个从不同角度出发，优先将哪个要素选择得最大才合理的问题。

选择切削用量的基本原则如下。

1）根据工件加工余量和粗、精加工要求选定背吃刀量。

2）根据加工工艺系统允许的切削力，机床进给系统、工件刚度及精加工时表面粗糙度要求，确定进给量。

3）根据刀具寿命确定切削速度。

4）所选定的切削用量应该是机床功率允许的。

实际生产中，主要根据工艺文件的规定、查手册和按操作者的实际经验来选取切削用量。

7.4.4　使用切削液

切削液具有冷却、润滑、清洗和防锈的作用。合理选用切削液，能减少切削过程中的摩擦，改善散热条件，从而减小切削力、切削功率、切削温度，减轻刀具磨损，并能提高已加工表面质量与生产率。常用切削液有以下三种。

（1）水溶液　主要成分是水，并含有防腐剂等添加剂，冷却性能好，润滑性能差。

（2）乳化液　用乳化剂稀释而成，具有良好的流动性和冷却作用，也有一定的润滑作用，应用广泛。

低浓度乳化液用于粗车和磨削，高浓度乳化液用于精车、钻孔和铣削。

（3）切削油　主要是矿物油，小部分采用动、植物油或混合油。它的润滑性能好，但冷却性能差。其主要作用是减少刀具磨损和降低工件表面粗糙度值，主要用于齿轮加工、铣削加工和攻螺纹。

7.4.5　改善工件材料的可加工性

1. 工件材料的可加工性

工件材料的可加工性是指在一定的生产条件下材料被加工的难易程度。一般来说，良好的可加工性是指切削加工时刀具的寿命长，或在一定的刀具寿命条件下允许的切削速度高，在相同的切削条件下切削力小，切削温度低，容易获得较好的表面质量。可加工性是一个综合评定指标，很难用一个简单的物理量来表示。

2. 改善工件材料可加工性的方法

实践证明，金属材料的硬度为 170～230HBW 时，可加工性较好，因此常通过热处理工艺调整材料的硬度，以改善其可加工性。例如，对低碳钢进行正火处理，对高碳钢进行球化退火，对铸铁件中的局部白口组织进行石墨化退火等，都是为了改善材料的可加工性。

随着切削加工技术和刀具材料的发展，工件材料的可加工性也会发生变化。如电加工的出现，使一些原来被认为难加工的材料变得不难加工；新型刀具材料的出现，也使各种材料间可加工性的差距减小。

小　结

切削运动、切削加工参数及切削过程中的物理现象如下。

<table>
<tr><td colspan="2" rowspan="2">切削运动</td><td>主运动</td><td colspan="3">形成机床切削速度或消耗主要动力的工作运动</td></tr>
<tr><td>进给运动</td><td colspan="3">把工件上的被切削材料投入到切削中的工作运动</td></tr>
<tr><td rowspan="8">切削加工参数</td><td rowspan="3">切削用量三要素</td><td>切削速度 v_c</td><td colspan="2" rowspan="3">根据加工精度、生产率的要求不同选择 v_c、f、a_p</td><td rowspan="8">合理选择刀具几何角度及切削用量的目的，是改善切削过程中的物理现象，提高加工质量及经济性</td></tr>
<tr><td>进给量 f</td></tr>
<tr><td>背吃刀量 a_p</td></tr>
<tr><td rowspan="5">刀具几何角度的确定</td><td rowspan="2">基面</td><td>主偏角</td><td>主偏角的作用及选择</td></tr>
<tr><td>副偏角</td><td>副偏角的作用及选择</td></tr>
<tr><td>切削平面</td><td>刃倾角</td><td>刃倾角的作用及选择</td></tr>
<tr><td rowspan="2">正交平面</td><td>前角</td><td>前角的作用及选择</td></tr>
<tr><td>后角</td><td>后角的作用及选择</td></tr>
<tr><td colspan="2">金属切削过程中的物理现象</td><td colspan="4">切屑、积屑瘤的产生，切削力、切削热的产生，刀具磨损的形成</td></tr>
</table>

第8章 切削加工设备及应用

学习目标

1. 了解金属切削机床的分类及型号编制方法，熟悉常用机床的型号。
2. 了解钻、车、铣、刨、镗、磨及数控加工、特种加工的工艺特点及加工范围。
3. 初步了解切削加工设备、附件、刀具、工具的性能、用途及使用方法。

8.1 金属切削机床的分类及型号

金属切削机床是利用切削、特种加工等方法将金属毛坯加工成零件的机器，在制造业中它担负的工作量占机械加工的 40%～60%。由于它是制造机器的机器，所以又被称为“工作母机”或者“工具机”，习惯上简称为“机床”。

8.1.1 机床的分类

目前金属切削机床的品种和规格繁多，为便于区别、使用和管理，需对机床进行分类。金属切削机床的分类如图 8-1 所示。

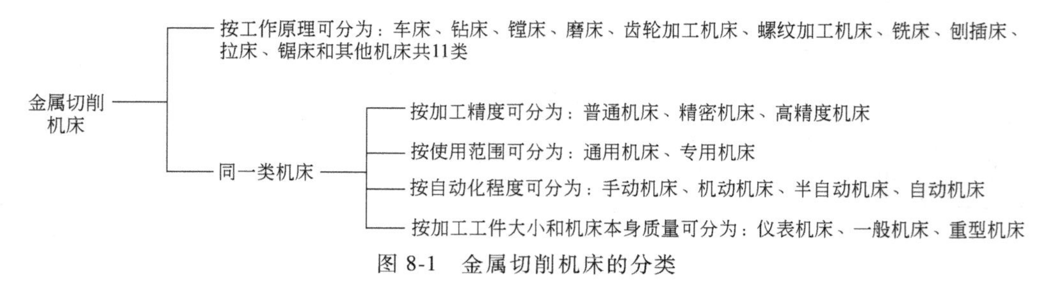

图 8-1 金属切削机床的分类

金属切削机床的分类代号见表 8-1。

表 8-1 机床的分类代号

类别	车床	钻床	镗床	磨床			齿轮加工机床	螺纹加工机床	铣床	刨插床	拉床	锯床	其他机床
代号	C	Z	T	M	2M	3M	Y	S	X	B	L	G	Q
读音	车	钻	镗	磨	二磨	三磨	牙	丝	铣	刨	拉	割	其

8.1.2　机床型号的编制方法

金属切削机床的品种和规格很多，为了便于区别、管理和使用，需要为每种机床编制一个型号。机床型号不仅是一个代号，还必须反映机床的类别、结构特征、特性和主要技术规格。我国目前机床型号的编制，按 GB/T 15375—2008《金属切削机床　型号编制方法》实施，采用大写汉语拼音字母和阿拉伯数字按一定的规律排列组合的编制方式。型号由基本部分和辅助部分组成，中间用“/”隔开，读作“之”。前者需统一管理，后者纳入型号与否由企业自定，具体型号表示方法如下。

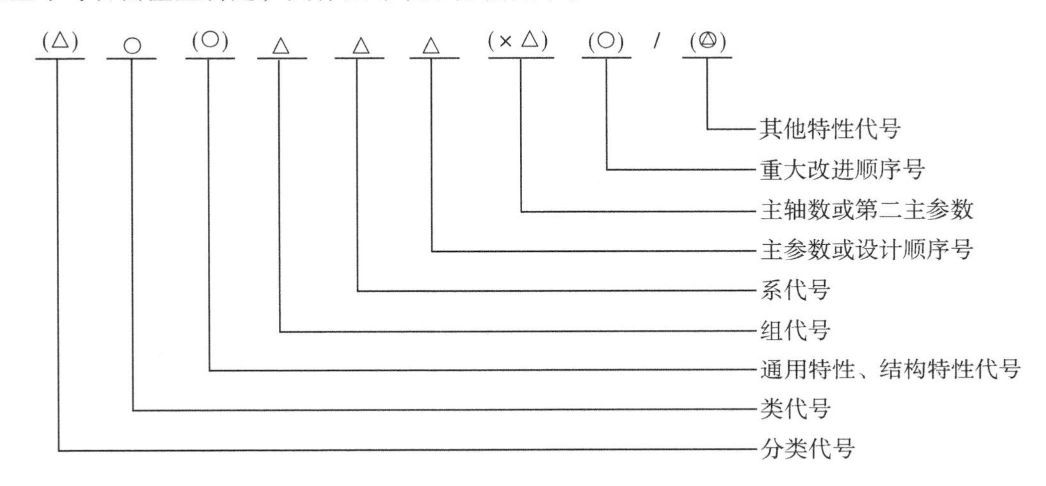

提示

➢有“（）”的代号或数字，当无内容时不表示，若有内容则不带括号。

➢有“○”符号者，为大写汉语拼音字母。

➢有“△”符号者，为阿拉伯数字。

➢有“◎”符号者，为大写汉语拼音字母，或阿拉伯数字，或两者兼而有之

当某类型机床除有普通型式外，还具有表 8-2 所列的通用特性时，则在类代号之后加通用特性代号予以区分。

表 8-2　机床通用特性代号

通用特性	高精度	精密	自动	半自动	数控	加工中心（自动换刀）	仿形	轻型	加重型	柔性加工单元	数显	高速
代号	G	M	Z	B	K	H	F	Q	C	R	X	S
读音	高	密	自	半	控	换	仿	轻	重	柔	显	速

例如：

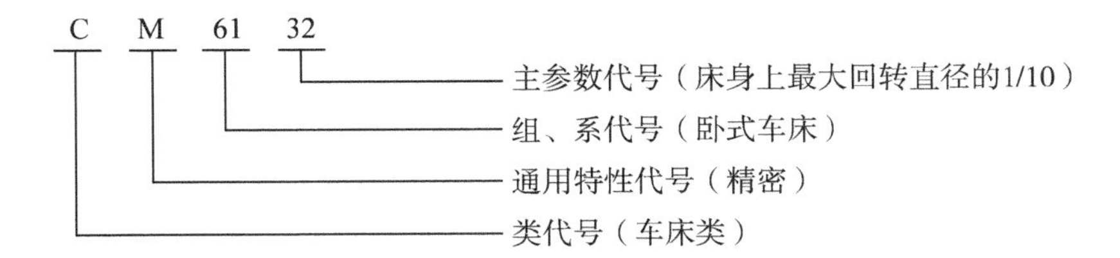

当机床的结构、性能有更高的要求，并需按新产品重新设计、试制和鉴定时，按改进的先后顺序选用大写汉语拼音字母“A、B、C、D……”（“I”“O”两个字母不得选用），加在机床型号基本部分的末尾，以示区别。如C6140A表示C6140型车床经过第一次重大改进的车床。

识读机床型号时，应从左往右依次读取各代号。若机床型号中有个别代号未标出或省略，可以不读。

例如：从左往右依次读取机床型号，各代号含义如图8-2所示。

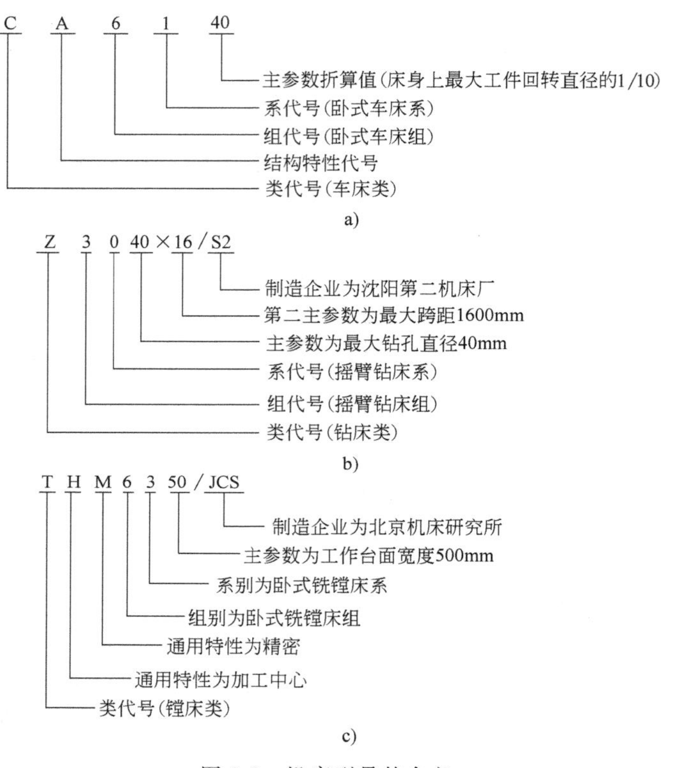

图8-2　机床型号的含义

a）车床型号　b）钻床型号　c）镗床型号

随着机床工业的发展，我国机床型号编制方法至今已变化多次。按照有关规定，对过去已定型号，而目前仍在生产的机床，其型号一律不变，如C620-1、B665、X62W等。

8.2　钻床及其应用

8.2.1　钻削的应用范围及特点

钻削加工是用钻头、扩孔钻等刀具在工件上加工孔的方法。在钻床上加工孔的过程中，工件固定不动，刀具的旋转是主运动，刀具沿其轴向的移动是进给运动。钻孔时钻头

运动如图 8-3 所示。

1. 钻削加工的工艺范围

钻削加工的工艺范围较广，在钻床上采用不同的刀具，可以钻中心孔、钻孔、扩孔、铰孔、攻螺纹、锪孔和锪平面等，如图 8-4 所示。在钻床上钻孔精度低，但也可通过钻孔—扩孔—铰孔加工出精度要求很高的孔，即尺寸公差等级为 IT8～IT6、表面粗糙度值 $Ra=1.6\sim0.4\mu m$ 的孔，还可以利用夹具加工出有较高位置精度要求的孔系。

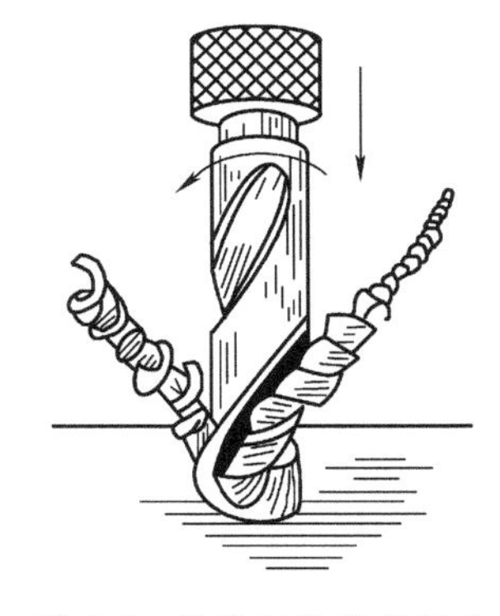

图 8-3　钻孔时钻头的运动

2. 钻削加工的工艺特点

1）钻削加工时，钻头在半封闭的状态下工作，钻头转速高，切削量大，排屑困难。

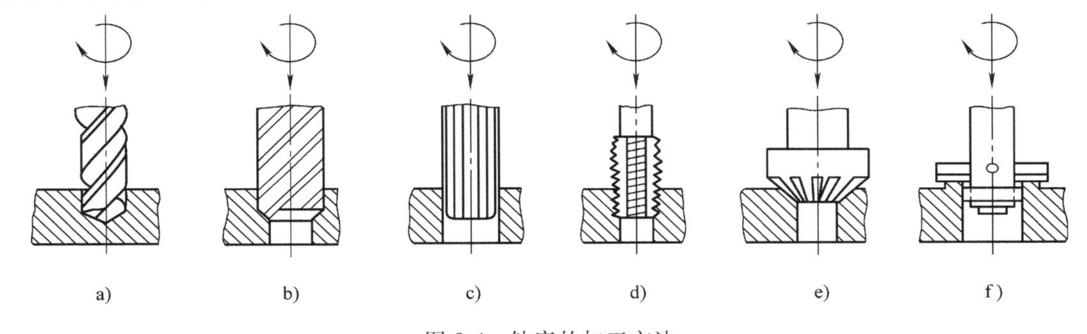

图 8-4　钻床的加工方法

a）钻孔　b）扩孔　c）铰孔　d）攻螺纹　e）锪孔　f）锪平面

2）钻削过程中，刀具与工件摩擦严重，产生热量多，散热困难。

3）钻削过程中，切削温度高，致使钻头磨损严重。

4）刀具与工件挤压严重，所需切削力大，容易产生孔壁的冷作硬化现象。

5）孔加工刀具细而悬伸长，加工时容易产生弯曲和振动。

6）钻孔精度低，尺寸公差等级为 IT13～IT11，表面粗糙度 Ra 值为 $50\sim12.5\mu m$。

8.2.2　钻床

钻床作为孔加工机床，主要用来加工箱体、机架等外形复杂、没有对称回转轴线工件上的孔。钻削时工件不动，刀具做旋转运动，同时沿轴向做进给运动。

钻床的主要类型有台式钻床、立式钻床、摇臂钻床以及专门化钻床等。

1. 台式钻床

台式钻床简称台钻，是一种小型钻床，适用于加工小型工件，加工孔径一般小于 12mm。台式钻床的外形结构如图 8-5 所示。

2. 立式钻床

立式钻床分为圆柱立式钻床、方柱立式钻床和可调多轴立式钻床三个系列。图8-6所示为方柱立式钻床，其主轴是垂直的，在水平方向上的位置固定不动，加工时必须通过工件的移动来找正被加工孔的位置。

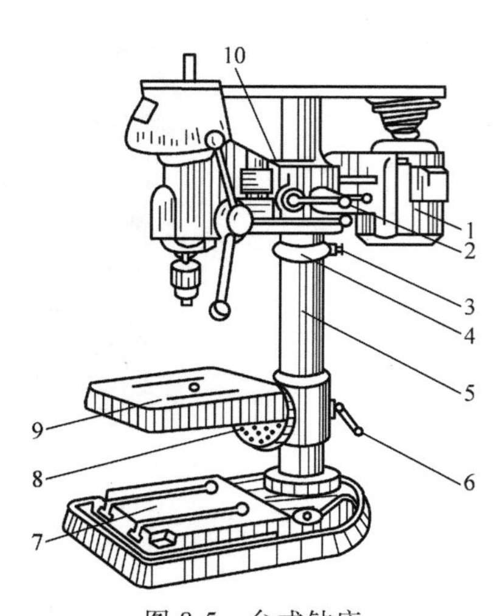

图 8-5　台式钻床

1—电动机　2、6—手柄　3、8—螺钉　4—保险环
5—立柱　7—底座　9—工作台　10—本体

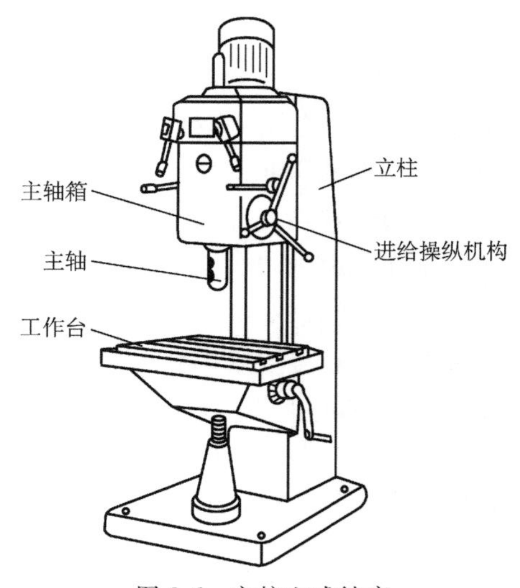

图 8-6　方柱立式钻床

3. 摇臂钻床

摇臂钻床在生产中应用较广，其结构如图 8-7 所示。由于主轴箱 6 能在摇臂 5 上做大范围移动，摇臂又能绕外立柱 3 做 360°回转，并可沿外立柱 3 上下移动，故摇臂钻床能在很大范围内钻孔。工件可以直接或通过夹具安装在工作台 8 或底座 1 上。当主轴箱调整到所需位置后，摇臂和主轴箱可分别由夹紧机构锁紧，以防止在钻削时刀具因工作台位置的变动而产生振动。

摇臂钻床结构完善、操纵方便、主轴转速和进给量范围大，因而广泛用于单件或中、小批量生产中加工大、中型零件，可用于钻孔、扩孔、锪孔、镗孔、攻螺纹等。

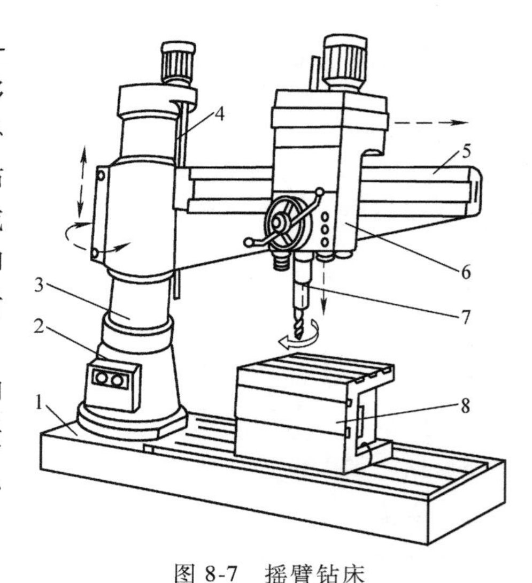

图 8-7　摇臂钻床

1—底座　2—内立柱　3—外立柱　4—摇臂升降丝杠
5—摇臂　6—主轴箱　7—主轴　8—工作台

8.2.3　钻孔、扩孔和铰孔

1. 钻孔

用钻头在工件上加工出孔的方法称为钻孔，如图 8-3 所示。常用的钻头有扁钻、麻花钻、深孔钻和中心钻等。钻孔直径为 0.1～100mm，钻孔深度变化范围很大。钻孔加工广泛应用于孔的粗加工，也可以作为不重要孔的最终加工工序。

麻花钻是钻孔常用的刀具，其结构如图 8-8 所示。麻花钻由柄部、颈部、导向部分、切削部分构成。切削部分有两个对称的主切削刃，相当于两把内孔车刀的组合。两切削刃之间的夹角称为顶角，其值为 116°～118°。钻头顶部有横刃，钻孔时进给力很大。导向部分有两个刃带和螺旋槽。刃带起引导钻头的作用；螺旋槽起排屑和输送切削液的作用。麻

花钻的工作部分如图 8-9 所示。

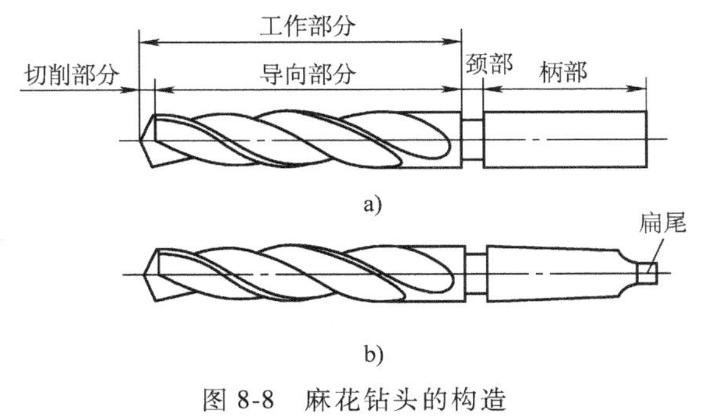

图 8-8　麻花钻头的构造

a）直柄　b）锥柄

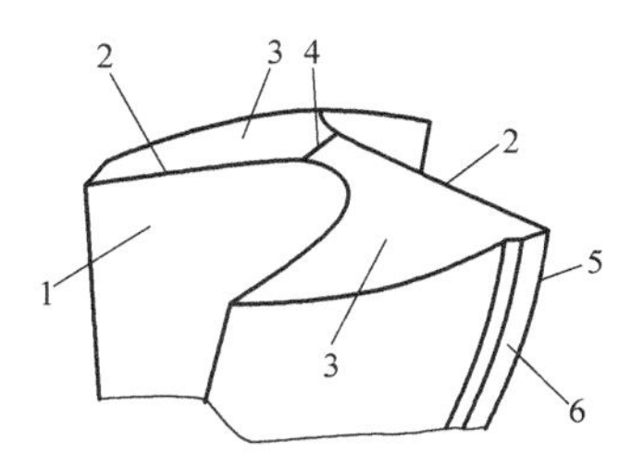

图 8-9　麻花钻的工作部分

1—前面　2—主切削刃

3—后面　4—横刃

5—副切削刃　6—副后面

为了便于在钻床上使用不同规格的钻头钻孔，钻床常备有各种附件，以方便安装。钻床常用的附件有钻夹头、钻套、快换夹头等。

2. 扩孔

用扩孔钻对铸出、锻出或钻出的孔进行扩大孔径的加工方法称为扩孔。它可以校正孔轴线偏差、提高孔的质量，属半精加工方法。其加工尺寸公差等级一般为 IT10～IT9，表面粗糙度 *Ra* 值为 12. 5～3. 2μm。扩孔可作为最终加工工序和铰孔前的预加工工序。扩孔加工余量为 0. 5～4mm。扩孔比钻孔质量高，主要是扩孔钻与麻花钻的结构不同。扩孔钻有 3～4 个切削刃、没有横刃。扩孔钻刚性好、对中性好、导向性好、切削平稳。扩孔钻的形状如图8-10所示。

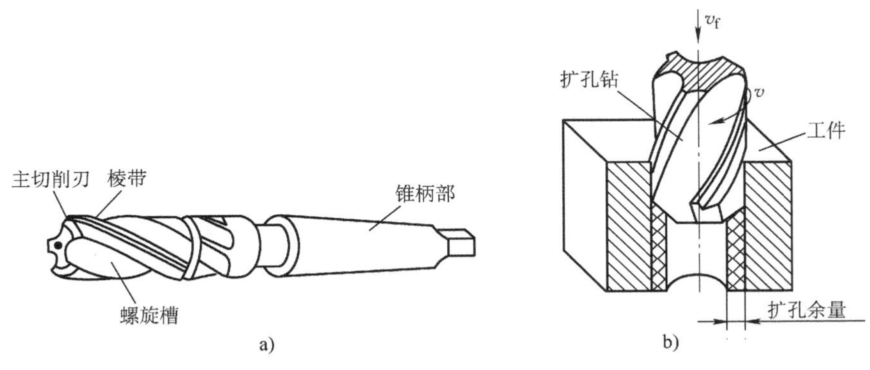

图 8-10　扩孔钻与扩孔

a）扩孔钻　b）扩孔

3. 铰孔

铰孔是用铰刀从孔壁上切除微量金属层，以提高其尺寸精度和表面质量的加工方法。铰孔的尺寸公差等级可达 IT7～IT6 级，表面粗糙度 *Ra* 值为 0. 8μm，加工余量很小（粗铰为 0. 15～0. 5mm，精铰为 0. 05～0. 25mm）。

铰刀是多刃切削刀具，有 6～12 个切削刃，铰孔时导向性好。由于刀齿的齿槽很浅，铰刀的横截面积大，因此铰刀的刚性好。按使用方法不同，铰刀分为手用铰刀和机用铰刀两种，如图 8-11 所示。

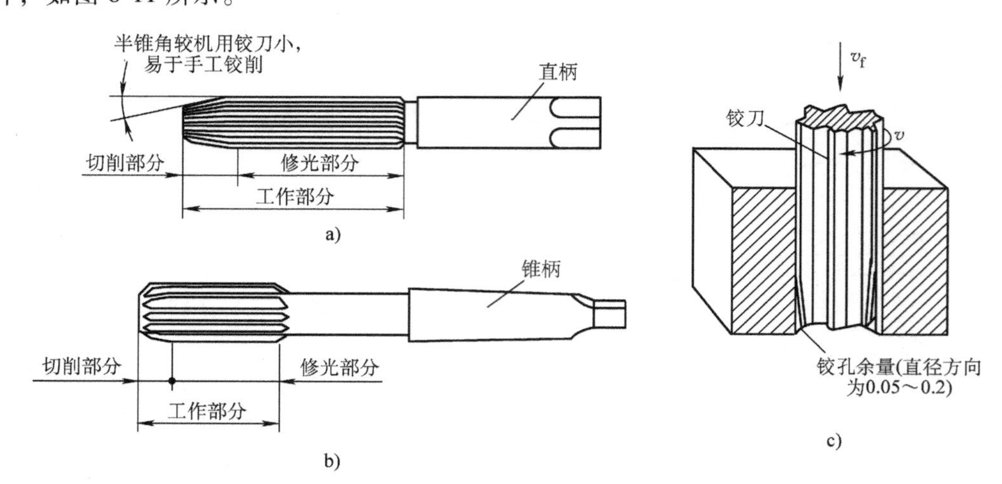

图 8-11　铰刀与铰孔

a）手用铰刀　b）机用铰刀　c）铰孔

8.3　车床及其应用

8.3.1　车削加工的应用范围及特点

1. 车削加工的应用范围

在车床上利用工件的旋转运动和刀具的移动进行切削加工的方法称为车削加工。其中，工件的旋转运动为主运动，刀具的移动为进给运动。车削加工主要用于加工各种回转面，如内、外圆柱面，内孔面，圆锥表面，成形回转表面，端面，内（外）沟槽及内（外）螺纹，如图 8-12 所示。车削加工是金属切削加工中最基本的方法，在机械制造业中应用十分广泛。

2. 车削加工的特点

（1）工艺范围广　车削加工适合加工多种材料、多种表面、多种尺寸和多种精度，在各种类型加工中都是不可缺少的加工方法。

（2）生产率高　车削时，工件的旋转运动一般不受惯性力的限制，加工过程中工件和车刀始终相接触，基本上无冲击现象，因此车削加工可以采用很高的切削速度。另外，车刀伸出刀架的长度可以很短，刀杆尺寸可以较大，工艺系统的刚度好，可以采用很大的背吃刀量和进给量，故生产率高。

（3）公差等级范围大　根据零件的使用要求，车削加工可以获得低精度、中等精度和相当高的公差等级。

1）荒车。当毛坯为自由锻件或大型铸件时，其加工余量很大且不均匀，利用荒车可去除大部分余量，减少形状和位置误差。荒车后工件的尺寸公差等级一般为 IT18～IT15，表面粗糙度 Ra 值大于 80μm。

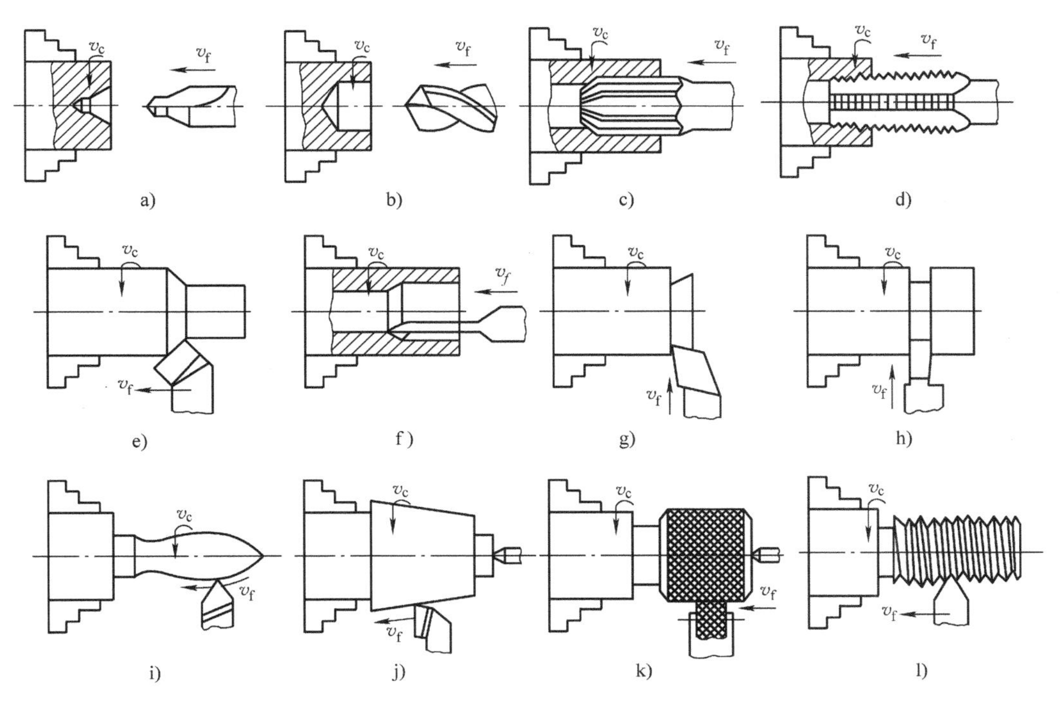

图 8-12　车床的主要工作

a）钻中心孔　b）钻孔　c）铰孔　d）攻螺纹　e）车外圆　f）镗孔　g）车端面
h）车槽　i）车成形面　j）车锥面　k）滚花　l）车螺纹

2）粗车。中小型锻件和铸件可直接粗车。粗车后工件的尺寸公差等级为 IT13～IT11，表面粗糙度 *Ra* 值为 30～12.5μm。

3）半精车。尺寸精度要求不高的工件或精加工工序之前可安排半精车。半精车后工件的尺寸公差等级为 IT10～IT8，表面粗糙度 *Ra* 值为 6.3～3.2μm。

4）精车。精车一般作为最终工序或光整加工的预加工工序，精车后工件尺寸公差等级可达 IT7～IT8，表面粗糙度 *Ra* 值为 0.8～1.6μm。

（4）生产成本低　车刀结构简单，制造、刃磨和安装都比较方便。另外，许多车床夹具已作为附件生产，生产准备时间短，因此车削加工生产成本低。

8.3.2　车床

1. 车床的种类

车床是主要用于车削加工的机床。车床的种类很多，按其用途和结构，可分为卧式车床、落地车床、回转车床、转塔车床、立式车床、仿形车床、多刀车床、单轴及多轴自动车床、半自动车床、数控车床等。其中卧式车床应用最普遍。

2. CA6140 型卧式车床的主要部件

CA6140 型卧式车床的主要部件如图 8-13 所示，其作用如下。

（1）床身　床身 4 是车床的基础部件。它支承其他部件，并保证各部件之间具有正确的相对位置和相对运动。

（2）主轴箱　主轴箱 1 固定在床身 4 的左上端，内部装有主轴及变速传动机构，其功

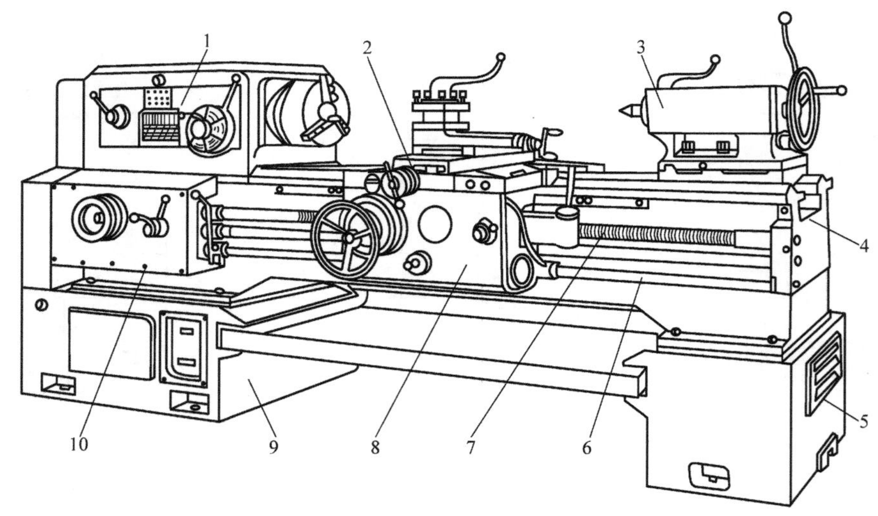

图 8-13　CA6140 型卧式车床

1—主轴箱　2—刀架　3—尾座　4—床身　5、9—床腿　6—光杠　7—丝杠　8—溜板箱　10—进给箱

用是支承主轴，并把动力经变速传动机构传递给主轴，使主轴通过卡盘等夹具带动工件转动，以实现主运动。

（3）进给箱　进给箱 10 固定在床身左端前侧，内部装有进给运动的变换机构，用于改变机动进给量的大小及加工螺纹的导程大小。

（4）溜板箱　溜板箱 8 主要与床鞍相连，在床身前侧随床鞍一起移动，功用是把进给箱的运动传至刀架，实现机动进给或车削螺纹。

（5）刀架　刀架 2 主要用于装夹刀具，并在床鞍带动下在导轨上移动，实现纵、横向移动。

（6）尾座　尾座 3 安装在床身 4 的右上端，可沿纵向导轨调整位置，它的功能主要是安装顶尖支承工件，或安装刀具进行钻孔、扩孔、铰孔等孔加工。

3. 车床运动和传动系统

车床运动示意如图 8-14 所示，车床传动系统框图如图 8-15 所示。

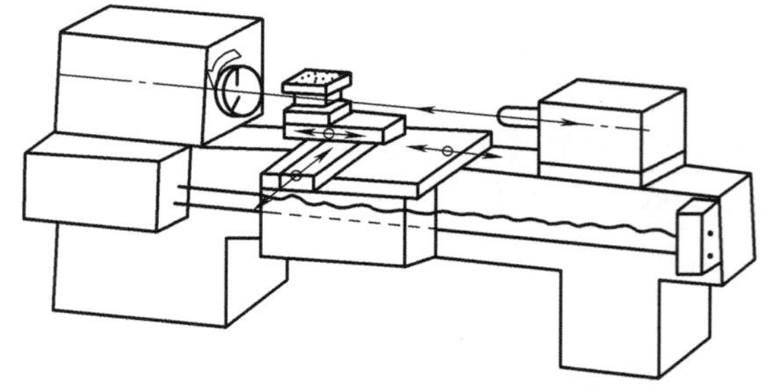

图 8-14　车床运动示意图

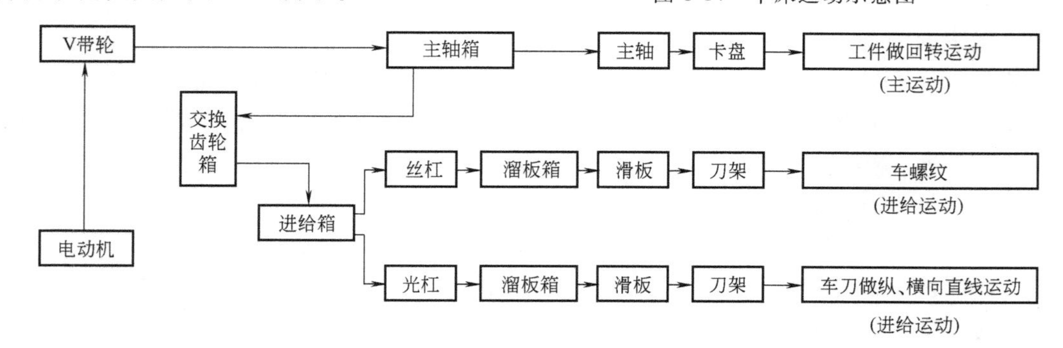

图 8-15　车床传动系统框图

电动机的回转运动经带传动机构（V 带及带轮）传递到主轴箱，在主轴箱内经变速、变向机构传到主轴，使主轴获得 24 级正向转速（转速范围为 10~1400r/min）和 12 级反向转速（转速范围为 14~1580r/min）。

主轴的回转运动从主轴箱经交换齿轮箱、进给箱传递给光杠或丝杠，使它们回转，再由溜板箱将光杠或丝杠的回转运动转变为滑板、刀架的直线运动，使刀具做纵向或横向的进给运动。CA6140 车床的纵向进给速度共 64 级（进给量范围为 0.08~1.59mm/r），横向进给速度共 64 级（进给量范围为 0.04~0.79mm/r）。

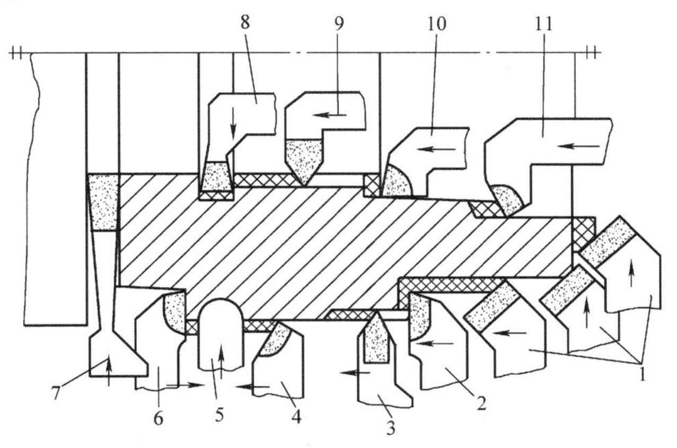

图 8-16　按用途划分的车刀类型

1—45°弯头车刀　2—90°外圆车刀　3—外螺纹车刀　4—75°外圆车刀　5—成形车刀　6—90°左外圆车刀　7—车槽刀　8—内槽车刀　9—内螺纹车刀　10—闭孔车刀　11—通孔车刀

8.3.3　车刀的种类

车刀是车削加工中使用的刀具，其结构简单、应用最广。车刀的种类很多，按用途可分为外圆车刀、左偏刀、右偏刀、车孔刀、车槽刀、螺纹车刀、样板刀等，如图 8-16 所示；按结构可分为整体式车刀、焊接式车刀、机夹重磨式车刀等，如图 8-17 所示。

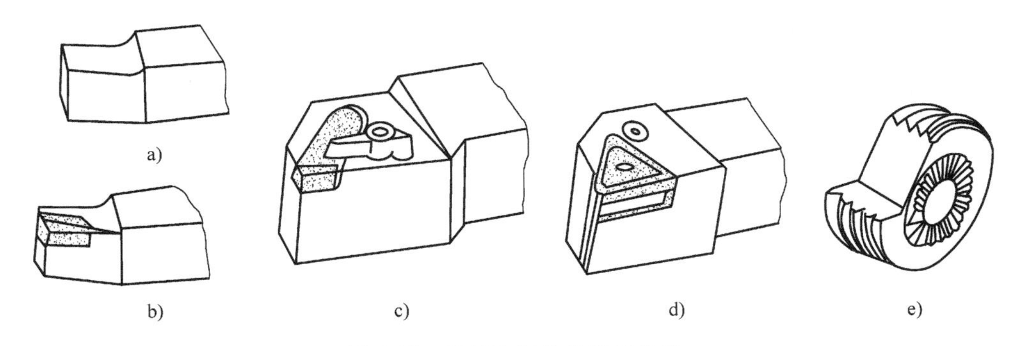

图 8-17　按结构划分的车刀类型

a）整体式车刀　b）焊接式车刀　c）机夹重磨式车刀　d）可转位式车刀　e）成形车刀

8.3.4　车床附件

车削加工中，广泛使用通用夹具。很多通用夹具已成为机床附件，由专门的机床附件厂生产，制成不同规格以满足用户的需求。

车床附件主要有卡盘、拨盘、顶尖、花盘、中心架、跟刀架等。

1. 自定心卡盘

自定心卡盘的结构如图 8-18 所示，其可通过法兰盘安装在主轴上。卡盘体中有一个大锥齿轮，它与三个均布且带有扳手孔的小锥齿轮啮合。用扳手插入扳手孔中使小锥齿轮转动，可带动大锥齿轮旋转。大锥齿轮背面的平面螺纹与三个卡爪背面的平面螺纹相啮合，可以使卡爪随着大锥齿轮的转动做向心或离心径向移动，从而使工件被夹紧或松开。

用自定心卡盘装夹工件可自动定心，不需找正，特别适合夹持横截面为圆形、正三角形、正六边形等的工件。但是，自定心卡盘夹持力小，传递的转矩不大，只适于装夹中小型工件。

2. 单动卡盘

单动卡盘的结构如图8-19所示，其四个卡爪互不相关，每个卡爪的背面有半瓣内螺纹与丝杠啮合，可以独立调整，因此单动卡盘不但能够夹持横截面为圆形的工件，还能够夹持横截面为矩形、椭圆形及其他不规则形状的工件。

单动卡盘对工件的夹紧力较大。因其不能自动定心，装夹工件时必须进行仔细找正，因此使用单动卡盘对工人的技术水平要求较高，在单件、小批量生产及大件生产中应用较多。

3. 花盘

花盘是安装在主轴上的一个大圆盘，其端面平整且与主轴轴线垂直。花盘端面上有许多长槽，用以穿放螺栓以压紧工件。

花盘主要用于加工形状不对称的复杂工件。图8-20所示为连杆在花盘上的装夹示意图。要求连杆两端面平行、大头孔轴线与端面垂直，因而应以连杆的一个端面为基准与花盘平面接触，加工孔及另一端面。装夹时应选择适当部位安放压板，以防工件变形。若工件偏于一边，则应安放平衡块。

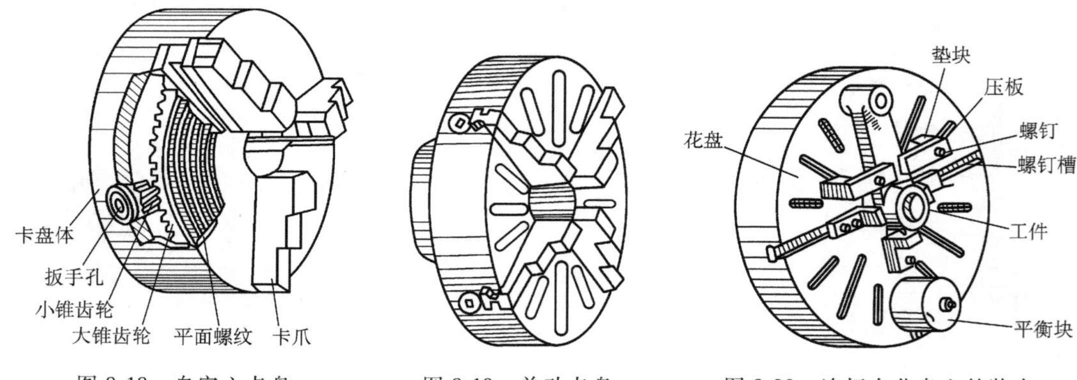

图8-18　自定心卡盘　　图8-19　单动卡盘　　图8-20　连杆在花盘上的装夹

4. 顶尖、卡箍、拨盘

车削轴类工件时，一般常用顶尖、卡箍（其中有一种也叫鸡心夹头）、拨盘装夹工件，如图8-21所示。

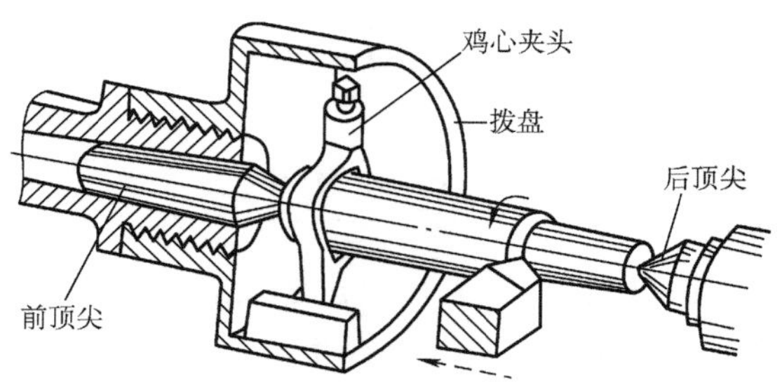

图8-21　用顶尖、卡箍、拨盘装夹工件

顶尖的结构如图 8-22 所示。顶尖是加工轴类工件经常使用的附件。工件由装在主轴内的顶尖和装在尾座中的顶尖支承，由拨盘、卡箍带动旋转。前顶尖随主轴一起转动，后顶尖不随或随工件一起转动。不随工件一起转动的顶尖称为固定顶尖，随工件一起转动的顶尖称为回转顶尖。

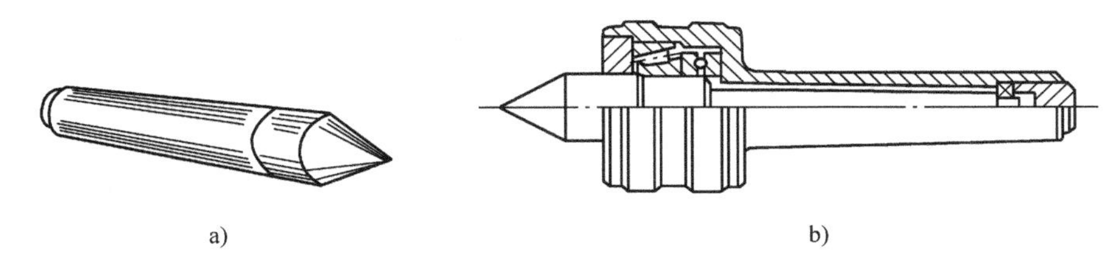

图 8-22　顶尖

a）固定顶尖　b）回转顶尖

固定顶尖的优点是定心较准确、刚性好、装夹工件比较稳固，但发热多，转速高时可能烧坏顶尖和顶尖孔。固定顶尖适用于切削速度较低、精度要求高的切削加工。回转顶尖适用于高速切削，但切削后工件的尺寸公差等级较低。用顶尖装夹工件前，必须先在工件的端面钻出顶尖孔。顶尖孔是用专用的中心钻在车床上或专用机床上加工出来的。

5. 心轴

在一次装夹中加工带孔的盘套类工件的外圆和端面时，常把工件套在心轴上进行加工。心轴的种类很多，常用的有锥度心轴（图 8-23a）、圆柱心轴（图 8-23b）和胀力心轴（图 8-23c）。

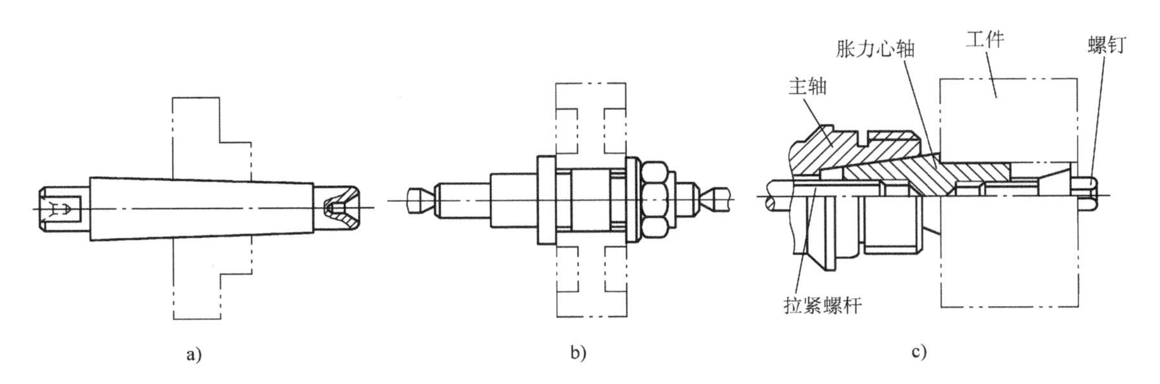

图 8-23　心轴及其工作

a）锥度心轴　b）圆柱心轴　c）胀力心轴

6. 中心架和跟刀架

中心架与跟刀架的结构如图 8-24 所示。车削细长轴时，由于工件的刚度很差，在自重、离心力、切削力作用下会产生弯曲和振动，使加工很难进行，故需采用辅助夹紧机构中心架、跟刀架等。

使用中心架、跟刀架时，主轴转速不宜过高，并需在支承爪处加注全损耗系统用油润滑。

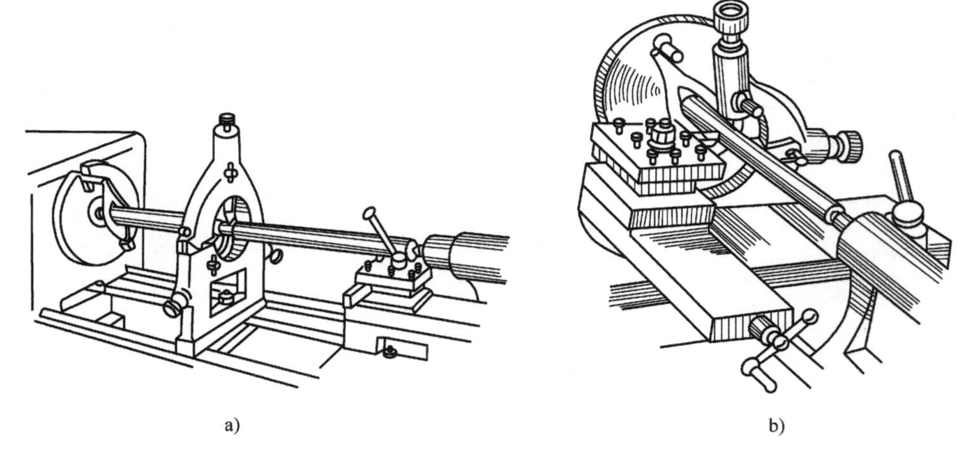

a)　　　　　　　　　　b)

图 8-24　中心架与跟刀架

a）应用中心架车长轴　b）应用跟刀架车长轴

8.4　铣床及其应用

8.4.1　铣削加工的应用范围及特点

铣削是在铣床上利用铣刀的旋转运动和工件相对于铣刀的移动（或转动）来加工工件的，是平面及沟槽加工的主要方法之一。铣床上的主要运动包括主运动和进给运动。主运动是铣刀的旋转运动，进给运动是工作台在垂直于铣刀轴线方向上的运动。

1. 铣削加工的应用范围

铣削的主要工作如图 8-25 所示。

2. 铣削加工的特点

（1）生产率较高　铣削的主运动是回转运动，速度较高；铣刀是多刃刀具，每个切削刃周期性地参加切削，且冷却充分，刀具寿命较长，切削用量大，所以铣削生产率较高。

（2）适应性好　铣床附件多，特别是分度头和回转工作台的应用，扩大了铣削加工的范围，内圆弧面、螺旋槽、齿轮、具有分度要求的小平面等都可以用铣削来加工。

（3）加工质量中等　铣削过程不够平稳，这会影响加工质量。一般说来，铣削主要属于粗加工和半精加工范畴。

（4）容屑和排屑　由于铣刀是多刃刀具，相邻两刀齿之间的空间有限，故必须有足够的空间容纳并顺利排出每个刀齿切下的切屑，否则会造成刀具损坏。

（5）铣削方法灵活　被加工表面有时可用不同的铣刀、不同的铣削方式进行加工。如铣平面，可以用平面铣刀、立铣刀、面铣刀等，采用逆铣或顺铣方式实现。这可以使铣削加工适应不同的工件材料和其他切削条件的要求，以提高切削效率，延长刀具的寿命。

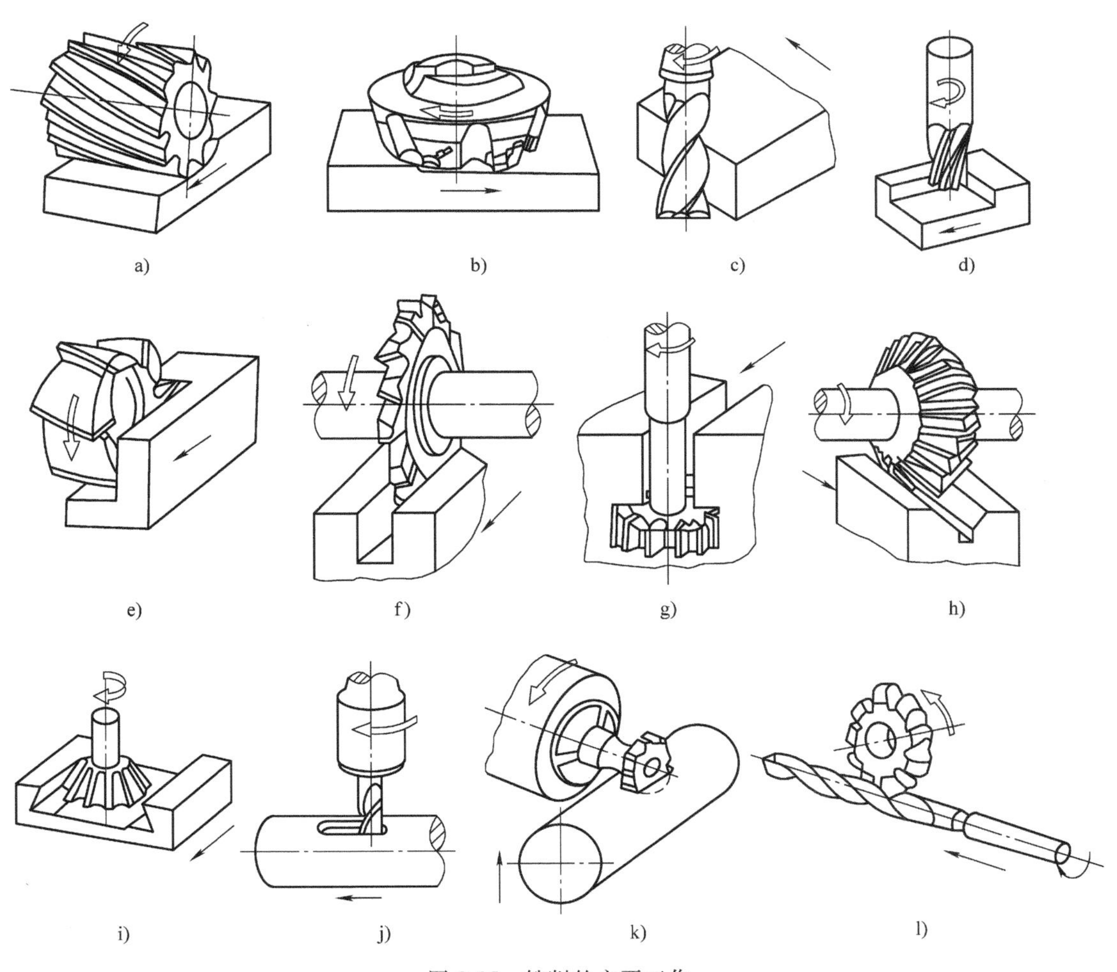

图8-25　铣削的主要工作

a)、b)、c) 铣平面　d)、e) 铣台阶　f)、g)、h)、i) 铣直槽　j)、k) 铣键槽　l) 铣螺旋槽

8.4.2　铣床

1. 铣床的种类

铣床的种类很多，其中升降台式铣床和龙门铣床为基本铣床。为适应不同加工对象和不同生产类型，派生出了许多铣床品种，如摇臂及滑枕铣床、工具铣床、仿形铣床等。除此之外，还有各种专门化、专用铣床，如钻头铣床、凸轮铣床等。

2. X6132型卧式万能升降台铣床（图8-26）的组成及运动

（1）床身　床身是铣床的主体，用来安装和连接铣床的其他部件。床身的前壁有燕尾形垂直导轨，床身的上部有水平燕尾形导轨，床身的内部有主运动传动系统。

（2）悬梁　悬梁可以沿床身上部的水平导轨前后移动，并可以被锁紧。在悬梁上可以安装刀杆支架4。刀杆支架用来支承刀杆的悬伸端，以增加刀杆的刚性。

（3）升降台　升降台是工作台的支座，它上面安装着工作台、床鞍和回转盘。它的内部装有进给电动机和进给传动系统，以使升降台、工作台、床鞍做进给运动和快速移动。

（4）床鞍　床鞍安装在升降台的横向水平导轨上，可沿平行于主轴线的方向（横向）

移动，以使工作台做横向进给运动。

（5）工作台　工作台安装在回转盘的水平导轨上，可沿垂直于主轴轴线的方向移动，以做纵向进给运动。工作台的台面上有三条T形槽，用以固定夹具或工件。通过工作台、床鞍和升降台，刀具与工件的相对位置得以改变，可使工件在三个相互垂直的方向上移动，来满足加工要求。

（6）回转盘　回转盘在工作台与床鞍之间，它可以带动工作台绕床鞍的圆形导轨中心在水平面内转动±45°，以便铣削螺旋槽等特殊表面。

3. 卧式万能升降台铣床的传动路线

X6132型卧式万能升降台铣床分别有主轴传动和进给传动两套传动系统，其传动路线图如图8-27所示。

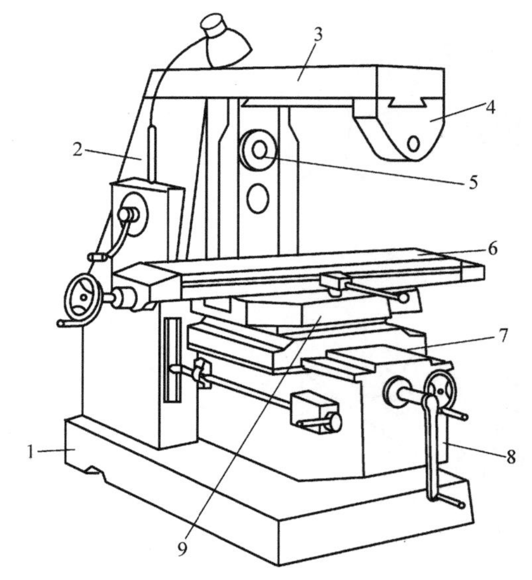

图8-26　X6132型卧式万能升降台铣床

1—底座　2—床身　3—悬梁　4—刀杆支架　5—主轴　6—工作台　7—床鞍　8—升降台　9—回转盘

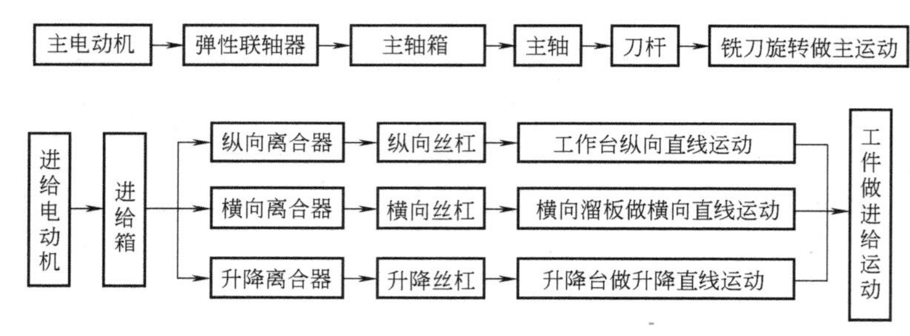

图8-27　X6132型卧式万能升降台铣床的传动路线图

4. X613型卧式万能升降台铣床的性能及结构特点

X6132型卧式万能升降台铣床功率大，转速高，变速范围宽，刚度好，操作方便、灵活，通用性强。它可以安装万能立铣头，使铣刀偏转任意角度，完成立式铣床的工作。该铣床加工范围广，能加工中小型平面、特形表面、各种槽、齿轮、螺旋槽和小型箱体工件上的孔等。

X6132型卧式万能升降台铣床在其结构上还具有下列特点。

1）机床工作台的机动进给操纵手柄，操纵时所指示的方向就是工作台进给运动的方向，操作时不易产生错误。

2）机床的前面和左侧各有一组按钮和手柄的复式操纵装置，便于操作者在不同位置上进行操作。

3）机床采用速度预选机构来变换主轴转速和工作台的进给速度，使操作简便、明确。

4）机床工作台的纵向传动丝杠上，有双螺母间隙调整机构，所以既可进行逆铣又能进行顺铣。

5）机床工作台可以在水平面内±45°范围内偏转，因而可进行各种螺旋槽的铣削。

6）机床采用转速控制继电器（或电磁离合器）进行制动，能使主轴迅速停止回转。

7）机床工作台有快速进给运动装置，采用按钮操纵，方便省时。

8.4.3　常用铣削刀具

1. 按铣刀切削部分的材料进行分类

（1）高速钢铣刀　应用广泛，尤其适用于制造形状复杂的铣刀。

（2）硬质合金铣刀　可用于高速切削或加工硬材料，多用作面铣刀。

2. 按铣刀的用途进行分类

铣刀可分为加工平面用的铣刀、加工沟槽或台阶用的铣刀及加工成形表面用的铣刀等，如图 8-28、图 8-29、图 8-30、图 8-31 所示。

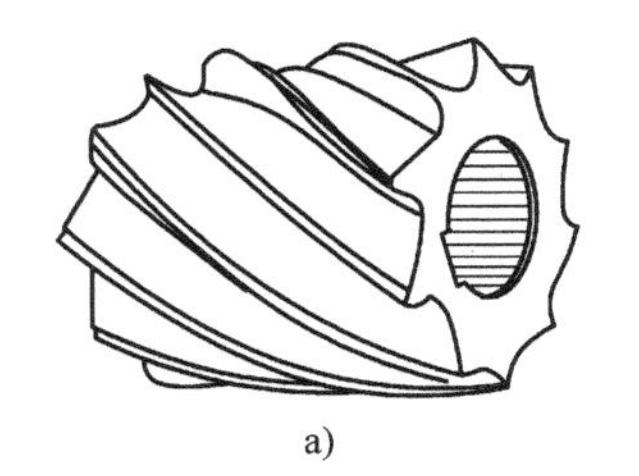
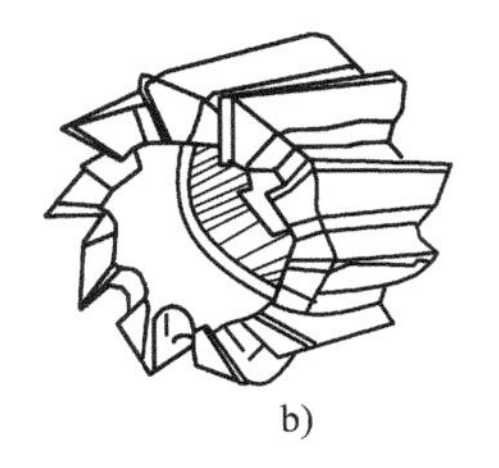
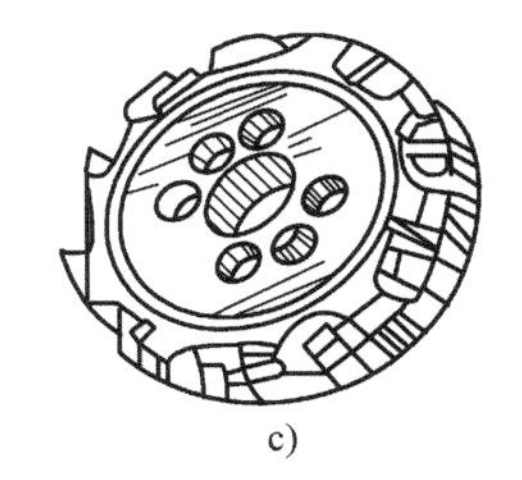

a)　b)　c)

图 8-28　铣平面用铣刀

a）圆柱铣刀　b）套式面铣刀　c）机夹面铣刀

a)　b)　c)　d)

图 8-29　铣成形面用铣刀

a）凸半圆铣刀　b）凹半圆铣刀　c）齿轮铣刀　d）成形铣刀

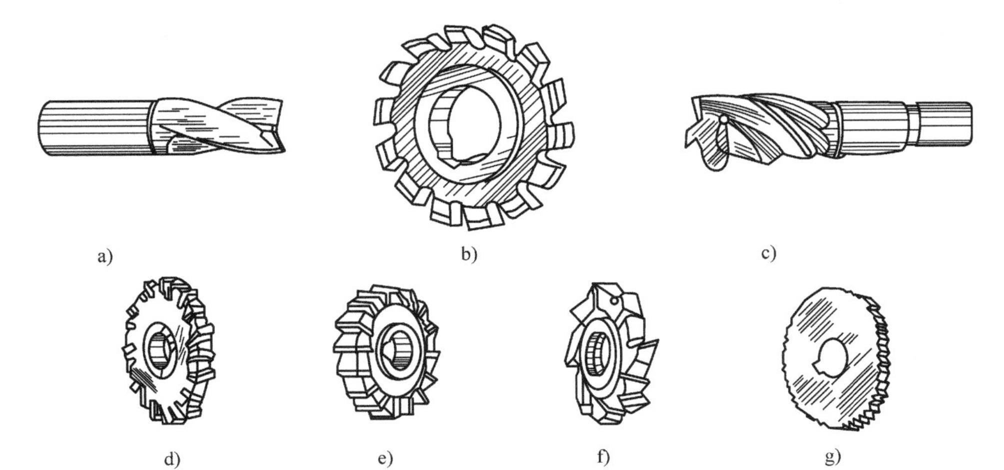

图 8-30　铣沟槽用铣刀

a）键槽铣刀　b）盘形槽铣刀　c）立铣刀　d）镶齿三面刃铣刀

e）三面刃铣刀　f）错齿三面刃铣刀　g）锯片铣刀

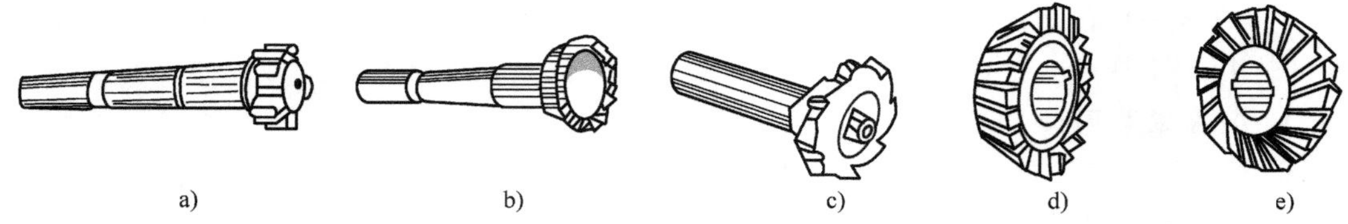

图 8-31 铣成形沟槽用铣刀

a）T形槽铣刀 b）燕尾槽铣刀 c）半圆键槽铣刀 d）单角铣刀 e）双角铣刀

3. 按齿背形式进行分类

铣刀可分为尖齿铣刀和铲齿铣刀两大类。尖齿铣刀齿背经铣削而成，后面是简单平面（图8-32a），用钝后重磨后面即可。该刀具应用很广泛，加工平面及沟槽的铣刀一般都设计成尖齿铣刀。铲齿铣刀与尖齿铣刀的主要区别是具有铲制而成的特殊形状的后面（图 8-32b），用钝后重磨前面。经铲制的后面可保证铣刀在其使用的全过程中廓形不变。成形铣刀常制成铲齿铣刀。

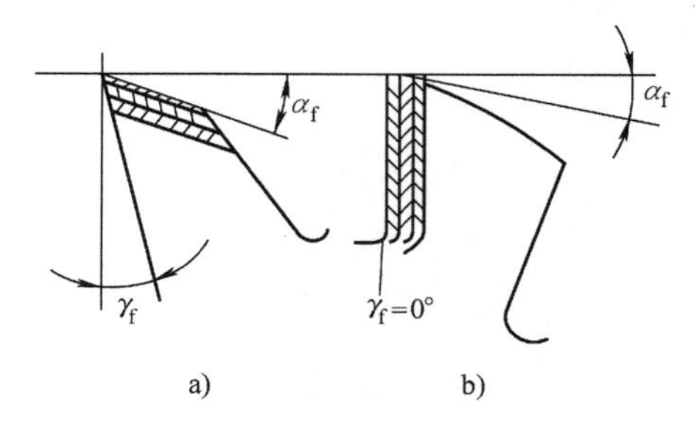

图 8-32 刀背铲齿形式

a）尖齿铣刀 b）铲齿铣刀

8.4.4 铣削方式

铣削方式分为端铣和周铣，如图 8-33 所示。

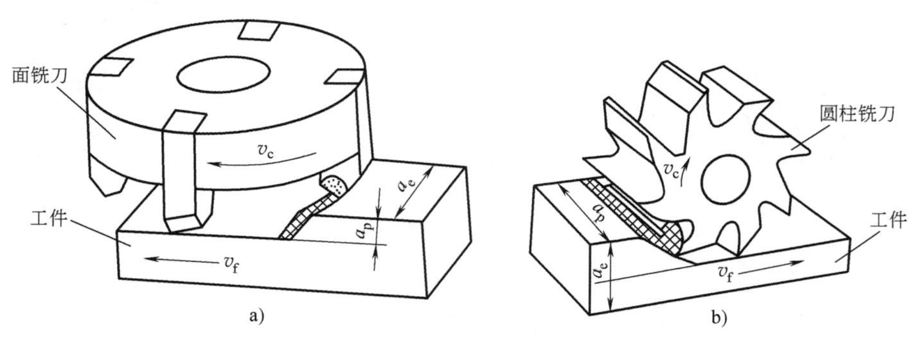

图 8-33 端铣和周铣

a）端铣 b）周铣

1. 端铣及应用

利用铣刀端部刀齿进行切削加工的铣削方式叫作端铣。

端铣后工件的表面粗糙度 Ra 值比周铣小，能获得较光洁的表面。因为端铣时可以利用副切削刃对已加工表面进行修光，故只要选取合适的副偏角，即可减少已加工表面的残留面积，即减小 Ra 值。

端铣的生产率高于周铣。因为面铣刀大多可以采用硬质合金刀头，刀杆受力情况好，不易产生变形，因此端铣可以选用大的切削用量，其中切削速度可达 150m/min。

端铣的适应性较差，一般仅用于铣削平面，尤其是大平面。

2. 周铣及应用

利用铣刀的圆周刀齿进行切削加工的铣削方式称为周铣。

周铣后工件的表面粗糙度 Ra 值比端铣大。因为周铣时只利用圆周切削刃进行切削，已

加工表面实际上是由许多圆弧组成的，故 Ra 值较大，如图 8-34 所示。

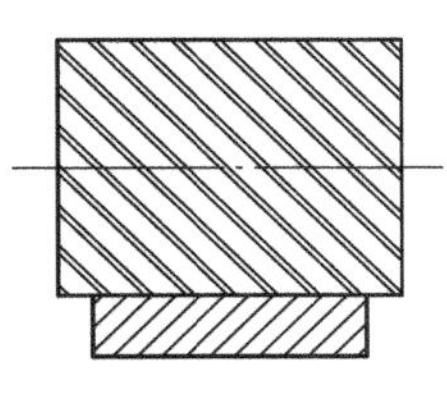

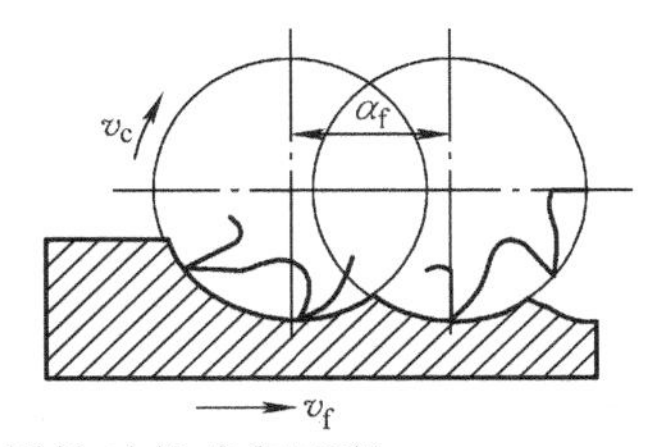

图 8-34　周铣时的残留面积

周铣刀多用高速钢制成，切削时刀杆要承受较大的弯曲力，其刚性又差，故切削用量会受到一定的限制，切削速度小于 30m/min。

周铣的适应性强，能铣削平面、沟槽、齿轮和成形面等。

3. 周铣时的顺铣和逆铣

（1）顺铣　周铣时，铣刀接触工件时的旋转方向与工件的进给方向相同的铣削方式叫作顺铣，如图 8-35a 所示。

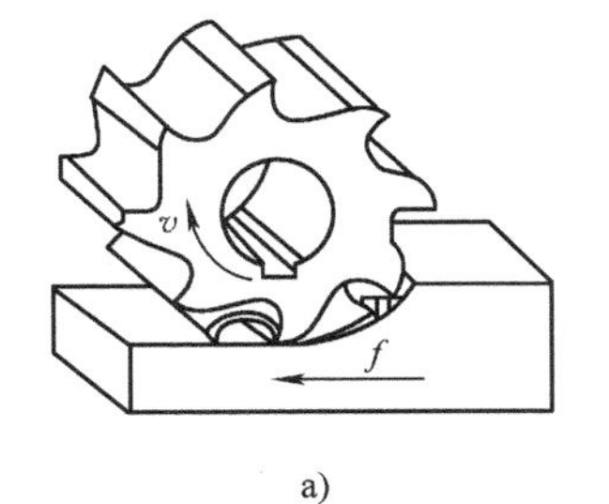

a)

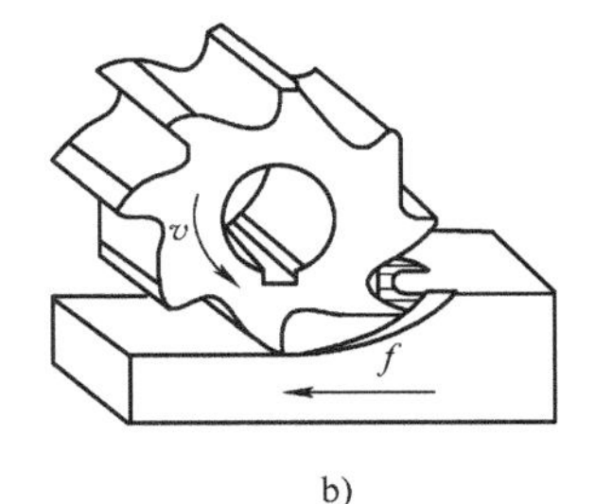

b)

图 8-35　顺铣和逆铣

a）顺铣　b）逆铣

顺铣时，每个刀齿的切削厚度由最大到零，刀齿和工件之间没有相对滑动，因此加工面上没有因摩擦而造成的硬化层，容易切削，加工表面的表面粗糙度值小，刀具的寿命也长。顺铣时，铣刀对工件的作用力在垂直方向的分力始终向下，有利于工件的夹紧和铣削的顺利进行。但刀齿作用在工件上的水平分力与进给方向相同。当水平分力大于工作台和导轨之间的摩擦力时，工作台连同丝杠就会被向前拉动一段距离，这段距离等于丝杠和螺母间的间隙。这将影响工件的表面质量，严重时还会损坏刀具，造成事故，所以顺铣很少被采用。

（2）逆铣　铣刀接触工件时的旋转方向与进给方向相反的铣削方式叫作逆铣，如图 8-35b所示。逆铣时，每个刀齿的切削厚度由零到最大。切削刃在开始时不能立刻切入工件，需要在工件已加工表面上滑行一小段距离，因此工件表面冷硬程度加重，表面质量变差，刀具磨损加剧。逆铣时，铣刀对工件的作用力在垂直方向上的分力向上，不利于工件的夹紧，但水平分力的方向与进给方向相反，有利于工作台的平稳运动。

8.4.5　常用铣床附件

1. 回转工作台

回转工作台是铣床常用附件之一。它的主要功用是分度扩铣圆弧曲线外形工作。它的规格是以工作台的直径来确定的，有 500mm、400mm、320mm、200mm 等规格。回转工作台分手动进给和机动进给两种，如图 8-36 所示。

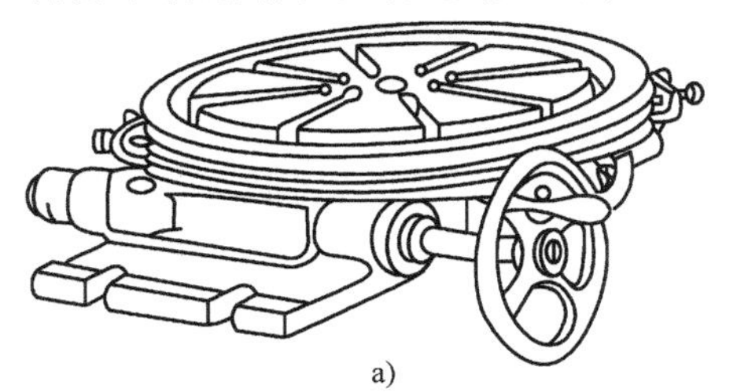

a)

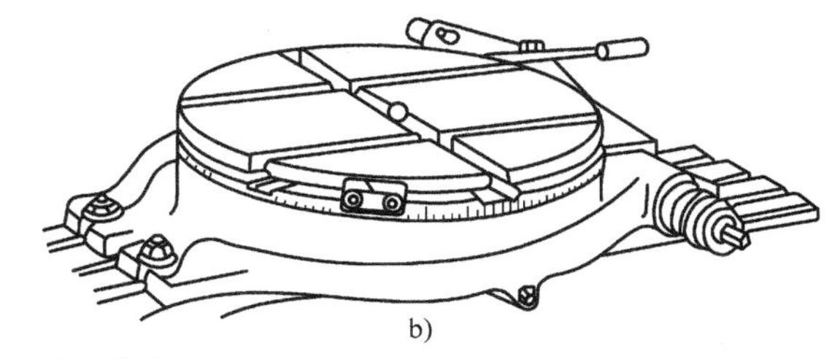

b)

图 8-36　回转工作台

a）手动进给回转工作台　b）机动进给回转工作台

2. 万能分度头

万能分度头（图8-37）是铣床的主要附件。在铣削许多机械零件，如花键、离合器、齿轮等时，需要利用分度头进行圆周等分，才能铣出等分齿槽。分度头安装在铣床工作台上，被加工工件支承在分度头主轴顶尖与尾座顶尖之间或安装于卡盘上。

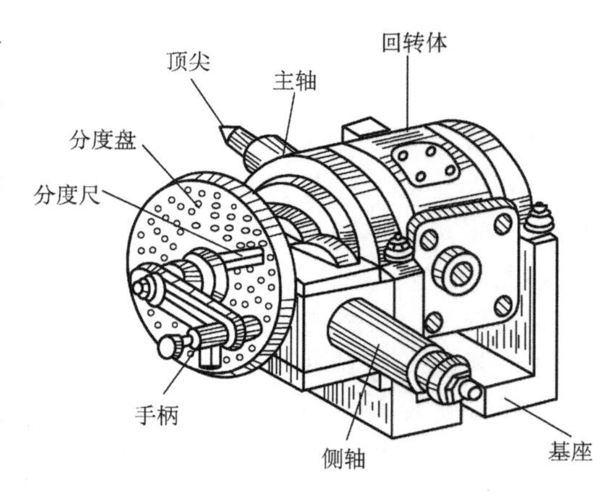

图8-37　万能分度头

3. 立铣头

立铣头（图8-38）装在卧式铣床上，可以使卧式铣床起到立式铣床的作用，扩大其加工范围。立铣头可以在垂直平面内回转360°，其主轴与铣床主轴之间的传动比一般为1∶1，故两者的转速一般相同。

4. 万能铣头

万能铣头（图8-39）也是装在卧式铣床上使用的，它可以在相互垂直的两个垂直平面内都回转360°。因此，它可以使铣头主轴与工作台面成任何角度，在工件的一次装夹中可以完成工件上各个表面的铣削加工。其主轴与铣床主轴之间的传动比也是1∶1。

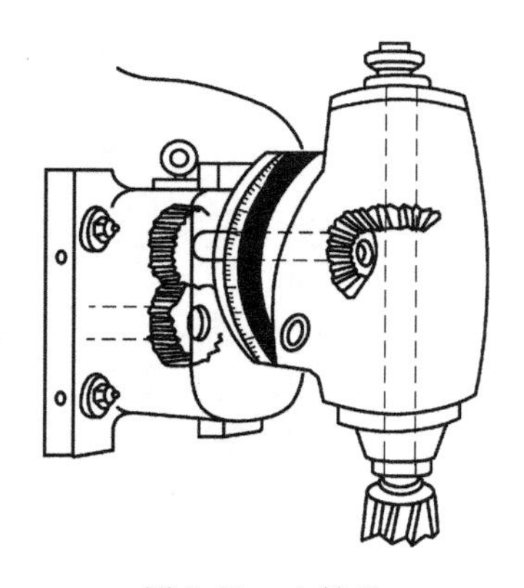

图8-38　立铣头

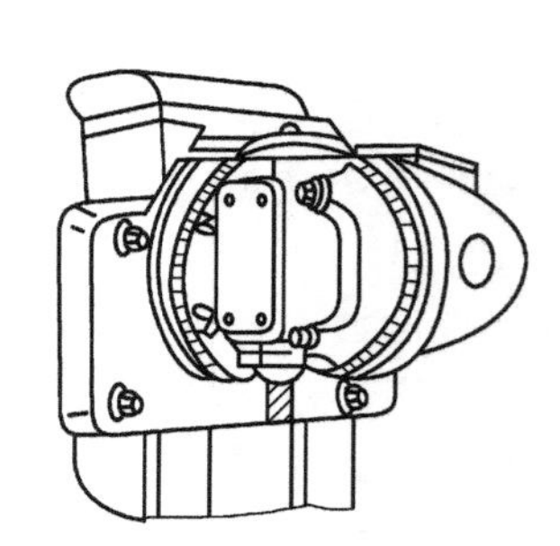

图8-39　万能铣头

8.5　刨床、镗床、磨床及其应用

8.5.1　刨床及其应用

1. 刨削加工的应用范围及特点

（1）刨削加工的应用范围　刨削是平面加工的主要方法之一。刨削可在牛头刨床上和龙门刨床上进行，能加工各类平面（如水平面、垂直面和斜面）、沟槽（如T形槽、V形槽和燕尾槽）和直线成形面，如图8-40所示。

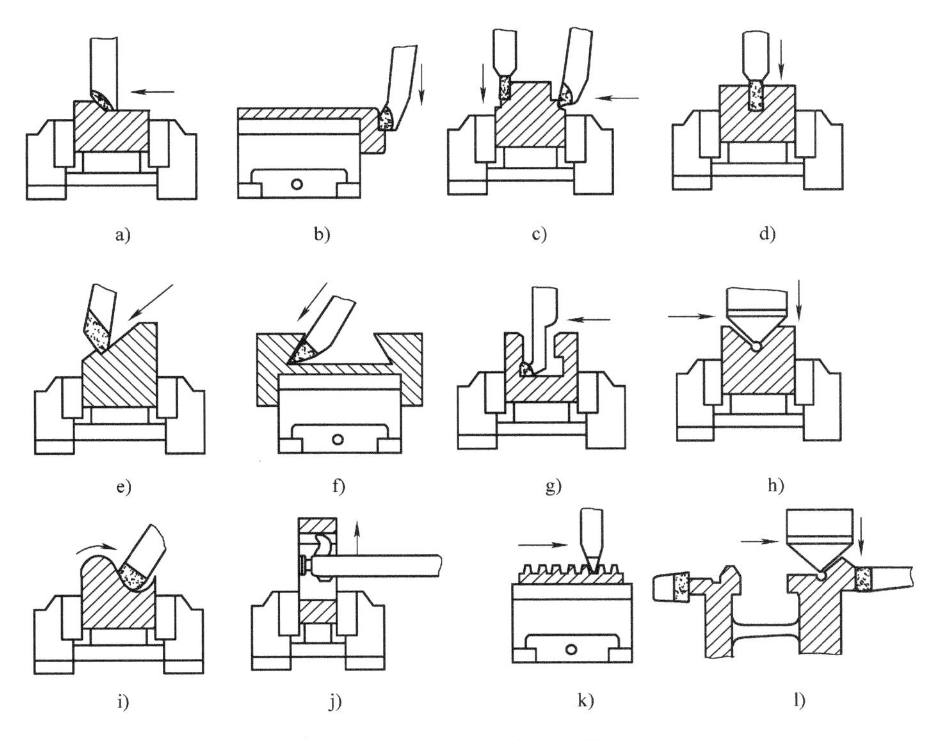

图 8-40　刨床的主要工作

a）刨平面　b）刨垂直面　c）刨台阶面　d）刨直角沟槽　e）刨斜面　f）刨燕尾槽　g）刨 T 形槽　h）刨 V 形槽　i）刨成形面　j）刨孔内键槽　k）刨齿条　l）刨复合面

刨削时机床的主运动和进给运动均为直线移动。当工件尺寸和重量较小时，由刀具的移动实现进给运动，牛头刨床就是这样的运动分配形式；而龙门刨床则采用工作台带动工件做往复直线运动（主运动）、刀具做间歇的横向运动（进给运动）的运动分配形式。

（2）刨削加工特点

1）加工质量中等。刨削加工的主运动为往复直线运动，故加工中必然产生冲击和振动，从而影响工件的加工质量。刨削加工的尺寸公差等级为 IT9 ~ IT7，表面粗糙度 Ra 值为3. 2 ~ 1. 6μm，能满足一般零件的表面质量要求。

2）生产率低。刨削加工的往复直线主运动限制了刨削速度，而且有空行程，从而影响了生产率。

3）加工成本低。由于刨床与刨刀的结构简单，刨床的调整和刨刀的刃磨比较方便，因此刨削加工成本低，广泛用于单件小批量生产及修配工件中。在中型和重型机械的生产中，龙门刨床使用较多。

2. 刨床

刨床类机床主要有牛头刨床、龙门刨床和插床三种类型。

（1）牛头刨床　牛头刨床适用于刨削长度不超过 1000mm 的中小型工件，其外形如图 8-41 所示。牛头刨床的主运动是装有刀具的滑枕 3 沿床身 4 的水平导轨所做的往复直线运动，滑枕由床身内部的曲柄摇杆机构传动。刀架可沿刀架座的导轨上下移动来调整刨削深度，还可在加工垂直平面和斜面时做进给运动。根据加工需要，工作人员可以调整刀架座，使刀架做±60°的旋转，以便加工斜面或斜槽。加工过程中，工作台带动工件沿横梁做间歇的横向进给运动。横梁可沿垂直导轨上下移动，以调整工件与刨刀的相对位置。

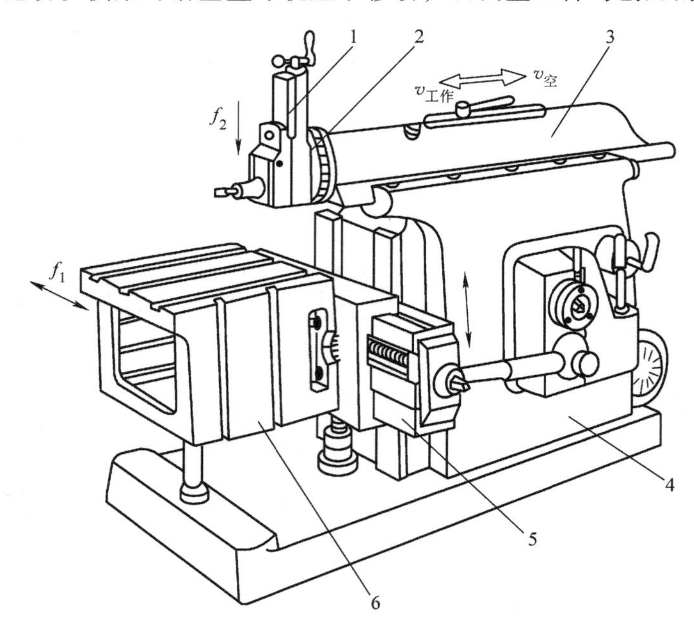

图 8-41 牛头刨床

1—刀架 2—转盘 3—滑枕 4—床身 5—横梁 6—工作台

牛头刨床的主参数是最大刨削长度，如 B6050 型牛头刨床的最大刨削长度为 500mm。

（2）龙门刨床 龙门刨床主要用于加工大型或重型工件上的各种平面、沟槽和各种导轨面，或在工作台上同时装夹数个中、小型工件进行多件加工，还可以用多把刨刀同时刨削工件，生产率较高。大型龙门刨床往往还附有铣头和磨头等部件，以便在一次装夹中完成更多的加工内容，这时就称该机床为龙门刨铣床或龙门刨铣磨床。龙门刨床与普通牛头刨床相比，形体大、结构复杂、刚性好、行程长、加工精度高。

图 8-42 所示为龙门刨床的外形图。工件装夹在工作台上，工作台沿床身的水平导轨做往复直线主运动。床身的两侧固定有左右立柱，两立柱顶端用顶梁连接，形成结构刚性较好的龙门框架。横梁上装有两个垂直刀架，可沿横梁导轨做水平方向的进给运动。横梁可沿立柱的导轨移动至一定位置，以调整工件和刀具之间的相对位置。左右立柱上分别装有左右侧刀架，它们可分别沿立柱导轨做垂向进给运动，以加工侧面。空行程时为避免刀具碰伤工件表面，龙门刨床设有返程自动让刀装置。

（3）插床 插床的外形如图 8-43 所示。插床实质上是立式牛头刨床，其主运动是滑枕带动插刀所做的上下往复直线运动，其中向下是工作行程，向上是空行程。滑枕导轨座可以绕销轴在小范围内调整角度，以便加工倾斜的内、外表面。床鞍和溜板可以分别带动工件做横向和纵向的进给运动。圆工作台可绕垂直轴线旋转，实现圆周进给运动或分度运动。圆工作台在各个方向上的间歇进给运动是在滑枕空行程结束后的短时间内进行的。圆工作台的分度运动由分度装置来实现。

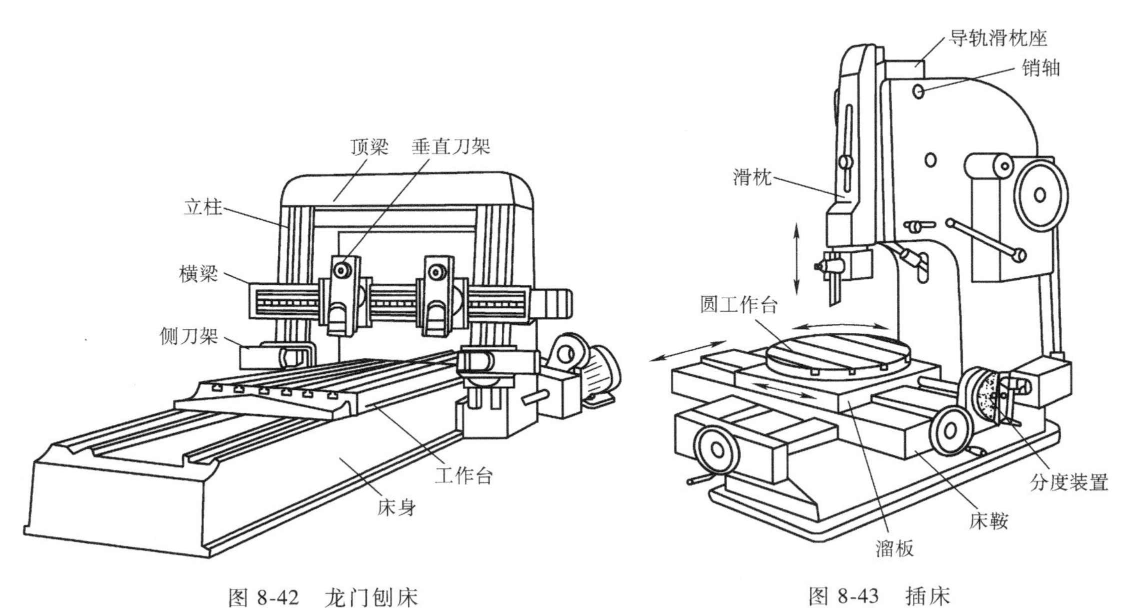

图 8-42 龙门刨床

图 8-43 插床

插床加工范围较广，加工费用也比较低，但其生产率不高，对工人的技术要求较高。插床一般适用于插削单件、小批量生产中工件内部表面，如插削方孔、多边形孔或孔内键槽等。

3. 刨刀

刨刀可以按加工表面的形状和刀具的用途分类，也可以按照刀具的形状和结构分类，如图 8-44 所示。

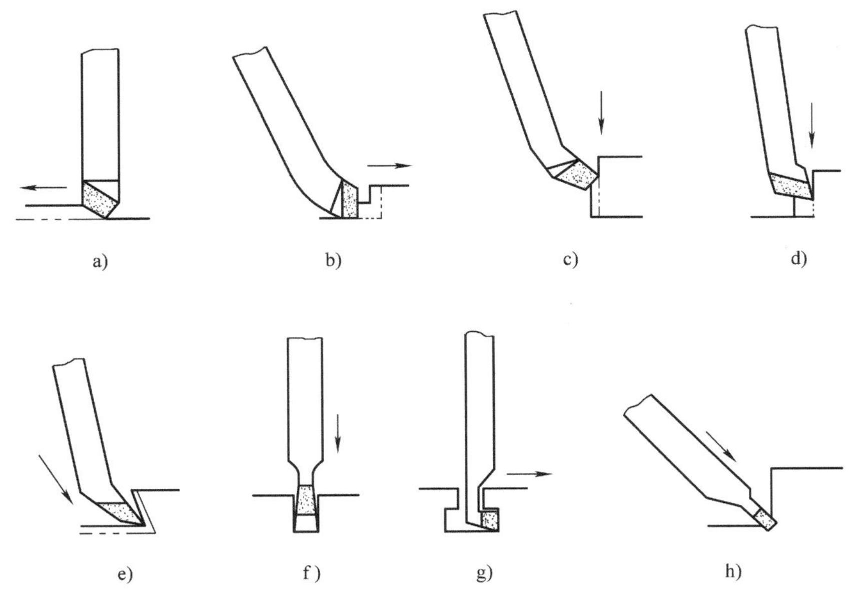

图 8-44 常用刨刀种类和应用

a) 平面刨刀 b)、d) 台阶偏刀 c) 普通偏刀
e) 角度刀 f) 切刀 g) 弯切刀 h) 切槽刀

按加工表面的形状和刀具的用途，刨刀一般可分为平面刨刀、偏刀、角度刀、切刀、弯切刀和样板刀等。其中平面刨刀用于刨削水平面，偏刀用于刨削垂直面、台阶面和外斜面等，角度刀用于刨削燕尾槽和内斜面等，切刀用于切断、切槽和刨削垂直面等，弯切刀用于刨削T形槽，样板刀用于刨削V形槽和特殊形状的表面等。

按刀具的形状和结构，刨刀一般可分为左刨刀和右刨刀、直头刨刀和弯头刨刀、整体刨刀和组合刨刀等。如图8-45所示，弯头刨刀在受到较大的切削力时，刀杆会产生弯曲变形，使刀尖向后上方弹起，而不会像直头刨刀那样扎入工件，破坏工件表面和损坏刀具，因此刨刀一般多为弯头刨刀。

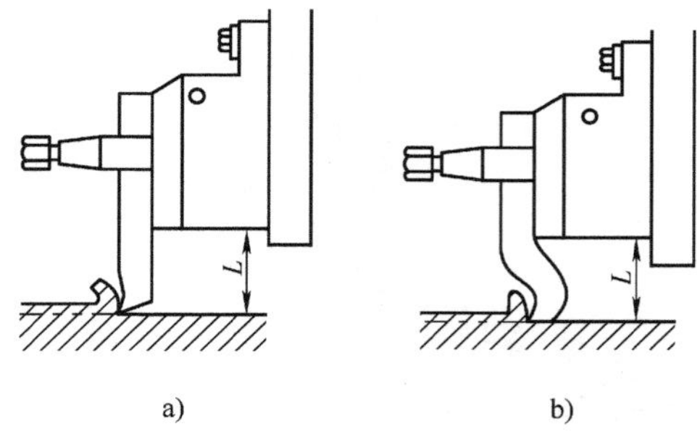

图8-45　直头刨刀和弯头刨刀
a）直头刨刀　b）弯头刨刀

8.5.2　镗床及其应用

1. 镗削加工的应用范围及特点

（1）镗削的应用　镗削是利用镗刀对已有孔进行的切削加工。镗削加工的主运动为镗刀的旋转运动，进给运动为工件或镗刀的直线运动。

镗削是在镗床上进行的。镗床可以加工单孔和孔系，锪、铣平面，镗盲孔及端面孔，钻孔、扩孔、铰孔以及用多种刀具对平面、外圆面、沟槽和螺纹进行加工，如图8-46所示。

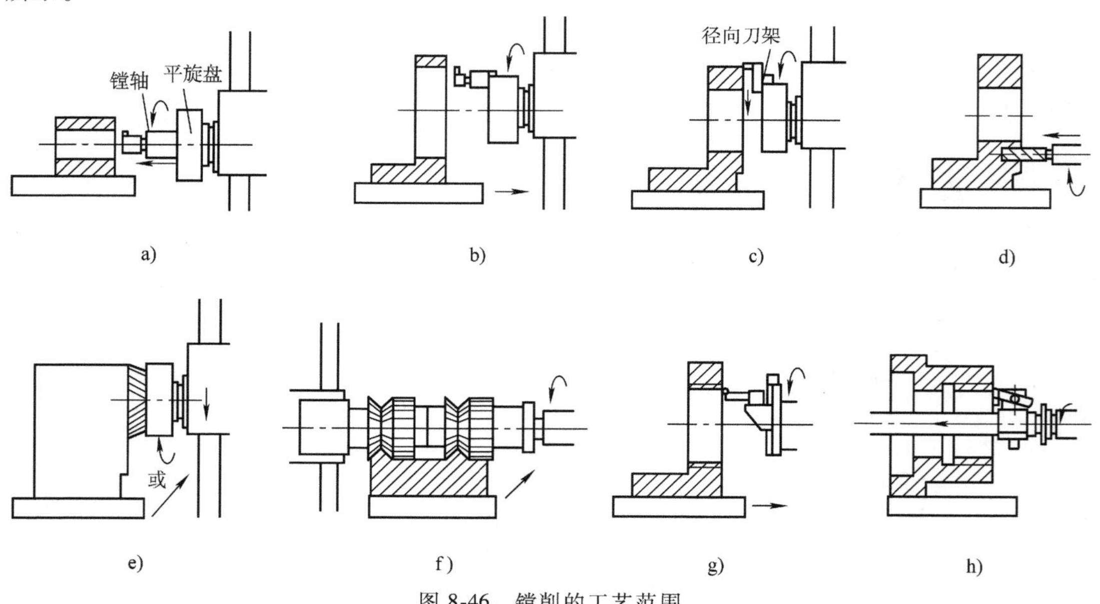

图8-46　镗削的工艺范围
a）镗小孔　b）镗大孔　c）镗端面　d）钻孔　e）铣平面
f）铣组合面　g）镗螺纹　h）镗深孔螺纹

（2）镗削的特点

1）镗削加工灵活性大、适应性强。在镗床上除可加工孔和孔系外，还可以加工外圆、端面等，加工尺寸可大可小，一把镗刀可以加工不同直径的孔，适用于不同的生产类型和精度要求。

2）镗削加工操作技术要求高。镗削工件的尺寸精度和表面粗糙度，除取决于所用的设备外，更主要的是与工人的技术水平有关。同时，镗削加工中机床、刀具调整时间也较多，镗削时参加工作的切削刃少，所以一般情况下，镗削加工生产率较低。

3）镗刀结构简单，刃磨方便，成本低。

4）镗孔可修正上一工序所产生的孔的轴线位置误差，从而保证孔的位置精度。

5）镗孔时，其尺寸公差等级为 IT7~IT6，孔距精度可达 0.015mm，表面粗糙度 Ra 值为 1.6~0.8μm。

2. 镗床

镗床适合镗削大、中型工件上已有的孔，特别适宜加工分布在同一或不同表面上、孔距和位置精度要求较严格的孔系，并能保证所加工孔的尺寸精度、形状精度、孔与基面间的位置精度及表面粗糙度等。

镗床可分为卧式镗床、坐标镗床、金刚镗床和立式镗床等，其中卧式镗床应用最广泛。图 8-47 所示为 TP619 型卧式铣镗床。为了加工不同高度、不同形状工件上的孔，主轴箱 9 被安装在了前立柱 8 的垂直导轨上，并且可沿导轨上下移动，以调整镗刀与工件在垂直方向的相对位置。主轴箱装有主轴部件、平旋盘及操纵控制机构，机床的主运动为主轴 6 或平旋盘 7 的旋转运动。根据加工要求，主轴 6 可做轴向进给运动，平旋盘上径向刀具溜板在平旋盘旋转的同时可做径向进给运动。工作台由下滑座 3、上滑座 4 和上工作台 5 组成。工作台可随下滑座沿床身导轨做纵向移动，也可随上滑座沿下滑座顶部导轨做横向移动。工作台还可在上滑座的环形导轨上绕垂直轴线转位，以便加工分布在不同面上的孔。后立柱 2 的垂直导轨上有支承架，用以支承较长的镗刀杆，以增加镗刀杆的刚性。支承架可沿后立柱导轨上下移动，以保持与主轴同轴。后立柱可根据镗刀杆的长度做纵向位置调整。

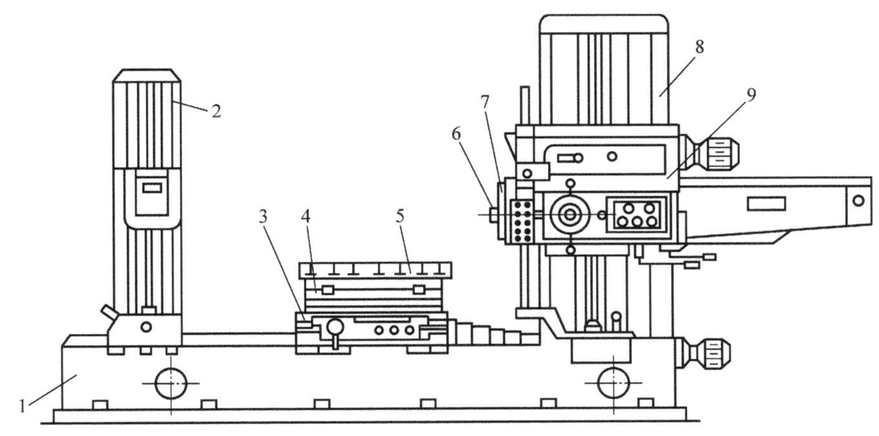

图 8-47　TP619 型卧式铣镗床

1—床身　2—后立柱　3—下滑座　4—上滑座　5—上工作台

6—主轴　7—平旋盘　8—前立柱　9—主轴箱

3. 镗刀

镗刀主要用于车床、镗床，一般可分为单刃镗刀和双刃镗刀两大类。

（1）单刃镗刀　单刃镗刀结构简单、制造方便，通常把焊有硬质合金的刀片或高速钢整体式镗刀头用螺钉紧固在镗刀杆上，夹固方式有多种形式，如图8-48所示。大多数单刃镗刀制成图8-49所示的可调结构，通过高精度的调整装置调节镗刀的径向尺寸，可加工出高精度的孔。

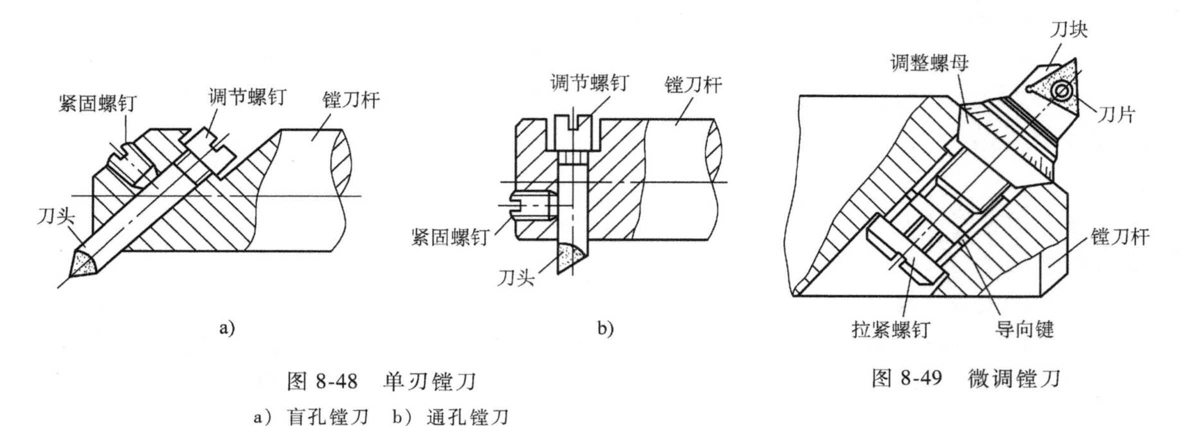

图8-48　单刃镗刀

a）盲孔镗刀　b）通孔镗刀

图8-49　微调镗刀

（2）双刃镗刀　双刃镗刀又称浮动镗刀，有两个对称的切削刃，是一种定尺寸刀具。双刃镗刀多做成片状镗刀块的形式，而镗刀块在镗刀杆上的夹固可采用楔块、螺钉、螺母等夹紧方法，如图8-50所示。

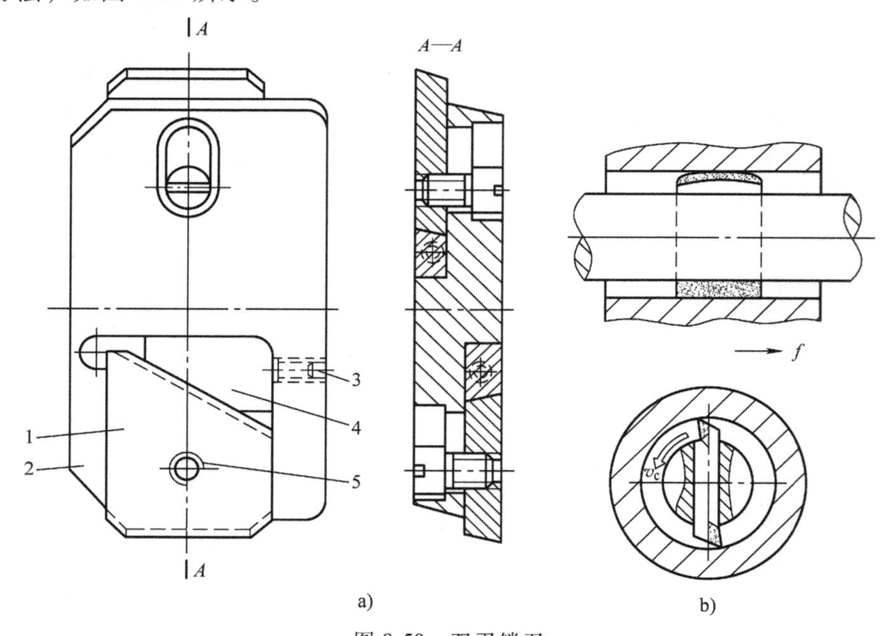

图8-50　双刃镗刀

a）镗刀结构　b）使用情况

1—刀片　2—刀块　3—调整螺钉　4—楔块　5—固定螺钉

8.5.3　磨床及其应用

1. 磨削加工的应用范围及特点

（1）磨削加工的应用范围　磨削加工是指用砂轮以较高的线速度对工件进行加工的方

法，主要在磨床上进行。一般来说，刀具切削属于粗加工或半精加工，而磨削加工属于精加工。磨削加工范围如图 8-51 所示。

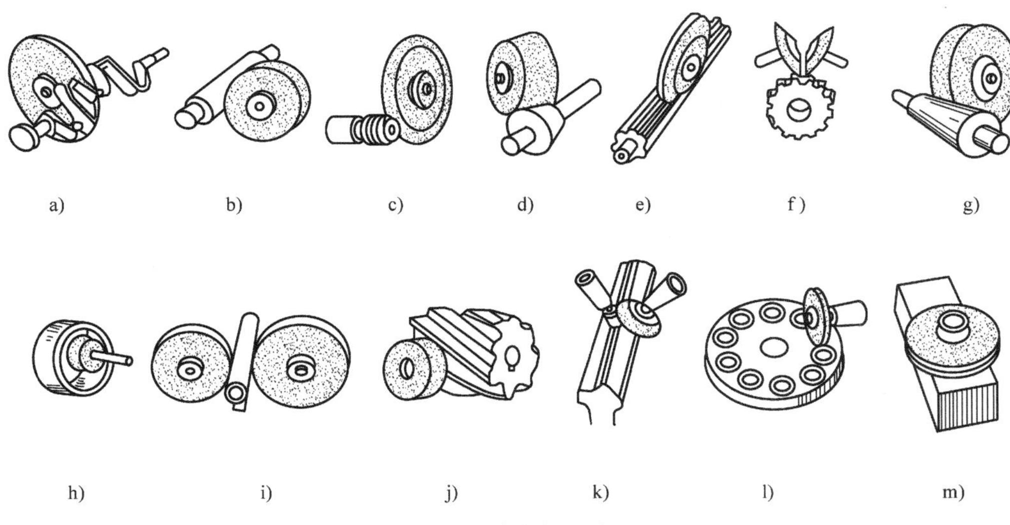

图 8-51　磨削加工范围

a）曲轴磨削　b）外圆磨削　c）螺纹磨削　d）成形磨削　e）花键磨削　f）齿轮磨削　g）圆锥磨削
h）内圆磨削　i）无心外圆磨削　j）刀具刃磨　k）导轨磨削　l）、m）平面磨削

（2）磨削加工的特点

1）切削刃不规则。磨削时切削刃的形状、大小和分布均处于不规则的随机状态，通常切削时有很大的负前角和小后角。

2）背吃刀量小、加工质量高。一般情况下，磨削时背吃刀量较小，在一次行程中所能切除的金属层较薄。磨削加工的尺寸公差等级为 IT5～IT6，表面粗糙度 Ra 值为 0.2～0.8μm。采用高精度磨削方法，表面粗糙度 Ra 值可达 0.006～0.1μm。

3）磨削速度快、切削温度高。一般磨削速度为 35m/s，高速磨削时可达 60m/s。目前，磨削速度已发展到 120m/s。但磨削过程中，砂轮对工件有强烈的挤压和摩擦作用，产生大量的切削热，在磨削区域瞬时温度可高达 1000℃。为了避免工件热变形和表面被烧伤，必须使用充足的切削液。

4）适应性强。磨削加工不仅能加工一般的金属材料，还能加工硬度很高的材料，如白口铸铁、淬火钢、硬质合金等；不仅能用于精加工，也可用于粗加工和半精加工，很多形状的表面都能通过磨削加工实现。

5）砂轮具有自锐性。在磨削过程中，砂轮表面的磨粒逐渐变钝，作用在磨粒上的切削抗力就会增大，致使磨钝的磨粒破碎并脱落，露出锋利刃口继续切削的性质，就是砂轮的自锐性。它能使砂轮保持良好的切削性能。

2. 磨床

（1）磨床的种类　磨床的种类很多，按磨削表面的特征和磨削方式，分为外圆磨床、内圆磨床、平面磨床、无心磨床、螺纹磨床、齿轮磨床等，其中外圆磨床应用最广泛。

常用的外圆磨床以万能外圆磨床居多，它主要用于磨削外圆柱面、外圆锥面和端面。万能外圆磨床带有内圆磨头，还可以磨削内圆柱面和内圆锥面。

（2）M1432型万能外圆磨床的组成　图8-52所示为M1432A型万能外圆磨床外形图，其主要部件如下。

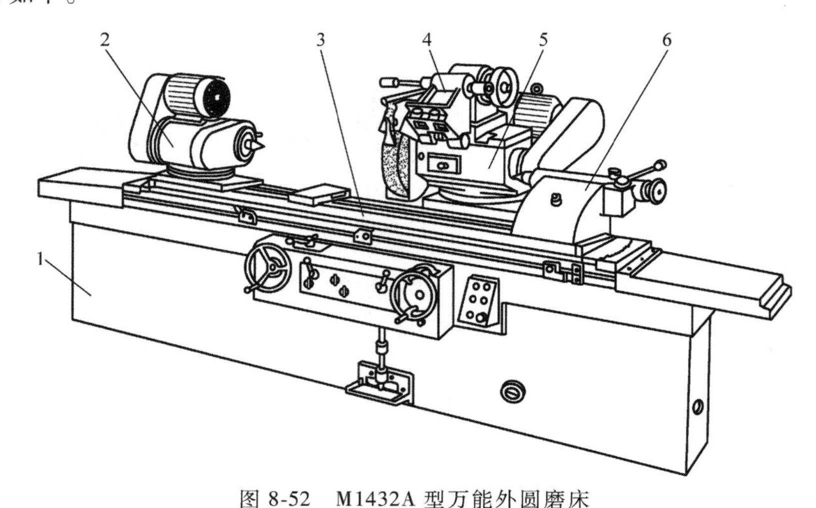

图8-52　M1432A型万能外圆磨床

1—床身　2—头架　3—工作台　4—内圆磨具　5—砂轮架　6—尾座

1）床身。床身是磨床的支承部件。在其上装有头架、砂轮架、尾座及工作台等部件。床身内部装有液压缸及其他液压元件，用来驱动工作台和横向滑鞍的移动。

2）头架。头架用于装夹工件，并带动其旋转。头架可在水平面内逆时针方向转动90°，可磨削短圆柱面或小平面。头架主轴通过顶尖或卡盘装夹工件，因此它的回转精度和刚度直接影响工件的加工精度。

3）工作台。工作台由液压传动沿导轨往复移动，可使工件实现纵向进给运动。工作台也可由手轮操纵手动进给或调整纵向位置。工作台由上下两层组成，上工作台可相对于下工作台在水平面内偏转一定的角度（一般不大于±10°），以便磨削锥度不大的圆锥面。

4）内圆磨具。内圆磨具用于支承磨内孔的砂轮主轴部件，由单独的电动机驱动。

5）砂轮架。砂轮架用于支承并驱动砂轮主轴做高速旋转。砂轮架装在滑鞍上，可回转角度为±30°，需磨削短圆锥面时，砂轮架可调整一定角度。

6）尾座。尾座的功用是利用安装在尾座套筒上的顶尖（后顶尖），与头架主轴上的前顶尖一起支承工件，使工件准确定位。尾座利用弹簧力顶紧工件，以实现磨削过程中工件因热膨胀而伸长时的自动补偿，避免引起工件的弯曲变形和顶尖孔的过分磨损。尾座套筒的退回可以手动，也可以由液压驱动。

3. 砂轮

砂轮是磨削工具。它是在颗粒状的磨料中加入结合剂，经挤压、干燥、焙烧而成的特殊切削工具，如图8-53所示。砂轮的性能受以下几方面因素的影响。

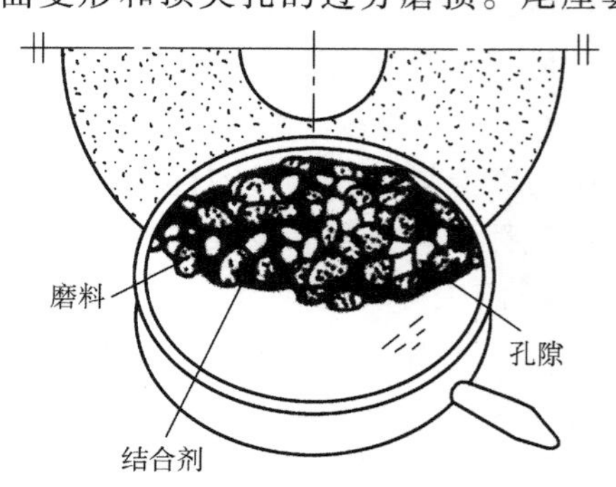

图8-53　砂轮的构成

（1）磨料　磨料是砂轮中的硬质颗粒，常用的有刚玉类（主要成分是Al_2O_3）和碳化物类（主要成分是SiC或BC）。

（2）粒度　粒度指磨料颗粒的大小，以粒度号表示。

（3）硬度　硬度指磨料从砂轮上脱落的难易程度。硬砂轮磨料不易脱落。

（4）结合剂　结合剂起粘接磨料的作用，常用的有陶瓷、树脂、橡胶和金属。

（5）组织　砂轮的组织与磨料、结合剂和孔隙三者之间的体积比例有关，它表示砂轮中磨料排列的紧密程度。

➢ 砂轮的硬度由软至硬按 A、B、…、Y（I、O、U、V、W、X 除外）共分 19 级。

➢ 必须注意，砂轮的硬度与磨料的硬度是两个不同的概念，不能混淆。

常用砂轮的型号、名称、示意图及主要用途见表 8-3。

表 8-3　常用砂轮的型号、名称、示意图及主要用途

型　号	名　称	示　意　图	主要用途
1	平形砂轮		磨内孔、外圆，磨工具，无心磨
2	粘结或夹紧用筒形砂轮		端磨平面
4	双斜边砂轮		磨齿轮齿面及螺纹
6	杯形砂轮		磨平面、内圆，刃磨刀具
11	碗形砂轮		刃磨刀具，磨导轨
12a	碟形砂轮		磨铣刀、铰刀、拉刀，磨齿轮齿面
41	平行切割砂轮		切断及切槽

砂轮的标记印在砂轮的端面上，其顺序是：形状代号、尺寸、磨料、粒度号、硬度、组织号、结合剂、最高工作线速度。例如：外径 300mm、厚度 50mm、孔径 75mm、棕刚玉、粒度 60、硬度 L、5 号组织、陶瓷结合剂、最高工作线速度 35m/s 的平形砂轮，其标记为：

砂轮 1-300×50×75-A60L5V-35m/s GB/T 2484—2006

8.6　数控机床及其应用

数控机床（Numerical Control Machine Tools）是用数字指令进行控制的机床。机床的所有运动，包括主运动、进给运动与各种辅助运动都是用输入数控装置的数字信号来控制的。

数控技术在数控机床加工中的应用，成功地解决了形状复杂、一致性要求较高的中、小批量零件的加工自动化问题，不仅大大提高了生产率和加工精度，而且减轻了工人的劳动强度、缩短了生产准备周期，并推动了航空、航天、船舶、国防、机电等工业的发展。目前，数控技术已逐步普及，数控机床在各个工业部门得到了广泛应用，已成为机床自动化的一个重要发展方向。

8.6.1　数控机床的组成和工作原理

1. 数控机床的组成

如图8-54所示，数控机床主要由程序编制及程序载体、输入装置、数控装置（CNC）、伺服驱动及位置检测、辅助控制装置、机床本体等几部分组成。

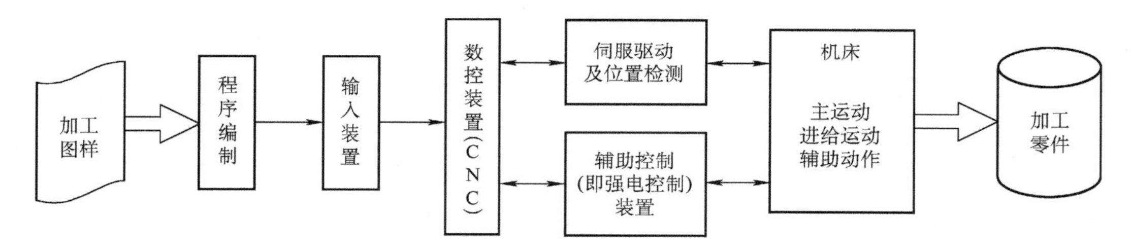

图8-54　数控机床的基本结构

（1）程序编制及程序载体　数控程序是数控机床自动加工零件的工作指令。程序编制指在对加工零件进行工艺分析的基础上，得到零件的所有运动、尺寸、工艺参数等加工信息后，用由文字、数字和符号组成的标准数控代码，按规定的方法和格式，编制零件加工数控程序单的过程。

编制程序的工作可由人工进行；对于形状复杂的零件，则要在专用的编程机或通用计算机上进行自动编程（APT）或CAD/CAM设计。

编好的数控程序，存放在便于将程序输入到数控装置中的存储载体上，它可以是穿孔纸带、磁带、磁盘和磁泡存储器等。采用哪一种存储载体，取决于数控装置的设计类型。

（2）输入装置　输入装置的作用是将程序载体（信息载体）上的数控代码传递并存入数控系统中。根据存储载体的不同，输入装置可以是光电阅读机、磁带机或软盘驱动器等。数控程序也可通过键盘用手工方式直接输入数控系统，数控程序还可由编程计算机用RS232C或采用网络通信方式传送到数控系统中。

零件加工程序的输入过程有两种不同的方式：一种是边读入边加工（数控系统内存较小时）；另一种是将零件加工程序一次全部读入数控装置内部的存储器，加工时再从内部

存储器中逐段调出进行加工。

（3）数控装置　数控装置是数控机床的核心。数控装置从内部存储器中取出或接收输入装置送来的一段或几段数控程序，经过数控装置的逻辑电路或系统软件进行编译、运算和逻辑处理后，输出各种控制信息和指令，控制机床各部分的工作，使其进行规定的有序运动和动作。

（4）伺服驱动装置和位置检测装置　伺服驱动装置接收来自数控装置的指令信息，经功率放大后，严格按照指令信息的要求驱动机床移动部件，以加工出符合图样要求的零件。因此，它的伺服精度和动态响应性能是影响数控机床加工精度、表面质量和生产率的重要因素之一。伺服驱动装置包括控制器（含功率放大器）和执行机构两大部分。目前大都采用直流或交流伺服电动机作为执行机构。

位置检测装置将数控机床各坐标轴的实际位移量检测出来，经反馈系统输入到机床的数控装置中之后，数控装置将反馈回来的实际位移量值与设定值进行比较，以控制伺服驱动装置按照指令设定值运动。

（5）辅助控制装置　辅助控制装置的主要作用是接收数控装置输出的开关量指令信号，经过编译、逻辑判别和运动，再经功率放大后驱动相应的电器，带动机床的机械、液压、气动等辅助装置完成指令规定的开关量动作。这些控制包括主轴运动部件的变速、换向和起停指令，刀具的选择和交换指令，冷却、润滑装置的起动停止，工件和机床部件的松开、夹紧，分度工作台转位分度等开关辅助动作。

由于可编程序控制器（PLC）具有响应快，性能可靠，易于使用、编程和修改程序并可直接起动机床开关等特点，现已被广泛用作数控机床的辅助控制装置。

（6）机床本体　数控机床的机床本体与传统机床相似，由主轴传动装置、进给传动装置、床身、工作台以及辅助运动装置、液压气动系统、润滑系统、冷却装置等组成。但数控机床在整体布局、外观造型、传动系统、刀具系统的结构以及操作机构等方面都已发生了很大的变化。这种变化是为了满足数控机床的要求和充分发挥数控机床的特点。

2. 数控加工的工作过程

数控加工的实质是：数控机床按照事先编制好的加工程序，通过数字控制过程，自动地对工件进行加工。

数控加工的工作过程如图 8-55 所示，主要包括分析工件图样、工件的装夹、刀具的选择与安装、编制数控加工程序、试运行或试切削、数控加工、工件的验收与质量误差分析等过程。

3. 数控机床的加工特点

数控机床以其加工精度高、效率高、能适应小批量多品种复杂零件的加工等优点，在机械加工中得到了日益广泛的应用。概括起来，数控机床加工有以下几方面的优点。

（1）加工精度高、质量稳定　采用数控机床可以提高零件的加工精度，得到质量较为稳定的产品。因为数控机床是按照预定的加工程序自动进行加工的，加工过程中消除了操作者人为的操作误差，所以零件的加工一致性好，而且加工精度还可以利用软件来进行校正及补偿，因此可以获得比机床本身精度还要高的加工精度及重复精度。

（2）能实现复杂的运动　数控机床可以完成普通机床难以完成或根本不能加工的复杂曲面零件的加工，因此数控机床在宇航、造船、模具等加工业中得到了广泛应用。

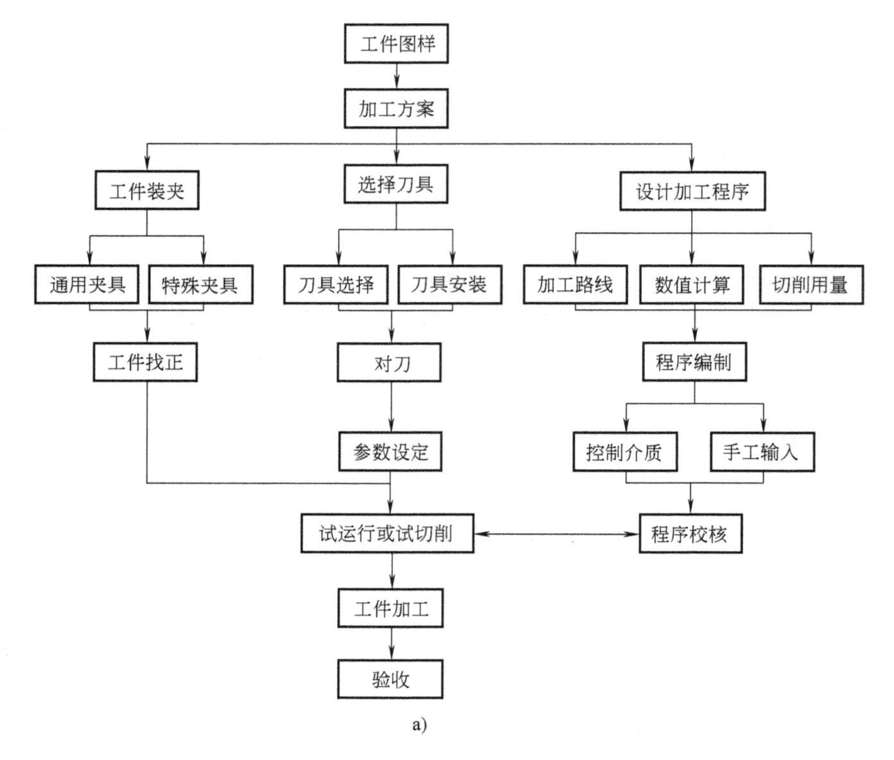

a)

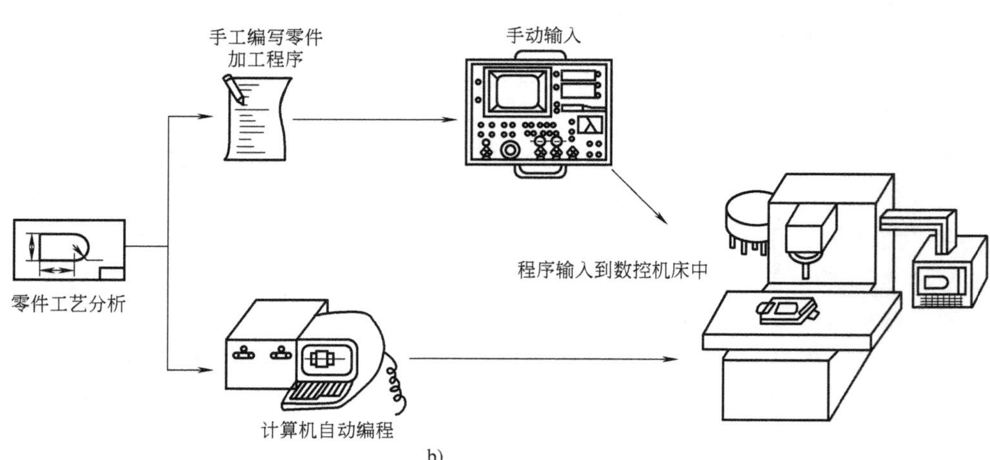

b)

图 8-55　数控加工的工作过程

a）工作过程框图　b）工作过程示意图

（3）生产率高　数控机床的生产率可以比普通机床高 2~3 倍，尤其对某些复杂零件的加工，使用数控机床可将生产率提高十几倍甚至几十倍。

（4）适应性强　数控机床可以实现一机多用。一些数控机床将几种普通机床的功能（如钻、镗、铣）合一，加上刀具自动交换系统构成加工中心，如果能配置数控转台或分度转台，则可以实现一次安装、多面加工，这时一台数控机床可代替 5~7 台普通机床。

（5）有利于生产管理的现代化　数控机床采用数字信息与标准代码处理、传递信息，特别是在数控机床上使用计算机控制，为计算机辅助设计、制造以及管理一体化奠定了基础。

8.6.2　数控机床的分类

数控机床品种很多，可以从以下不同的角度进行分类。

1. 按加工工艺分类

(1) 金属切削类数控机床

1) 普通数控机床。与传统的车床、铣床、钻床、磨床、齿轮加工机床相对应的数控机床有数控车床、数控铣床、数控钻床、数控磨床、数控齿轮加工机床等。尽管这些数控机床在加工工艺上存在很大差别，具体的控制方式也各不相同，但机床的动作和运动都是数字化控制的，具有较高的生产率和自动化程度。

2) 加工中心。在普通数控机床上加装一个刀库和换刀装置，就成为数控加工中心。加工中心进一步提高了普通数控机床的自动化程度和生产率。例如铣、镗、钻加工中心，是在数控铣床的基础上增加了一个容量较大的刀库和自动换刀装置形成的。经一次装夹后，它可以对箱体零件的 4 面甚至 5 面进行铣、镗、钻、扩、铰以及攻螺纹等多工序加工，特别适合箱体类零件的加工。加工中心可以有效地避免由于工件多次安装造成的定位误差，减少了机床的台数和占地面积，缩短了辅助时间，大大提高了生产率和加工质量。

(2) 特种加工类数控机床　除了应用于切削加工的数控机床，数控技术也大量应用于数控电火花线切割机床、数控电火花成形机床、数控等离子弧切割机床、数控火焰切割机床以及数控激光加工机床等。

(3) 板材加工类数控机床　常见的应用于金属板材加工的数控机床有数控压力机、数控剪板机和数控折弯机等。

近年来，其他机械设备中也大量采用了数控技术，如数控多坐标测量机、自动绘图机及工业机器人等。

2. 其他分类方法

数控机床除了按工艺用途不同分类外，还有其他几种常见的分类方法，见表 8-4。

表 8-4　数控机床常见的其他几种分类方法

分类		应用	图　例
按控制系统的特点分类	点位控制系统	如数控坐标镗床、数控钻床、数控压力机等	数控钻床加工示意图
	直线控制系统	如数控车床、数控铣床、数控磨床等	数控铣床加工示意图

（续）

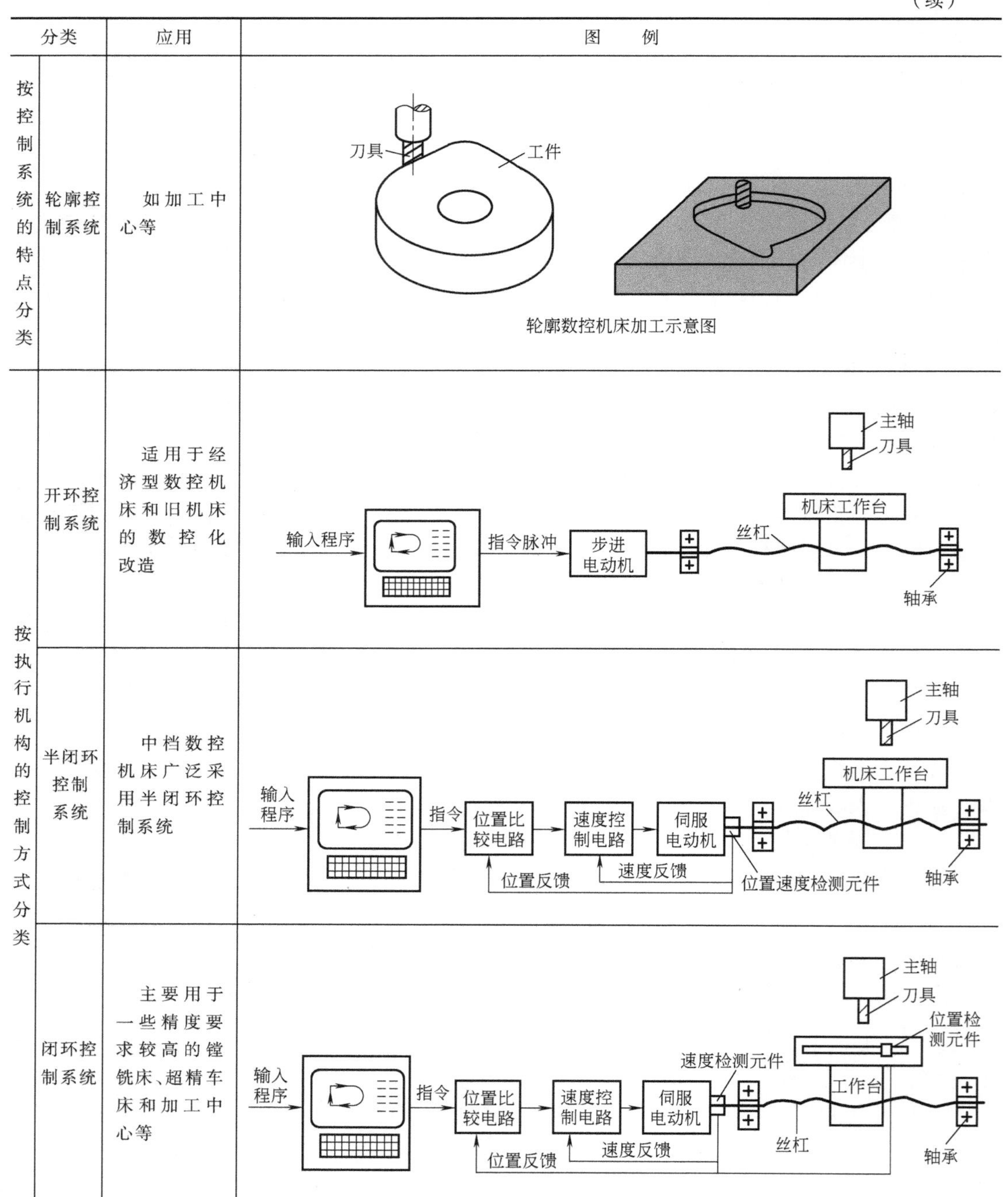

分类		应用	图　　例
按控制系统的特点分类	轮廓控制系统	如加工中心等	轮廓数控机床加工示意图
按执行机构的控制方式分类	开环控制系统	适用于经济型数控机床和旧机床的数控化改造	
	半闭环控制系统	中档数控机床广泛采用半闭环控制系统	
	闭环控制系统	主要用于一些精度要求较高的镗铣床、超精车床和加工中心等	

8.6.3　典型数控机床

1. 数控车床

数控车床是由普通车床演变而来的。它采用计算机数字控制方式，各个坐标方向的运动均采用独立的伺服电动机驱动，取代了普通车床上联系各坐标方向运动的复杂齿轮传动链。数控车床的演变如图 8-56 所示。

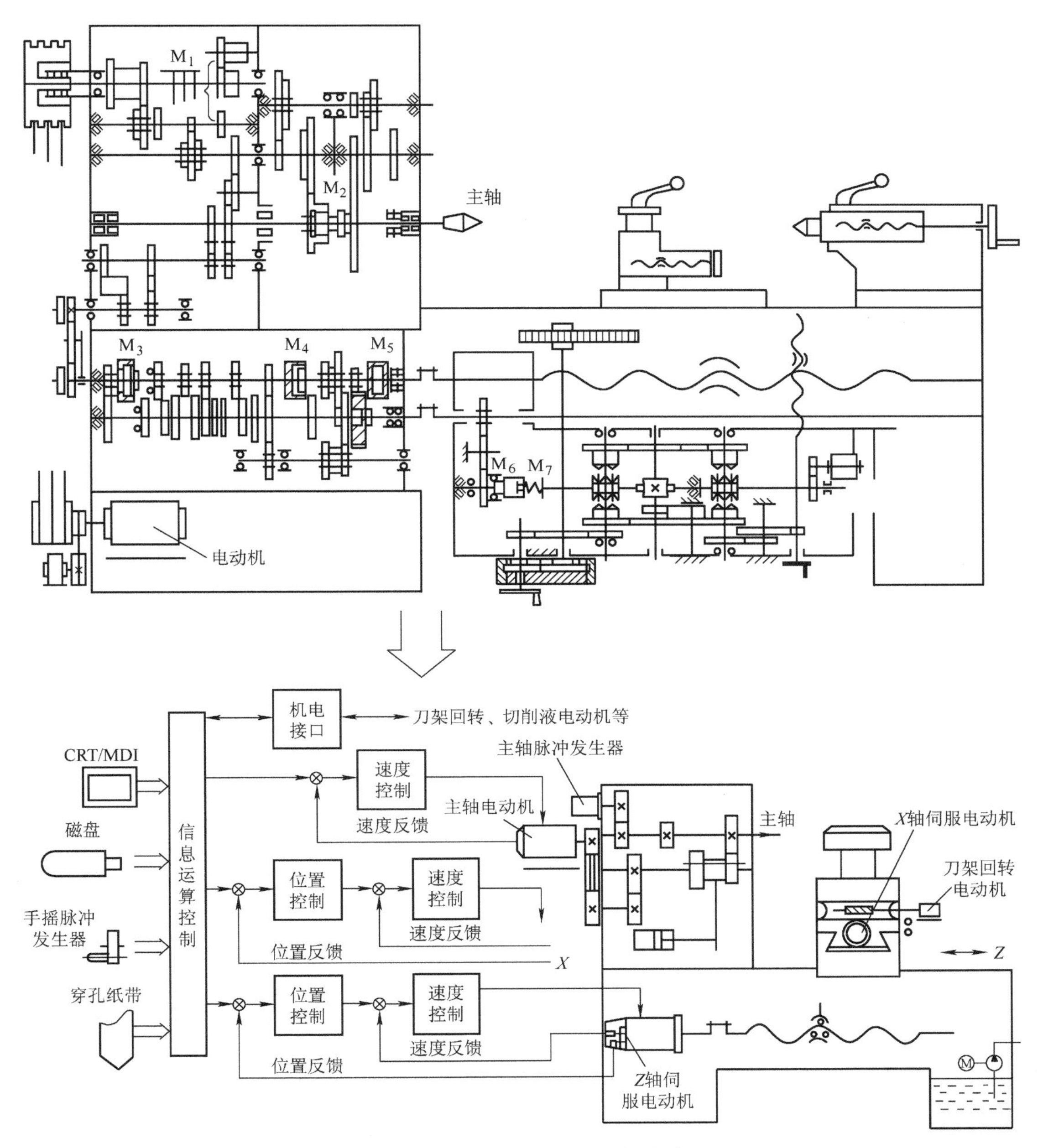

图 8-56　普通车床演变为数控车床

（1）数控车床的用途　数控车床从成形原理上讲与普通车床基本相同，但由于它增加了数字控制功能，与普通车床相比具有通用性好、加工效率和加工精度高以及加工过程自动控制的特点。它主要用于加工轴类、盘类回转体零件的内外圆柱面、锥面、圆弧、螺纹面，并能进行切槽、钻孔、扩孔、铰孔等加工。因此，数控车削加工已成为国内目前使用最多的数控加工方法之一。

（2）数控车床的分类

1）按数控系统的功能，数控车床可分为全功能型数控车床、经济型数控车床。

2）按主轴的配置形式，数控车床可分为卧式数控车床、立式数控车床。

3）按数控系统控制的轴数，数控车床可分为两轴联动的数控车床、四轴联动的数控车床。

2. 数控铣床

数控铣床也是由普通铣床演变而来的，如图8-57所示。数控铣床是发展最早的一种

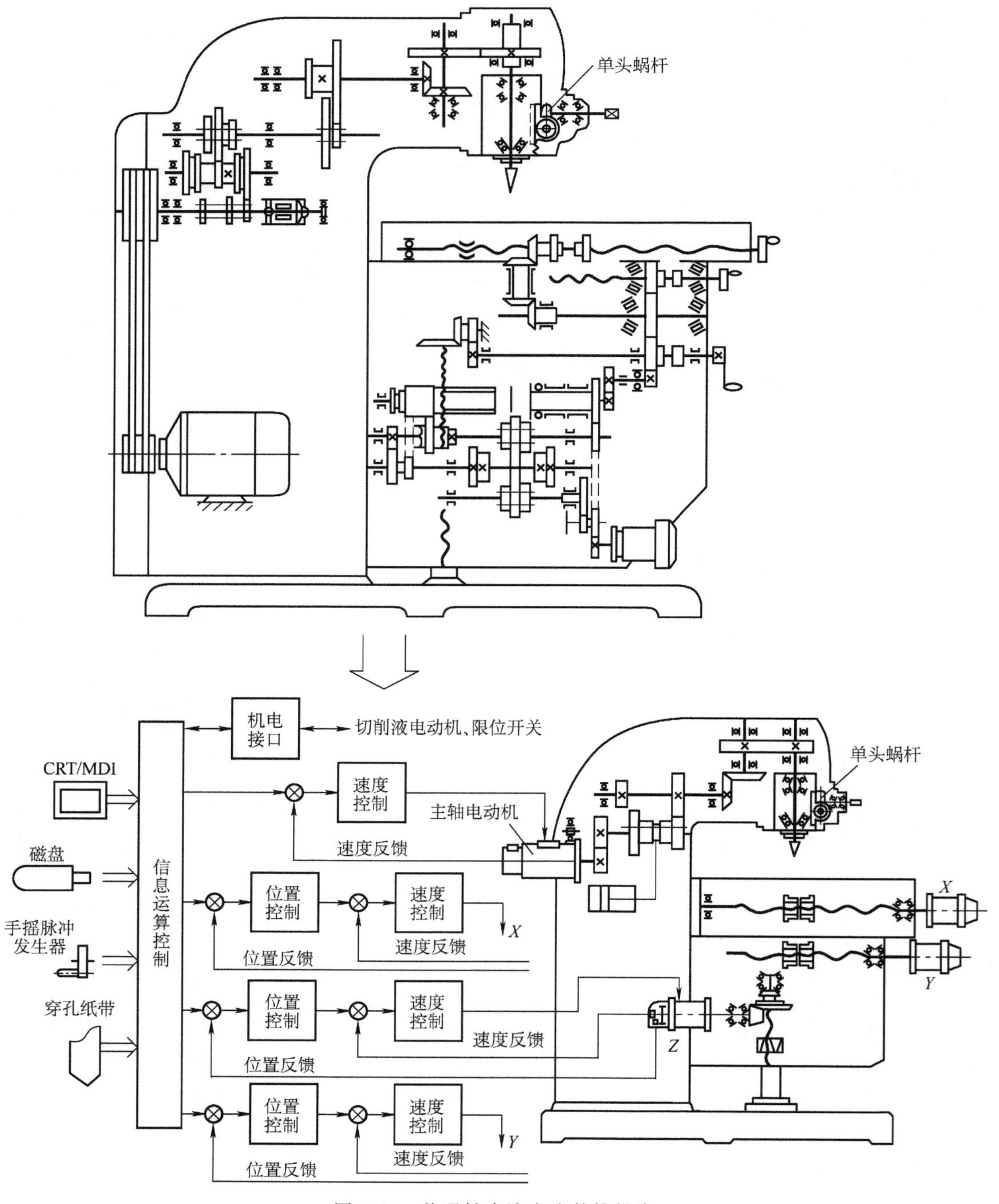

图8-57　普通铣床演变为数控铣床

数控机床，以主轴位于垂直方向的立式铣床居多。它主轴上装刀具，刀具做旋转的主运动；工件装于工作台上，工作台做进给运动。当工作台完成纵向、横向和垂直三个方向的进给运动，主轴只做旋转运动时，机床属于升降台式铣床；为提高刚度，目前多采用主轴既旋转又随主轴箱做垂直升降的进给运动，工作台完成纵向、横向的进给运动的工作台不升降铣床。在数控铣床上可完成各类复杂平面、曲面和壳体类零件的加工。

（1）数控铣床的用途　数控铣床主要用于加工平面凸轮、样板、形状复杂的平面或立体零件，模具的内、外型腔，以及箱体、泵体、壳体等零件。

（2）数控铣床的分类

1）按主轴的位置，数控铣床可分为立式数控铣床、卧式数控铣床和立卧两用数控铣床。

2）按数控铣床的构造，数控铣床可分为工作台升降式数控铣床、主轴头升降式数控铣床和龙门式数控铣床。

随着数控机床的发展，人们研制出了数控镗铣床。它不仅能完成铣削工作，而且能进行镗孔，从而保证了孔轴线与孔端面的垂直度。

3. 加工中心

加工中心（Machining Center，简称 MC）是一种典型的集高新技术于一体的自动化机械加工设备。世界上第一台加工中心于 1958 年在美国诞生。加工中心把铣削、镗削、钻削、攻螺纹等功能集中在一台设备上，使其具有多种工艺手段。加工中心与数控铣床有很多相似之处，但主要区别在于刀具库和自动刀具交换装置（Automatic Tools Changers，简称 ATC），如图 8-58 所示。加工中心是一种备有刀具库，并能通过程序或手动控制自动更换刀具，从而对工件进行多工序加工的数控机床。加工中心的加工范围广，柔性、加工精度和加工效率高，目前已成为现代机床发展的主流方向。

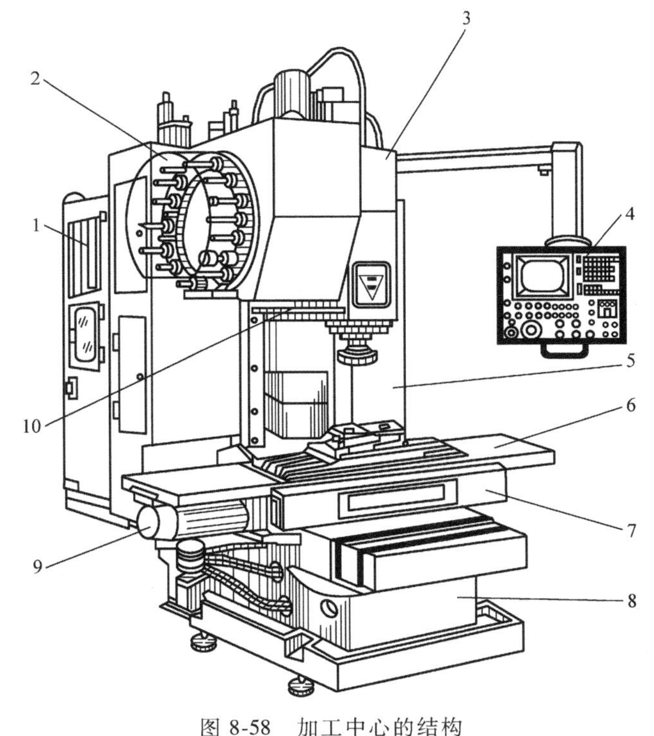

图 8-58　加工中心的结构

1—数控柜　2—刀库工作台　3—主轴箱　4—操作面板　5—驱动电源　6—工作台装置　7—滑枕　8—床身　9—进给伺服电动机　10—换刀机械手

（1）加工中心的用途　加工复杂，工序多（需多种普通机床、刀具及夹具），要求较高，需经多次装夹、调整才能完成加工的零件，适合在加工中心上加工，如箱体类零件、复杂曲面、异形件及盘、套、板类零件。利用加工中心还可实现一些特殊工艺的加工，如在金属表面上刻字、刻分度线、刻图案等；在加工中心的主轴上装上高频专用电源，还可对金属表面进行表面淬火。

（2）加工中心的分类

1）按主轴在空间所处的状态，加工中心可分为立式加工中心、卧式加工中心、复合加工中心。加工中心的主轴在空间处于垂直状态的称为立式加工中心；主轴在空间处于水平状态的称为卧式加工中心；主轴可做垂直和水平转换的，称为立卧式加工中心或五面加工中心，也称复合加工中心。

2）按加工中心运动坐标数和同时控制的坐标数，加工中心可分为三轴二联动、三轴三联动、四轴三联动、五轴四联动、六轴五联动等。三轴、四轴是指加工中心具有的运动坐标数，联动是指控制系统可以同时控制的运动坐标数，从而实现刀具相对于工件的位置和速度控制。

3）按工作台的数量和功能，加工中心可分为单工作台加工中心、双工作台加工中心和多工作台加工中心。

4）按加工精度，加工中心可分为普通加工中心和高精度加工中心。普通加工中心的分辨率为1μm，最大进给速度为15~25m/min，定位精度为10μm左右。高精度加工中心的分辨率为0.1μm，最大进给速度为15~100m/min，定位精度为2μm左右。定位精度介于2~10μm，以±5μm居多的加工中心称为精密级加工中心。

8.6.4 数控机床的发展趋势

新材料和新工艺的出现，对数控机床的要求越来越高，数控机床已经出现与传统机床完全不同的特征和结构。数控机床未来的发展趋势主要有以下几个方面。

（1）高速化　现在，主轴转速为40000r/min，最大进给速度为120m/min，最大加速度为$3m/s^2$。今后，这些数据将会更高。

（2）高精度　数控机床的主轴径向圆跳动和坐标定位精度，每8年提高一倍，目前正在向亚微米进军。

（3）工序集约化　车铣复合、完整加工，在一台机床上能够加工完毕一个复杂零件。

（4）机床的智能化　机床上配置各种微型传感器，使之具有监控和误差自动补偿功能。

（5）自主管理和通信　例如加工程序仿真、作业排序、数据采集、刀具寿命管理和网络通信等。

（6）机床的微型化　数控机床可进行各种微加工，制造微型机械的桌面工厂（指用于较小尺寸零件加工的机械，其体积小但功能全）已经出现。

8.7 特种加工简介

特种加工是用非常规的切削加工手段，利用电、磁、声、光、热等物理及化学能量，直接施加于被加工工件待加工部位，达到材料去除、变形以及改变性能等目的的加工技术。特种加工技术种类繁多，常用特种加工方法采用的能量形式及适用范围见表8-5。

表 8-5　常用特种加工方法采用的能量形式及适用范围

加工方法	能量形式	主要适用范围	可加工材料
电火花成形加工	电	可加工圆孔、方孔、异形孔、微孔、深孔及各种模具型腔，还可以刻字、表面强化、涂覆等	任何导电的金属材料、如硬质合金、不锈钢、淬火钢、钛合金
电火花线切割加工	电	切割各种冲裁模具及零件和各种样板等，也可用于钼、钨和贵重金属的切割	
电解加工	电	细小零件到超大型工件及模具，如仪表微型轴、涡轮叶片等	
电子束加工	电	在材料上加工微孔、切缝、蚀刻、焊接等	任何固体材料
激光加工	光	精密加工小孔、窄缝及进行成形加工等，还可焊接和热处理	
高子束加工	电	对零件表面进行超精密加工、超微量加工、抛光、蚀刻、镀覆等	
超声加工	声	加工、切割脆硬材料，如玻璃、石英、宝石、金刚石、半导体等	任何脆性材料
高压水射流加工	液流	二维切割加工、孔加工和三维型面加工	金属、塑料、石棉和各种脆性硬材料

8.7.1　电火花加工

1. 电火花加工的原理

电火花加工是利用工具电极和工件电极间瞬时放电所产生的高温来熔蚀工件表面材料的特种加工方法，也称为放电加工或电蚀加工。

电火花加工装置及原理如图 8-59 所示。工具电极 5 和工件电极 4 一般都浸在工作液（常用煤油、全损耗系统用油等作为工作液）中，自动调节进给装置 6 使工具与工件之间保持一定的放电间隙（0.01~0.20mm）。当脉冲电压升高时，两极间产生火花放电，放电通道的电流密度为 $10^5 \sim 10^6 A/cm^2$，放电区的瞬时高温可达 10000℃ 以上，能使工件表面的金属局部熔化，甚至汽化蒸发而被蚀除微量的材料。当电压下降时，工作液恢复绝缘。这种放电循环每秒钟重复数千到数万次，可使工件表面形成许多小的凹坑的现象，称为电蚀现象。

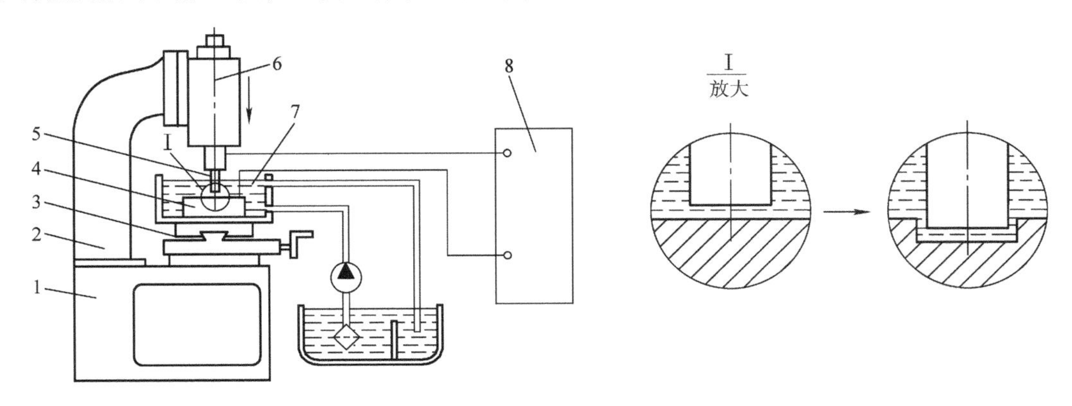

图 8-59　电火花加工装置及原理

1—床身　2—立柱　3—工作台　4—工件电极　5—工具电极（纯铜或石墨）　6—自动调节进给装置　7—工作液　8—脉冲电源

随着工具电极的不断进给，脉冲放电不断进行。周而复始，无数个脉冲放电所腐蚀的小凹坑重叠在工件上，即可把工具电极的轮廓形状相当精确地“复印”在工件上，从而实现一定尺寸和形状工件的加工。

2. 电火花加工的特点

1）电火花加工可以加工任何硬、脆、软和高熔点的导电材料，如淬火钢、硬质合金等。

2）加工时无切削力，有利于小孔、薄壁、窄槽以及各种复杂横截面的型孔和型腔加工，也适用于精密、微细加工。

3）脉冲参数可以任意调整，可以在同一台机床上连续进行粗加工、半精加工和精加工。

4）工具电极可用较软的纯铜、石墨等容易加工的材料制造。

5）脉冲放电持续时间短（每秒几万次），工件几乎不受热影响。

6）直接用电加工，便于实现自动控制和加工自动化。

3. 电火花加工的应用

电火花加工的应用范围较广，可以用于进行孔加工和线电极切割等。

（1）穿孔加工　电火花穿孔加工可用于加工各种型孔（圆孔、方孔、多边孔、异形孔）、小孔（D=0.1~1mm）和微孔（D<0.1mm）等，例如冲压的落料或冲孔凹模以及拉丝模和喷丝孔等。

（2）型腔加工　电火花型腔加工主要用于锻模、挤压模、压铸模等的加工。

（3）线电极切割　线电极切割简称线切割。其加工原理与一般的电火花加工相同，区别是所使用的工具不同。它不靠成形的工具电极将形状尺寸复印到工件上，而是用移动着的电极丝（一般小型线切割机采用0.08~0.12mm的钼丝，大型线切割机采用0.3mm左右的钼丝）以数控加工的方法，按预定的轨迹进行线切割加工。

如图8-60所示，脉冲电源6的一极接在工件5上，另一极接电极丝4（实际上是接在导电材料做的导轮上）。电极丝4事先穿过工件上预钻的一个小孔，存丝筒1使电极丝做正、反向交替移动。安放工件的工作台在X、Y两个坐标方向上分别装有步进电动机或伺服电动机，从而把工件切割成形。

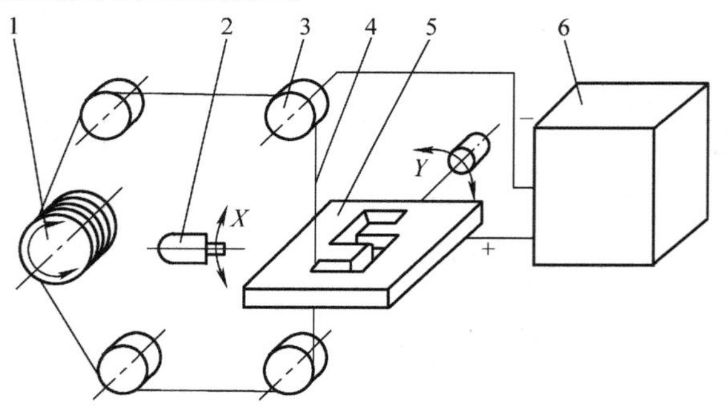

图8-60　线切割原理图

1—存丝筒　2—工作台驱动电动机　3—导轮
4—电极丝　5—工件　6—脉冲电源

线切割适用于切割加工形状复杂、精密的模具和其他零件，加工精度可控制在0.01mm左右，表面粗糙度值$Ra \leq$ 2.5μm。线切割加工时，阳极金属的蚀除速度大于阴极，因此应采用正极性加工，即工件接高频脉冲电源的正极，工具电极（钼丝）接负极，工作液宜选用乳化液或去离子水。

8.7.2　电解加工

电解加工是继电火花加工之后发展起来的、应用较广泛的一项新工艺。目前，在国内外其已成功地应用于枪炮、航空发动机、火箭等制造业，在汽车、拖拉机、采矿机械和模具制造中也得到了应用。

1. 电解加工的原理

电解加工是利用金属在电解液中的“阳极溶解”将工件加工成形的。电解加工原理如图 8-61 所示。加工时，工件接直流电源（电压为 5~25V，电流密度为 10~100A/cm^2）的阳极，工具接电源的阴极。进给机构控制工具向工件缓慢进给，使两级之间保持较小的间隙（0.1~1mm）。从电解液泵出来的电解液以一定的压力（0.5~2MPa）和速度（5~50m/s）从间隙中流过，这时阳极工件的金属逐渐被电解腐蚀，同时电解产物被高速流过的电解液带走。

电解加工成形原理如图 8-62 所示，图中细竖线表示通过阴极（工具）与阳极（工件）间的电流，竖线的疏密程度表示电流密度的大小。在加工刚开始时，工具与工件相对表面之间是不等距的，如图 8-62a 所示，阴极与阳极距离较近的地方通过的电流密度较大，电解液的流速也较高，阳极溶解速度也就较快。随着工具相对工件不断进给，工件表面就不断被电解，电解产物不断被电解液冲走，直至工件表面形成与阴极工作面基本相似的形状为止，如图 8-62b 所示。

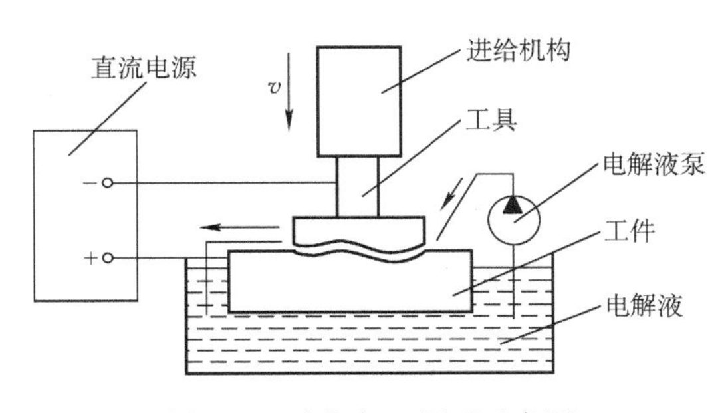

图 8-61　电解加工原理示意图

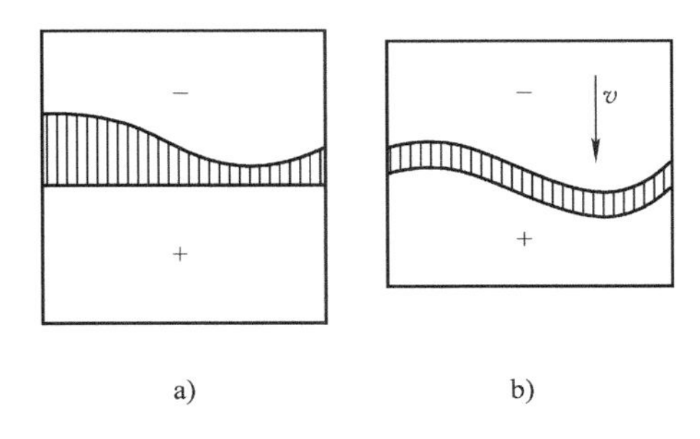

图 8-62　电解加工成形原理

2. 电解加工的特点和应用

1）加工范围广。电解加工不受金属材料本身硬度和强度的限制，可加工硬质合金、淬火钢、耐热合金等高硬度、高强度及韧性金属材料，也可加工各种复杂型面工件，如叶片、模具等。

2）生产率高，为电火花加工的 5~10 倍。在某些情况下，电解加工比切削加工的生产率还高，且加工生产率不直接受加工精度和表面粗糙度的限制。

3）可以达到较小的表面粗糙度（*Ra* 值可达 1.25~0.2μm）和 0.2mm 左右的平均加工精度，且不会产生毛刺。

4）加工中无热作用及机械切削力的作用，加工面不产生应力、变形及变质层。

5）加工中理论上不会损耗阴极工具，因而阴极工具可长期使用。

电解加工的主要缺点和局限性为：不易达到较高的加工精度和加工稳定性，这是由于工具（阴极）制造较困难及影响加工间隙的因素多且难以控制造成的；电解加工机床需有足够的刚性和耐蚀性，附属设备多，占地面积大；电解产物需进行妥善处理，否则将污染环境。

8.7.3　超声加工

1. 超声加工的工作原理

超声加工也称为超声波加工。超声波指频率 f>16000Hz 的声波。超声波的特点是：频率高，波长短，能量大，传播过程中反射、折射、共振、损耗等现象显著。它可使传播方向上的障碍物受到很大的压力，其能量强度可达每平方厘米几十瓦到几百瓦。超声加工是利用工

具端面的超声频振动，通过工作液中悬浮的磨料对工件表面进行冲击，从而使工件成形的加工方法。

超声加工工作原理如图8-63所示。加工时，在工具和工件之间加入液体（水或煤油等）和磨料混合的悬浮液，并使工具以很小的力 F 轻轻压在工件上。超声波发生器将工频交流电能转变为有一定功率输出的超声频电振荡，通过换能器将超声频电振荡转变为超声机械振动。其振幅很小，一般只有0.005～0.01mm，再通过一根上粗下细的变幅杆，使振幅增大到0.01～0.15mm，固定在变幅杆上的工具即产生超声振动，迫使工作液中悬浮的磨料以高速不断地撞击、抛磨加工表面，使其从材料上被打击下来。虽然每次打击下来的材料很少，但由于每秒钟打击的次数多达16000次以上，所以超声加工仍有一定的加工效率。与此同时，工作液受工具端面超声振动作用而产生的高频、交变的液压正负冲击波和“空化”作用，促使工作液渗入被加工材料的微裂纹处，加剧了机械破坏作用。加工中的振荡还迫使磨料液在加工区工件和工具间的间隙中流动，从而使变钝了的磨料能及时更新。工具沿加工方向以一定速度移动，可以实现有控制的加工，从而可以逐渐将工具的形状“复制”在工件上，加工出所需要的形状。

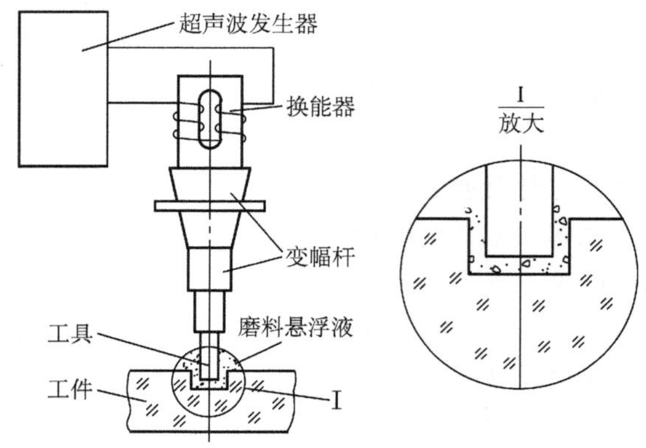

图8-63　超声加工工作原理示意图

2. 超声加工的特点及应用

1）适合加工各种硬脆材料，特别是不导电的非金属材料，例如玻璃、陶瓷（氧化铝、氮化硅）、石英、锗、硅、石墨、玛瑙、宝石、金刚石等。导电的硬质金属材料如淬火钢、硬质合金等，也能利用超声加工方法进行加工，但加工生产率较低。

2）由于工具可用较软的材料，可以制成较复杂的形状，故超声加工不需要使工具和工件做比较复杂的运动，因此超声加工机床的结构比较简单，操作、维修方便。

3）由于去除加工材料是靠极小磨料瞬时局部的撞击作用实现的，故工件表面受到的宏观切削力很小，切削应力、切削热很小，不会引起变形及烧伤。加工出的工件的表面粗糙度值也较小（$Ra=1\sim0.1\mu m$）。超声加工的加工尺寸精度可达0.01～0.02mm，而且可以加工薄壁、窄缝、低刚度零件。

8.7.4　激光加工

1. 激光加工的工作原理

激光是一种受激辐射的亮度高、方向性好的单色光。由于激光发散角小，故可通过光学系统把激光束聚焦成一个极小的光斑（直径仅有几微米到几十微米）。其焦点处的功率密度可达 $10^8\sim10^{10}W/cm^2$，温度高达上万摄氏度，从而能在千分之几秒甚至更短的时间内使材料熔化和汽化，并产生强烈的冲击波，使熔化和汽化的物质爆炸式地喷射出去。激光加工就是利用这种原理进行的。

激光加工的基本设备包括电源、激光器、光学系统及机械系统四部分，如图8-64所示。其中激光器是激光加工的主要设备，它把电能转变成光能，产生所需要的激光束。激光器按

照所用的工作物质可分为固体激光器、气体激光器、液体激光器和半导体激光器四种，常用的是钕玻璃、YAG（掺钕钇铝石榴石）和二氧化碳气体激光器等。

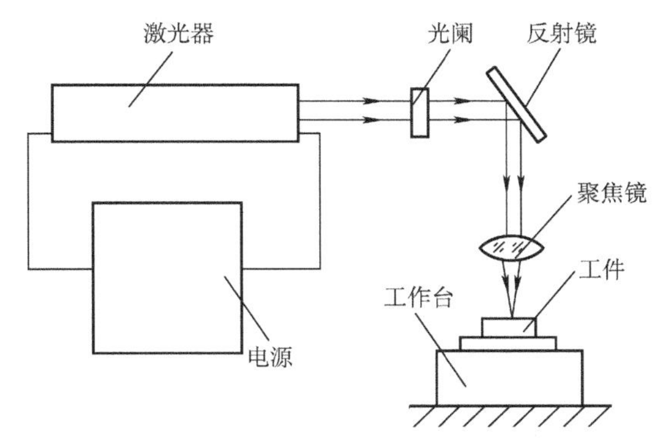

图 8-64　激光加工原理示意图

2. 激光加工的特点及应用

1）不需要加工工具，所以不存在工具损耗问题，适用于自动化生产系统。

2）激光的功率密度高，几乎能加工所有的材料，如各种金属材料，以及陶瓷、石英、玻璃、金刚石及半导体等，透明材料经采取一些色化和打毛措施后，也可加工。

3）激光加工是非接触加工，加工速度快、热影响区小，适用于微细加工，如加工深而小的微孔（直径可小至几微米，深度与直径之比可达 50~100）和窄缝。

4）通用性好。同一台激光加工装置可做多种加工用，如打孔、切割、焊接等都可以在同一台机床上进行。

另外，激光加工技术精度高、设备复杂、加工成本高。

8.7.5　电子束加工与离子束加工

电子束加工和离子束加工是利用高能粒子束进行精密微细加工的先进技术，尤其在微电子学领域内已成为半导体（特别是超大规模集成电路制作）加工的重要工艺手段。电子束加工主要用于打孔、切槽、焊接及电子束光刻；离子束加工则主要用于离子刻蚀、离子抛光、离子镀膜、离子注入等。目前进行的纳米加工技术的研究，可实现原子、分子为加工单位的超微细加工，采用的就是高能粒子束加工技术。

1. 电子束加工

（1）电子束加工的原理　电子束加工装置的基本结构如图 8-65 所示。它由电子枪、真空系统、控制系统和电源等部分组成。

在真空条件下，将具有很高速度和能量的电子射线聚焦（一次或二次聚焦）到被加工材料上，电子的动能大部分转变为热能，可以使被冲击部分材料的温度升高至熔点，瞬时熔化、汽化及蒸发而去除，达到加工的目的，这就是电子束加工原理。

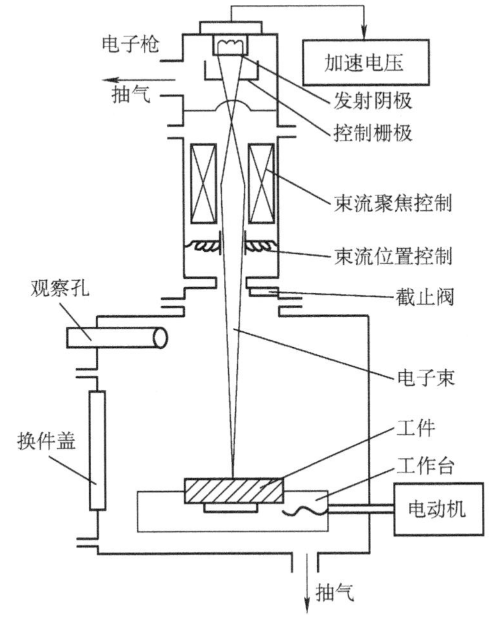

图 8-65　电子束加工装置示意图

（2）电子束加工的特点及应用　由于电子束在极小的面积上具有高能量（能量密度可达 $10^6 \sim 10^9\,\mathrm{W/cm^2}$），故电子束加工可用于加工微孔、窄缝等，其生产率比电火花加工高数十倍至数百倍。此外，还可利用电子束焊接高熔点金属和用其他方法难以焊接的金属，以及用电子束炉生产高熔点高质量的合金及纯金属。

1）加工中电子束对工件的压力很微小，主要靠瞬时蒸发达到加工目的，所以工件产生的应力及应变均很小。

2）电子束加工是在真空度为 $1.33\times10^{-1}\sim1.33\times10^{-3}$Pa 的真空加工室中进行的，故加工表面无杂质渗入，不氧化；加工材料范围广泛，特别适宜加工易氧化的金属和合金材料以及纯度要求高的半导体材料。

3）电子束的强度和位置比较容易用电、磁的方法控制，加工过程易实现自动化，可进行程序控制和仿形加工。

电子束加工也有一定的局限性，它一般只用于加工微孔、窄缝及微小的特性表面，而且因为它需要有真空设施及数万伏的高压系统，故设备价格较高。

2. 离子束加工

离子束加工原理与电子束加工类似，也是在真空条件下，把氩（Ar）、氪（Kr）、疝（Xr）等惰性气体，通过离子源产生离子束并经过加速、集束、聚焦后，投射到工件表面上的加工部位，以实现去除加工。所不同的是离子的质量比电子的质量大千万倍，例如最小的氢离子，其质量是电子质量的1840倍，氩离子的质量是电子质量的7.2万倍。由于离子的质量大，故离子束加速轰击工件表面时，比电子束具有更大的能量。

产生离子束的方法是将电离的气态元素注入电离室，利用电弧放电或电子轰击等方法，使气态原子电离为等离子体（即正离子数和负离子数相等的混合体）。用一个相对于等离子体为负电位的电极（吸极），从等离子体中吸出离子束流，再通过磁场作用或聚焦，形成密度很高的电离子束去轰击工件表面。根据离子束产生的方式和用途不同，产生离子束流的离子源有多种形式，常用的有考夫曼型离子源和双等离子管型离子源。

离子束加工具有易于精确控制、加工所产生的污染少、应力小和变形小的特点，特别适合加工易氧化的金属、合金和半导体材料等。

小　结

金属的切削加工方法及其特点如下。

<table>
<tr><td rowspan="9">切削加工</td><td>钻削加工</td><td colspan="2">主要用于加工孔的表面</td></tr>
<tr><td>车削加工</td><td colspan="2">主要用于旋转表面的加工</td></tr>
<tr><td>铣削加工</td><td colspan="2">主要用于平面及沟槽的加工</td></tr>
<tr><td>刨削加工</td><td colspan="2">主要用于平面及沟槽的加工</td></tr>
<tr><td>镗削加工</td><td colspan="2">主要用于孔系的粗、精加工</td></tr>
<tr><td>磨削加工</td><td colspan="2">适用于各种表面的精加工</td></tr>
<tr><td rowspan="3">数控加工</td><td>数控车</td><td>主要用于加工轴类、盘类等回转体零件</td></tr>
<tr><td>数控铣</td><td>主要用于加工各类复杂平面、曲面和壳体类零件</td></tr>
<tr><td>加工中心</td><td>加工中心具有自动换刀功能，加工范围广，柔性、加工精度和加工效率高</td></tr>
<tr><td rowspan="5">特种加工</td><td>电火花加工</td><td colspan="2">主要用于不便切削加工的材料、模具的型腔及各种型孔的加工</td></tr>
<tr><td>电解加工</td><td colspan="2">主要用于不便切削加工的材料、型孔、型腔、复杂表面、深小孔的加工</td></tr>
<tr><td>超声加工</td><td colspan="2">主要用于各种硬脆材料，电火花、电解加工无法加工的绝缘材料、半导体材料的加工</td></tr>
<tr><td>激光加工</td><td colspan="2">适用于各种材料的加工，特别适合加工深小孔和窄缝</td></tr>
<tr><td>电子束加工
及离子束加工</td><td colspan="2">电子束加工适合于微孔、窄缝的加工，还可焊接高熔点金属等
离子束加工适合于加工易氧化的金属、合金和半导体材料等</td></tr>
</table>

第9章 零件生产过程的基础知识

学习目标

1. 了解零件生产过程、生产类型及其工艺特点，能识读生产工艺卡。
2. 熟悉典型表面的加工方案和定位基准的选择方法。
3. 了解典型工件的加工工艺。

9.1 生产过程的基本概念

1. 生产纲领与生产类型

（1）生产纲领　生产纲领是指企业在计划期内应当生产的产品产量和进度计划。机器中某零件的生产纲领除了包括制造机器所需要的零件数量以外，还应包括一定的备品和废品，所以零件的生产纲领是指包括备品和废品在内的计划产量。

（2）生产类型　生产类型是指对企业（或车间、工段、班组、工作地）生产专业化程度进行的分类，一般分为单件生产、批量生产和大量生产三种生产类型。其划分的参考数据见表9-1。

表9-1　划分生产类型的参考数据

生产类型		工件年产量/件			基本特点	应用举例
		重型工件	中型工件	轻型工件		
单件生产		<5	<10	<100	生产的产品品种繁多，数量极少，甚至只有一件或少数几件，且很少重复生产	新产品试制、专用设备制造等
批量生产	小批	5~100	10~200	100~500	生产的产品品种较多，每一种产品均有一定的数量，且各种产品周期性重复生产	通用机床制造、电机制造等
	中批	100~300	200~500	500~5000		
	大批	300~1000	500~5000	5000~50000		
大量生产		>1000	>5000	>50000	产品品种较少而数量很多，大多数工作地点长期重复地进行某一道工序的加工	自行车制造、轴承制造、汽车制造等

不同的生产类型决定了不同的加工工艺，对生产组织、生产管理、工艺装备、加工方法等都有不同的要求，以达到优质、高产、低耗和安全的目的。

2. 生产过程和加工工艺过程

（1）生产过程　将原材料转变为成品的全过程，称为生产过程。它包括原材料的运输和保管，生产的准备工作，毛坯的制造，零件的机械加工，零件的热处理，部件和产品的装配，检验、油漆和包装等。

各种机械产品的具体制造方法和过程是不相同的，但生产过程大致可分为三个阶段，即毛坯制造、零件加工和产品装配。

（2）加工工艺过程　所谓“工艺”，就是制造产品的方法。加工工艺过程是生产过程的主要部分，是指生产过程中由零部件毛坯准备开始，到形成零部件成品为止的过程。它包括毛坯制造工艺过程、热处理过程、机械加工工艺过程、装配工艺过程等。生产过程与工艺过程是包容关系，如图9-1所示。这里主要讨论机械加工工艺过程。

机械加工工艺过程是利用机械加工的方法，直接改变毛坯的形状、尺寸和表面质量，使其转变为成品的过程。为便于叙述，以下将机械加工工艺过程简称为工艺过程。

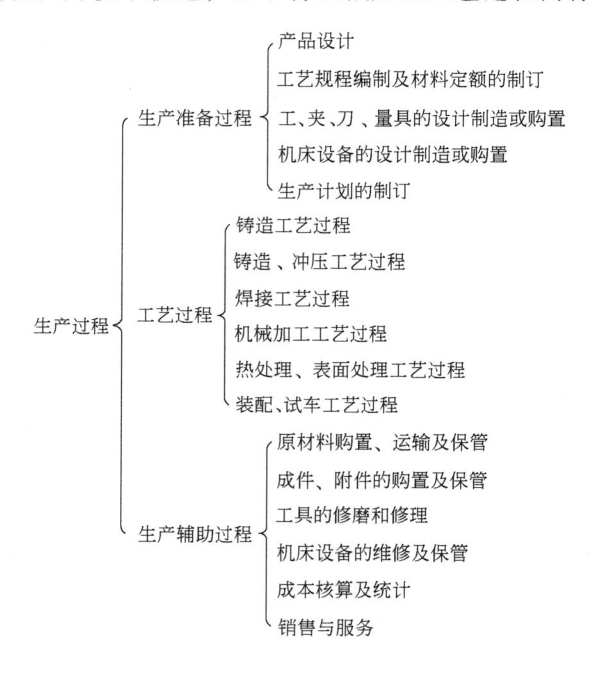

图9-1　生产过程与工艺过程的关系

3. 工艺过程的组成

要完成一个零件的工艺过程，需要采用多种不同的加工方法和设备，及一系列加工工序。工艺过程就是由一个或若干个顺序排列的工序组成的。每个工序又分为若干个安装、工位、工步、进给，如图9-2所示。

（1）工序　一个（或一组）工人，在一个工作地点（或一台机床上），对一个（或一组）零件进行连续加工所完成的那部分工艺过程，称为工序。

划分工序的主要依据是工作地是否变动和工作是否连续。如图9-3所示的阶梯轴，当

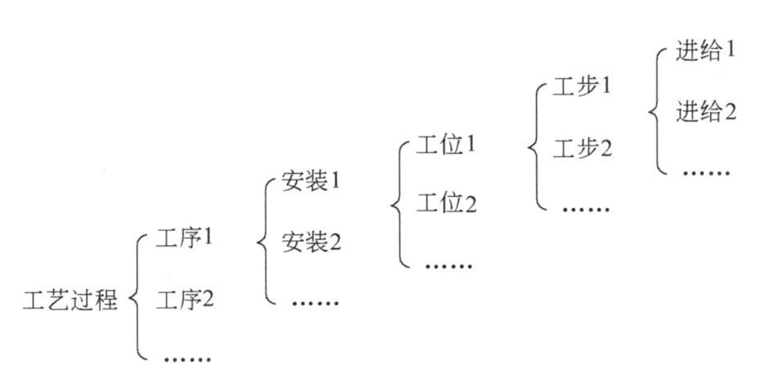

图 9-2　工艺过程的组成

加工数量较少时，其工序划分按表 9-2 进行；当加工数量较多时，其工序划分按表 9-3 进行。

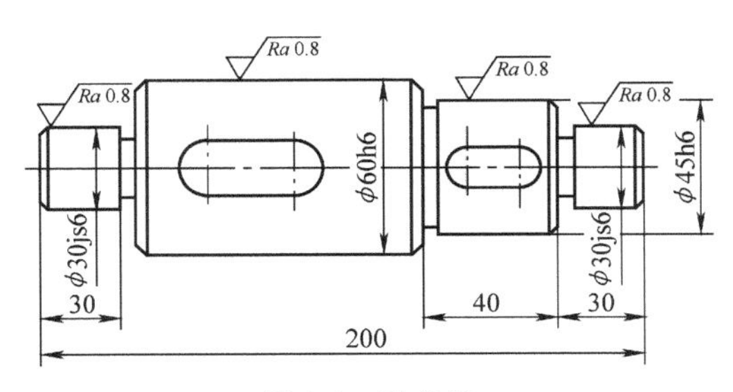

图 9-3　阶梯轴

表 9-2　单件小批生产的工艺过程

工　序　号	工 序 内 容	设　　备
1	车端面，钻中心孔	车床
2	车外圆，切槽和倒角	车床
3	铣键槽，去毛刺	铣床
4	磨外圆	磨床

表 9-3　大批量生产的工艺过程

工　序　号	工 序 内 容	设　　备
1	两边同时铣端面，钻中心孔	铣端面钻中心孔机床
2	车一端外圆，切槽和倒角	车床
3	车另一端面，切槽和倒角	车床
4	铣键槽	铣床
5	去毛刺	钳工台
6	磨外圆	磨床

从以上加工轴的工序安排我们可以看到，同一零部件、生产数量不同，加工工艺是不同的。在大批量生产过程中，为了提高劳动生产率，保证批量生产的质量，降低产品生产时对工人操作技能的要求，宜把工件加工工序写得细一些。为关键的工序，配备较好的设备和技术工人，就能保证正常生产。

（2）安装　使工件在机床或夹具中占有正确位置的过程称为定位。工件定位后将其固

定不动的过程称为夹紧。将工件在机床或夹具中定位、夹紧的过程称为安装。在一道工序中，工件可能被安装一次或多次，才能完成加工。如表9-2中的工序1要进行两次安装：先装夹工件一端，车端面、钻中心孔，称为安装1；再调头装夹，车另一端面、钻中心孔，称为安装2。

在加工中，应尽量减少安装次数，因为多一次安装，就增加一次安装时间，还会增加定位和夹紧误差。

（3）工位　在批量生产中，为了提高劳动生产率，减少安装次数、时间，常采用转位夹具、回转工作台或其他移位夹具，使工件在一次安装中先后处于不同的位置，以利于加工。工件在机床上所占据的每一个待加工位置称为工位。图9-4所示为利用回转工作台或转位夹具，在一次安装中顺利完成装卸工件、钻孔、扩孔、铰孔四个工位加工的实例。采用这种多工位加工方法，可以提高加工精度和生产率。

（4）工步　在一个工序中，在加工表面不变、切削工具不变、切削用量中的进给量和切削速度不变的情况下所完成的那部分工艺过程，称为工步。以上三个因素中任一个因素改变后，即成为新的工步。一个工序可以只包括一个工步，也可以包括几个工步。如表9-2中的工序1，加工两个表面，所以有两个工步。表9-3中的工序4只有一个工步。

为简化工艺文件，通常将那些连续进行的若干个相同的工步看作一个工步。如加工图9-5所示的零件，在同一工序中，连续钻四个ϕ15mm的孔就可看作一个工步。为了提高生产率，用几把刀具或复合刀具同时加工几个表面，也可看作一个工步，称为复合工步。如表9-3中的铣端面、钻中心孔，每个工位都是用两把刀具同时铣两端面或钻两端中心孔，它们都是复合工步。

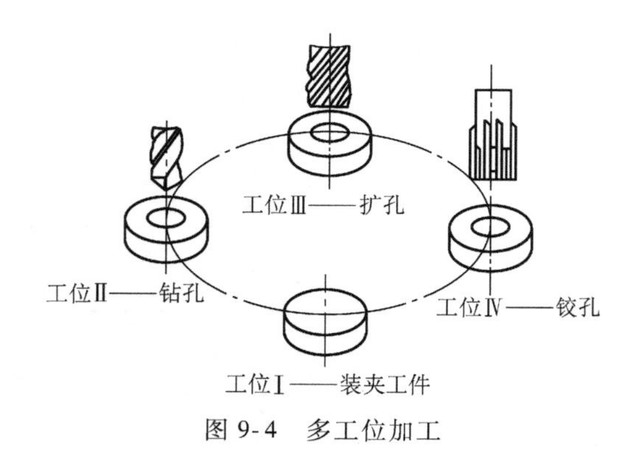

图9-4　多工位加工

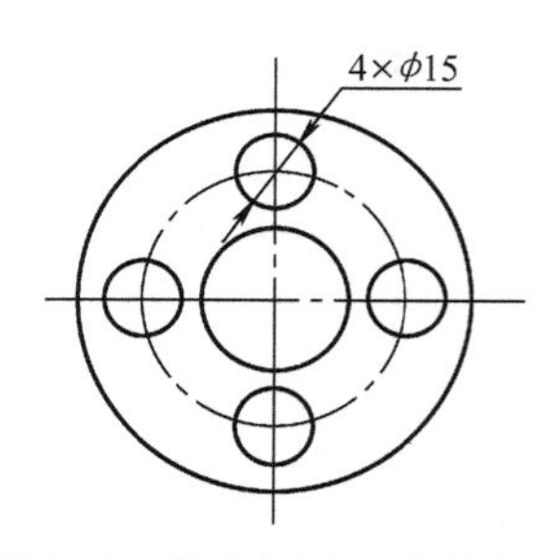

图9-5　简化相同工步的实例

（5）进给　在一个工步中，若所需切去的金属层很厚，可以分几次切削，每一次切削称为一次进给。

4. 工艺设备和工艺装备

工艺设备是完成工艺过程的主要生产装置，如各种机床、加热炉、电镀槽等。工艺设备简称设备。

工艺装备是指在产品制造过程中所用的各种工具的总称，如刀具、夹具、量具等。工艺装备简称工装。

5. 定位基准的选择

在加工时，用以确定零件在机床上或夹具中的正确位置所采用的基准，称为定位基准。它是工件上与夹具定位元件直接接触的线或面，一般不选用点。正确选择定位基准对保证零件表面间的相互位置精度、确定表面加工顺序和夹具结构的设计都有很大的影响。

制订加工工艺规程时，应根据零件的结构形状和加工精度要求，正确选择加工零件的定位基准。加工零件的第一道工序只能用毛坯的表面来定位，这种定位基准称为粗基准。在以后的工序中，用已加工的表面来定位，称为精基准。

（1）粗基准的选择原则

1）以工件上某些要求余量小而均匀分布的重要表面为粗基准。如图 9-6 所示，选择导轨面为加工床身铸件两底面的粗基准，目的在于保证重要导轨面上只切去少而均匀的一层金属，从而保留下尽可能多的优良组织层。另外，使用导轨面这样大而平的毛坯面作为粗基准，可以使工件安装平稳可靠。

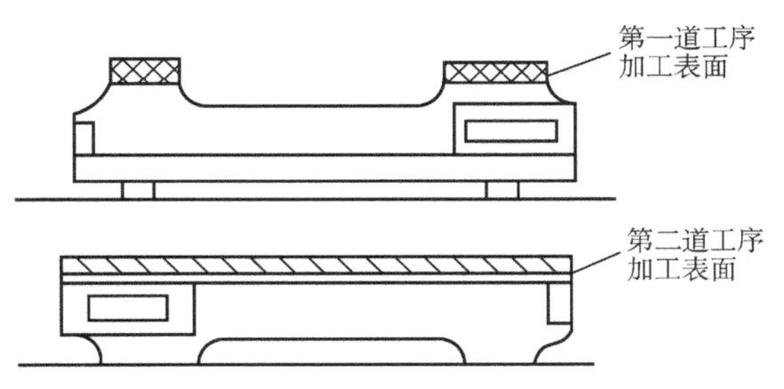

图 9-6　车床床身粗基准的选择

2）选择不需加工的表面为粗基准。选择非加工表面作为粗基准，可以使加工表面与非加工表面之间的位置误差最小。如图 9-7所示的套筒零件，外表面 1 是非加工表面，内表面 2 是加工表面。为保证镗孔后壁厚均匀，即内圆表面与外圆表面同轴，应选择外圆表面为粗基准。

3）对于有较多加工表面，或不加工表面与加工表面间相互位置要求不严格的零件，粗基准的选择应能保证合理分配各加工表面的余量。一般选择毛坯上余量最小的表面作为粗基准，以避免余量不足造成工件报废。

如图 9-8 所示的阶梯轴零件，ϕ100mm 外圆余量为 14mm，ϕ50mm 外圆余量为 8mm，毛坯大、小外圆有 5mm 的偏心，此时应选 ϕ58mm 外圆为粗基准，先加工 ϕ114mm 外圆，然后以加工过的 ϕ100mm 外圆为精基准加工 ϕ58mm 外圆至 ϕ50mm，这样可保证 ϕ50mm 外圆有足够的余量。反之，ϕ50mm 外圆余量可能不够。

4）作为粗基准的表面，应尽量平整光洁，有一定面积，以使工件定位准确、夹紧可靠。

5）粗基准在同一尺寸方向上只能使用一次。因为毛坯面粗糙且精度低，重复使用将产生较大的误差。如图 9-9 所示，以 B 面为粗基准加工 C 面，若再以 B 面为基准加工 A 面，则必造成 A、C 面之间较大的误差。

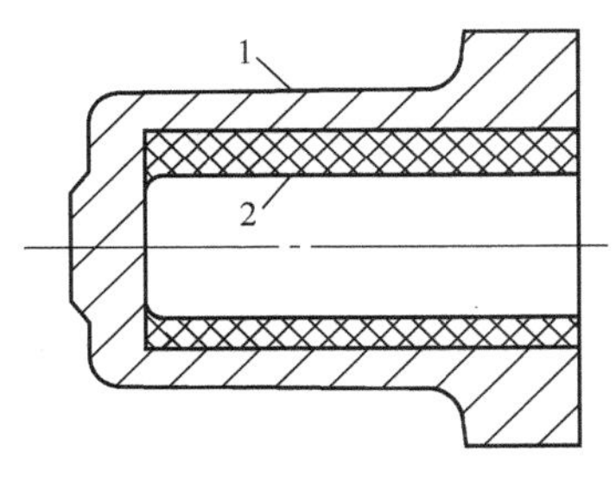

图 9-7　以非加工表面为粗基准

1—外表面　2—内表面

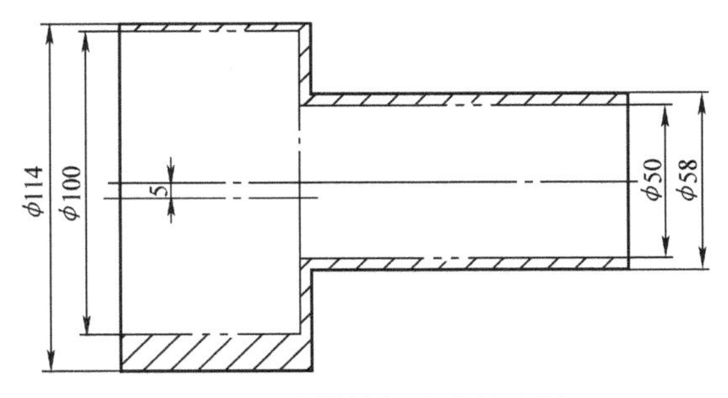

图 9-8　阶梯轴粗基准的选择

（2）精基准的选择原则

1）基准重合原则：即选用设计基准作为定位基准，以避免定位基准与设计基准不重合而引起基准不重合误差。

2）基准统一原则：应选择同一个（或一组）定位基准来加工尽可能多的表面，以保证各加工面的相互位置精度，避免因基准变换而产生的误差，并简化夹具的设计制造工作。

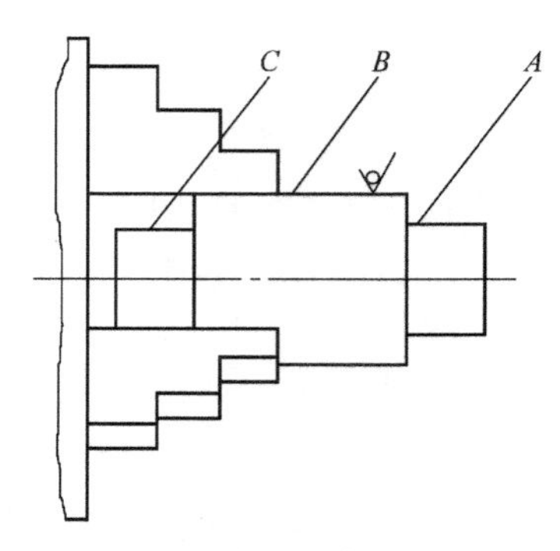

图9-9　不应重复使用粗基准

3）互为基准原则：有些零件采用互为基准反复加工的原则，如车床主轴的轴颈和前端锥孔的同轴度要求很高，常以轴颈和锥孔表面互为基准反复加工来达到精度要求。

4）自为基准原则：对于零件上的重要表面的精加工，必须选加工表面本身作为基准。例如，磨削车床导轨面时，就利用导轨面作为基准进行找正安装，以保证加工余量少而且均匀。除此之外，还有无心磨外圆、浮动镗刀镗孔等均采用自为基准原则。

另外，为保证零件定位准确、夹紧可靠，还应使夹具结构简单、操作方便。

实际上，无论选择粗基准还是精基准，上述原则都不可能同时满足，有时还是互相矛盾的。因此，在选择时应根据具体情况进行分析，权衡利弊，保证主要的要求。

9.2　生产工艺卡

9.2.1　机械加工工艺规程

机械加工工艺规程是指规定工件机械加工工艺过程和操作方法等的工艺文件。它把较合理的工艺过程和操作方法，按照规定的形式书写成工艺文件，经审批后用来指导生产。

机械加工工艺规程有以下三种形式：工艺过程综合卡、机械加工工艺卡和机械加工工序卡，常用的是机械加工工艺卡和机械加工工序卡。

9.2.2　识读机械加工工艺规程

1. 识读机械加工工艺卡

机械加工工艺卡一般在成批生产中应用，主要用来指导工人进行生产。

下面以图9-10所示传动齿轮的生产工艺卡为例，识读卡中所反映的内容，了解工件的整个加工工艺过程。

机械加工工艺卡是以工序为单位，简要说明工件加工过程的工艺文件，主要用于生产管理，作为生产准备、编制生产计划和组织生产的依据。表9-4为传动齿轮的机械加工工艺卡。

从表9-4中可以看出，机械加工工艺卡中的内容有毛坯的选择、具体的加工工艺过程、机床和工艺装备的选择、各工序的工时确定（此工艺卡中未列出）等。

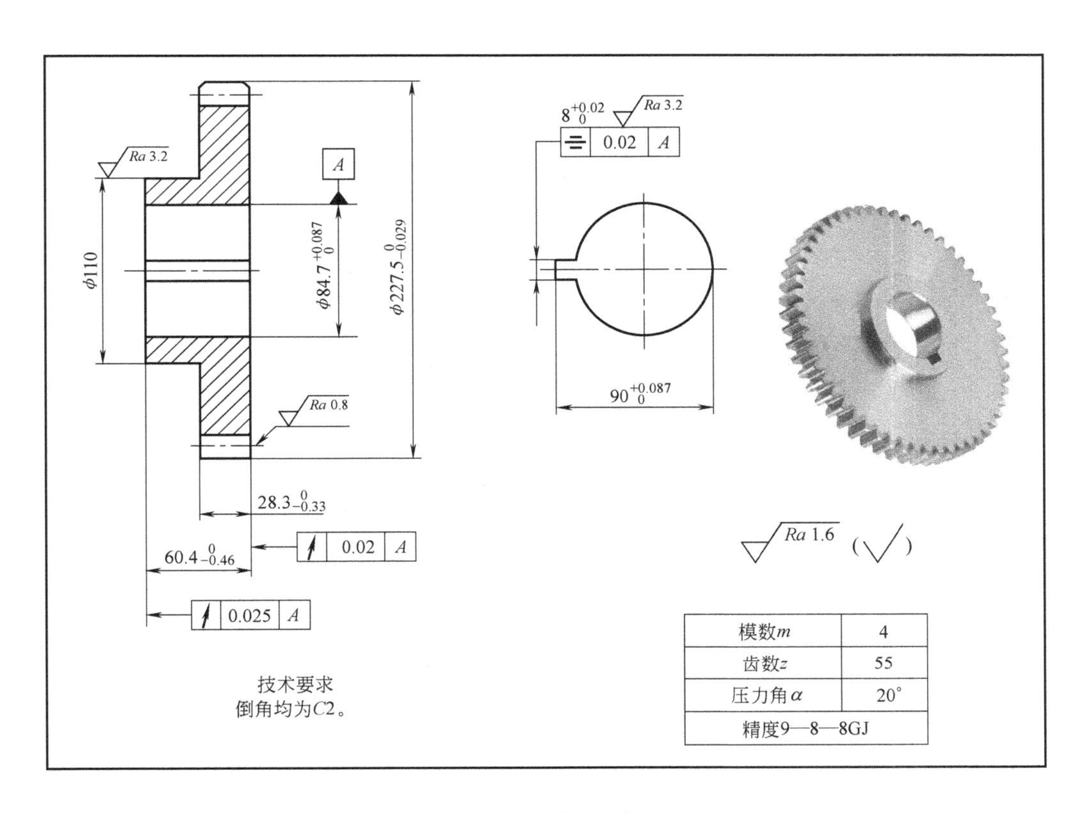

图 9-10　传动齿轮

表 9-4　传动齿轮的机械加工工艺卡

机械加工工艺卡	产品型号	JA	零(部)件图号	JA162319010				
	产品名称	汽车	零(部)件名称	传动齿轮	共　页	第　页		
材料牌号	40Cr	毛坯种类	锻件	毛坯外形尺寸		每个毛坯可制件数	1	每台件数		备注	

工序号	工序名称	工序内容	车间	工段	设备	工艺装备	工时	
							准终	单件
1	锻	锻毛坯	锻		150kg 空气锤	胎模		
2	热处理	正火	热					
3	车	粗车外圆、端面和内孔	机		CA6140 型卧式车床	外圆车刀、内孔车刀、量具		
4	热处理	调质	热					
5	车	精车齿顶圆，半精车内孔和其余表面	机		CA6140 型卧式车床	外圆车刀、内孔车刀、端面车刀、量具		
6	滚齿	滚制齿面	机		滚齿机	滚刀		
7	钳	齿端面倒角并去毛刺	钳					
8	热处理	齿面高频淬火	热					

（续）

工序号	工序名称	工序内容	车间	工段	设备	工艺装备	工时	
							准终	单件
9	磨	磨端面	机		M7130 型磨床	量具		
10	插	插键槽	机		插床	插刀、量具		
11	磨	磨内孔	机		M1432 型磨床	量具		
12	磨齿	磨齿面	机		磨齿机	量具		
13	钳	去毛刺	钳					
14	检验	按图样要求检验						

										设计（日期）	审核（日期）	标准化（日期）	会签（日期）
标记	件数	更改文件号	签字	日期	标记	处数	更改文件号	签字	日期				

（1）识读表头　表头反映产品的信息及所加工工件的基本信息，见表 9-5。

表 9-5　机械加工工艺卡表头

机械加工工艺卡	产品型号	JA	零（部）件图号	JA162319010		
	产品名称	汽车	零（部）件名称	传动齿轮	共　页	第　页

（2）识读毛坯信息　材料为 40Cr，工件上主要结构处的直径相差较大，该齿轮主要用于传递运动和动力，对力学性能要求较高，所以采用锻件毛坯。

（3）识读加工工艺过程　整个工艺过程共包括 14 道工序，各工序的加工内容简要明确。首先正火处理锻件毛坯，粗车各部再调质；精车各部，并保证滚齿加工的基准面；滚齿后去毛刺、倒角，然后进行齿面高频淬火；再磨端面、插键槽、磨内孔、磨齿面；最后去毛刺、检验。

（4）各表面加工方案　由工艺卡可知，本例各表面的加工方案见表 9-6。

表 9-6　传动齿轮各表面加工方案

表　面	加工方案
齿轮内孔面	粗车—调质—半精车—磨孔
齿顶圆	粗车—调质—半精车—精车
齿坯	粗车—调质—半精车
齿轮两端面	粗车—调质—半精车—磨削
齿轮的渐开线齿面	滚齿—齿面高频淬火—磨齿

（5）机床和工艺装备　各工序所使用的设备均为通用机床、通用工量具。

（6）工时定额　一般根据各工序余量和工序加工精度要求具体确定工时定额。

2. 识读机械加工工序卡

以表 9-4 传动齿轮的机械加工工艺卡中第 5 道工序为例，识读机械加工工序卡，了解该工序的详细加工内容和要求、工艺参数以及工艺装备、工序工时等。

机械加工工序卡是针对机械加工工艺卡中的某一道工序制订的。卡片上要画出工序简图，并注明该工序每一道工步的内容、工艺参数、操作要求以及工艺装备等。机械加工工序卡一般在大量生产和成批生产中应用，主要用来指导工人进行生产。表 9-7 为传动齿轮第 5 道工序的机械加工工序卡。

表 9-7　机械加工工序卡

机械加工工序卡	产品型号		零（部）件图号			
	产品名称		零（部）件名称	传动齿轮	共（　）页	第（　）页

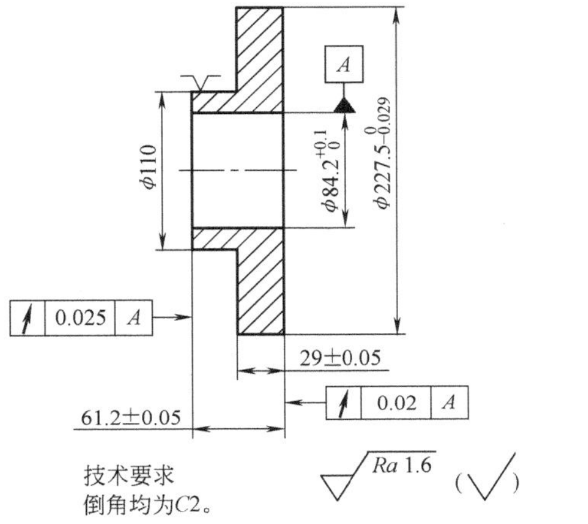

A
$\phi110$
$\phi84.2^{+0.1}_{0}$
$\phi227.5^{0}_{-0.029}$
0.025 A
29±0.05
0.02 A
61.2±0.05
技术要求
倒角均为C2。
Ra 1.6 (√)

车间	工序号	工序名称	材料牌号
机加工	5	半精加工	40Cr
毛坯种类	毛坯外形尺寸	每个毛坯可制件数	每台件数
锻件		1	1
设备名称	设备型号	设备编号	同时加工件数
车床	CA6140		1

夹具编号	夹具名称	切削液

工位器具编号	工位器具名称	工序工时	
		准终	单件

工步号	工步内容	工艺装备	主轴转速/(r/min)	切削速度/(m/min)	进给量/(mm/r)	背吃刀量/mm	进给次数	工步工时	
								机动	辅助
1	车右端面至平整	端面车刀，游标卡尺	500		0. 20	0. 5	1		
2	车内孔至尺寸	内孔车刀，内径百分表	710		0. 10		3		
3	车外圆 $\phi227.5^{0}_{-0.029}$ mm 至尺寸	外圆车刀，千分尺	560		0. 10		3		
4	车外圆 $\phi110$mm 至尺寸	外圆车刀，游标卡尺	710		0. 10		2		
5	车 $\phi227.5^{0}_{-0.029}$ mm 左端面长度至 29±0. 05mm	端面车刀，游标卡尺	560		0. 10		2		
6	车 $\phi110$mm 左端面总长度至 61. 2±0. 05mm	外圆车刀，游标卡尺	900		0. 10		2		

										设计（日期）	审核（日期）	标准化（日期）	会签（日期）
标记	处数	更改文件号	签字	日期	标记	处数	更改文件号	签字	日期				

（1）识读表头　该卡片是表9-4所列传动齿轮第5道工序（车：精车齿顶圆，半精车内孔和其余表面）的机械加工工序卡，反映的是机加工车间的半精加工工序内容。

（2）识读工序简图　工序简图是岗位工人的加工依据，它明确了本工序的主要任务和要求，并能指导岗位工人合理选用定位基准。

（3）识读工步内容和要求　该工序的详细加工内容共包括6个工步，如车右端面至平整等。

（4）识读设备和工艺装置　在CA6140型车床上采用外圆车刀、端面车刀、镗孔刀等刀具和各种工量具加工、检测该工序所述内容。

（5）识读工艺参数　一般包括工艺装备（夹具、量具、刀具等）、切削用量和进给次数等内容。

例如，在工步号1“车右端面至平整”这一工步里，是利用主轴转速为500r/min、进给量为0.20mm/r、背吃刀量为0.5mm，经1次进给完成加工的。

9.3　典型表面的加工方法

机械零件的基本表面由外圆面、内圆面、平面和成形面等组成。机械零件的加工就是对这些基本表面的加工。每一种表面通常可采用多种不同的加工方法。

1. 外圆表面的加工

外圆表面是轴、盘套类零件的主要表面之一，其技术要求一般包括表面粗糙度、尺寸公差以及相应的圆度、圆柱度等形状公差。外圆表面的主要加工方法是车削和磨削等。各种精度的外圆表面的加工方案见表9-8。

表9-8　外圆表面的加工方案

序号	加工方案	公差等级	表面粗糙度 Ra 值/μm	适用范围
1	粗车	IT11~IT13	12.5~50	适用于淬火钢以外的各种金属
2	粗车—半精车	IT8~IT10	3.2~6.5	
3	粗车—半精车—精车	IT7~IT8	0.8~1.6	
4	粗车—半精车—精车—滚压(或抛光)	IT7~IT8	0.025~0.2	
5	粗车—半精车—磨削	IT7~IT8	0.4~0.8	主要用于淬火钢，也可以用于未淬火钢，不宜加工非铁金属
6	粗车—半精车—粗磨—精磨	IT6~IT7	0.1~0.4	
7	粗车—半精车—粗磨—精磨—超精加工	IT5	0.012~0.1	
8	粗车—半精车—精车—精细车	IT6~IT7	0.025~0.4	主要用于精度高的非铁金属的加工
9	粗车—半精车—粗磨—精磨—超精磨	IT5	0.006~0.025	极高精度的外圆加工
10	粗车—半精车—粗磨—精磨—研磨	IT5	0.006~0.1	

2. 内孔表面的加工

孔也是组成零件的基本表面之一，其技术要求与外圆表面基本相同。零件上起各种作用的孔很多，其加工方法有钻、扩、铰、镗、拉、磨、研磨和珩磨等。各种精度孔的加工方案见表 9-9。

表 9-9　孔的加工方案

序　号	加 工 方 案	公 差 等 级	表面粗糙度 *Ra* 值/μm	适 用 范 围
1	钻	IT11～IT13	12.5	加工未淬火钢及铸铁，也可用于加工非铁金属。孔径小于 ϕ15mm
2	钻—铰	IT8～IT10	1.6～6.3	
3	钻—粗铰—精铰	IT7～IT8	0.8～1.6	
4	钻—扩	IT10～IT11	6.3～12.5	加工未淬火钢及铸铁，也可用于加工非铁金属。孔径大于 ϕ20mm
5	钻—扩—铰	IT8～IT9	1.6～3.2	
6	钻—扩—粗铰—精铰	IT7	0.8～1.6	
7	钻—扩—机铰—手铰	IT6～IT7	0.2～0.4	
8	钻—扩—拉	IT7～IT9	0.1～1.6	大批量生产
9	粗镗(或扩)	IT11～IT13	6.3～12.5	除淬火钢外的各种材料
10	粗镗(粗扩)—半精镗(精扩)	IT9～IT10	1.6～3.2	
11	粗镗(粗扩)—半精镗(精扩)—精镗(铰)	IT7～IT8	0.8～1.6	
12	粗镗(粗扩)—半精镗(精扩)—精镗—浮动镗刀镗孔	IT6～IT7	0.4～0.8	
13	粗镗(扩)—半精镗—磨	IT7～IT8	0.2～0.8	主要用于加工淬火钢，也可用于加工未淬火钢，不宜用于加工非铁金属
14	粗镗(扩)—半精镗—粗磨—精磨	IT6～IT7	0.1～0.2	
15	粗镗—半精镗—精镗—精细镗	IT6～IT7	0.05～0.4	主要用于加工高精度非铁金属
16	粗镗—半精镗—精镗—珩磨	IT6～IT7	0.025～0.2	用于加工精度很高的孔
17	粗镗—半精镗—精镗—研磨	IT5～IT6	0.006～0.1	

3. 平面加工

平面是零件上常见的表面之一，平面本身没有尺寸精度要求，只有表面粗糙度、平面度要求。根据不同的技术要求及零件的结构特点，平面可分别选用车、铣、刨、磨等加工方法，见表 9-10。

表 9-10　平面的加工方案

序　号	加 工 方 案	公 差 等 级	表面粗糙度 *Ra* 值/μm	适 用 范 围
1	粗车	IT11～IT13	12.5～50	端面
2	粗车—半精车	IT8～IT10	3.2～6.3	
3	粗车—半精车—精车	IT7～IT8	0.8～1.6	
4	粗车—半精车—磨削	IT6～IT8	0.2～0.8	

（续）

序　号	加 工 方 案	公 差 等 级	表面粗糙度 Ra 值/μm	适 用 范 围
5	粗刨（或粗铣）	IT11～IT13	6.3～25	一般不淬硬平面（端铣表面粗糙度 Ra 值较小）
6	粗刨（或粗铣）—精刨（或精铣）	IT8～IT10	1.6～6.3	
7	粗刨（或粗铣）—精刨（或精铣）—刮研	IT6～IT7	0.1～0.8	精度高的不淬硬平面
8	粗刨（或粗铣）—精刨（或精铣）—宽刃刨刀精刨	IT7	0.2～0.8	
9	粗刨（或粗铣）—精刨（或精铣）—磨削	IT7	0.2～0.8	精度高的淬硬平面或不淬硬平面
10	粗刨（或粗铣）—精刨（或精铣）—粗磨—精磨	IT6～IT7	0.025～0.4	
11	粗铣—拉	IT7～IT9	0.2～0.8	大量生产，较小平面
12	粗铣—精铣—磨削—研磨	IT5以上	0.006～0.1	高精度平面

9.4　典型零件的加工工艺

在生产实践中，按结构特点，机械零件可分为轴类零件、盘套类零件、支架箱体类零件等几大类。

9.4.1　轴类零件的加工工艺

1. 轴的结构特点、功能及技术要求

轴类零件主要用于传递运动和转矩。按照结构形状，轴可分为光轴、台阶轴、花键轴、空心轴、曲轴等，如图9-11所示。轴类零件的长度大于直径，主要组成部分有外圆柱面、轴肩、螺纹和沟槽。

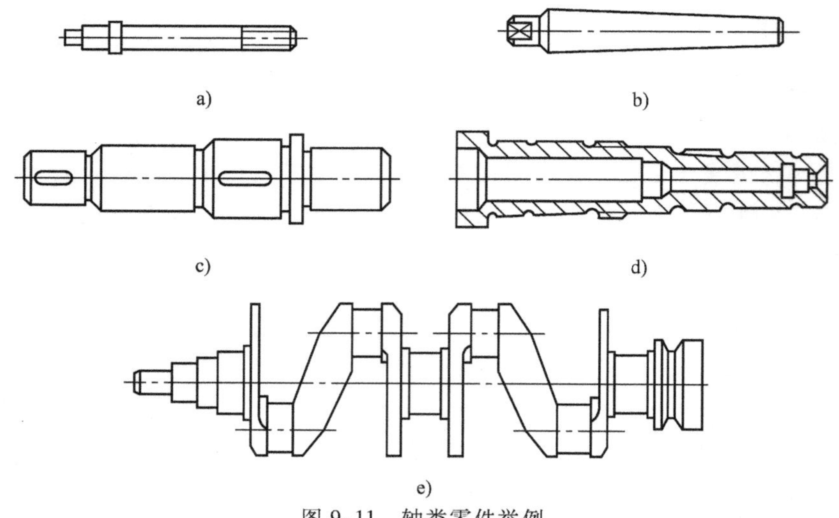

图9-11　轴类零件举例

a）拉杆　b）锥度心轴　c）传动轴　d）主轴　e）曲轴

轴类零件的主要技术要求有：轴颈、安装传动件的外圆、装配定位用的轴肩等的尺寸公差、几何公差、表面粗糙度。

2. 轴类零件的材料、热处理及毛坯

（1）轴类零件的材料及热处理　不重要的轴可采用碳素结构钢 Q235A 等，不需热处理；一般的轴可采用优质碳素结构钢如 35 钢、45 钢、50 钢等，并根据不同的工作条件进行不同的热处理，以获得一定的强度、韧性和耐磨性；中等精度要求而转速较高的轴类零件，可选用合金结构钢 40Cr、40MnVB 等，并进行调质和表面处理，使其具有较高的力学性能和耐磨性；高转速、重载荷条件下工作的轴，可选用合金结构钢 20Cr、20Mn2B、20CrMnTi 等低合金钢或 38CrMoAlA 进行调质渗氮处理；形状复杂的轴，可采用球墨铸铁，并进行正火、调质和等温处理。

（2）轴类零件的毛坯　通常用圆钢和锻件制作轴类零件的毛坯。台阶轴上各外圆相差较大时，多采用锻件，以节省材料；台阶轴上各外圆相差较小时，可直接采用圆钢。由于经过锻造后能使金属内部纤维组织沿表面均匀分布，从而可以得到较高的强度，因此重要的轴类零件应选用锻件，并进行调质处理。某些大型的结构复杂的轴，可采用铸钢件。曲轴常采用球墨铸铁件。

3. 定位基准的选择

（1）粗基准的选择　实心轴一般采用外圆表面作为粗基准。

（2）精基准的选择　应该选择两端的中心孔作为定位基准。

4. 工艺路线

一般轴类零件的加工工艺路线如图 9-12 所示。

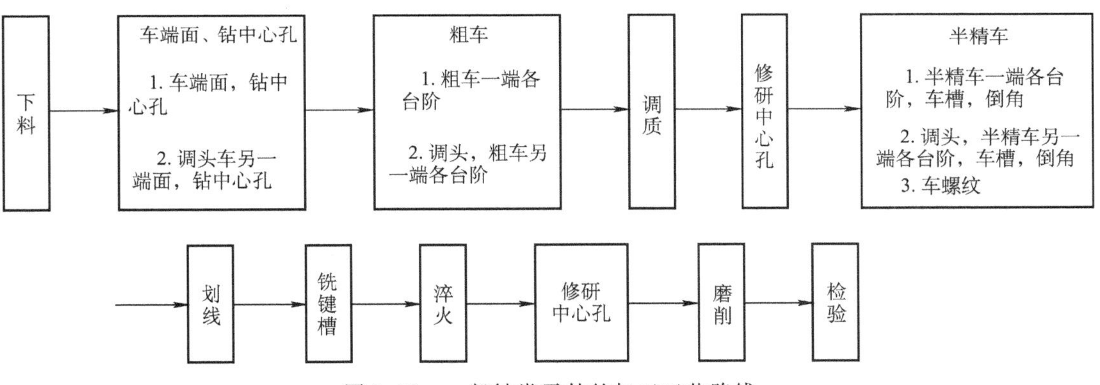

图 9-12　一般轴类零件的加工工艺路线

5. 轴类零件加工工艺编制实例

图 9-13 所示为齿轮减速箱中一转轴，现以其加工为例，说明在单件小批量生产中，一般轴类零件的加工工艺过程。

（1）零件各主要部分的功用和技术要求

1）在 ϕ30js6 带键槽轴段上安装锥齿轮；ϕ24j6 轴段为减速箱输出轴，为了传递运动和动力，分别铣有键槽；ϕ30js6 两段为轴颈，安装滚动轴承，并固定于减速箱体的轴承孔中。以上各轴段的表面粗糙度 *Ra* 值都为 0.8μm。

2）各圆柱配合表面相对于轴线的径向圆跳动公差为 0.015mm。

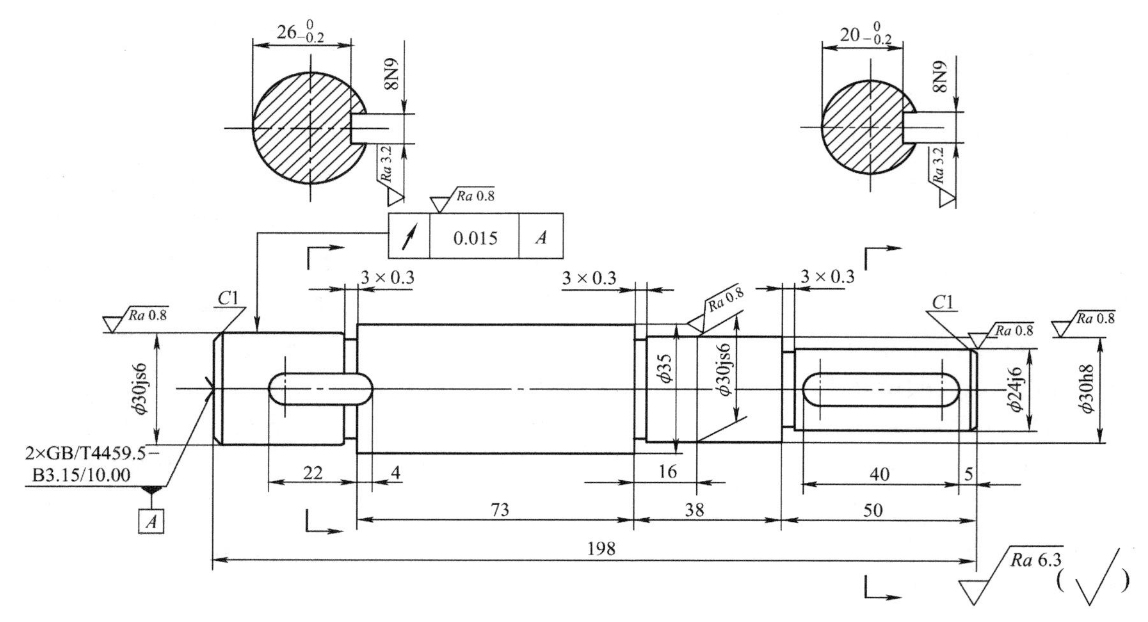

图 9-13　轴

3）工件材料选用 45 钢，并经调质处理，布氏硬度 235HBW。

（2）工艺分析　该零件的各配合轴段除了有一定的尺寸的公差等级（IT6）和表面粗糙度要求外，还有一定的位置公差等级（径向圆跳动）要求。根据对各加工表面的具体要求，可采用如下的加工方案：粗车—调质—半精车—铣键槽—磨外圆。

（3）基准选择　轴类零件一般选用两端中心孔作为粗、精加工的定位基准。由于符合基准统一原则和基准重合原则，这种选用方法保证了各轴段的位置精度，也有利于生产率的提高。为了保证定位基准的尺寸精度和表面粗糙度，以及加工后轴的各配合表面的形状精度和表面粗糙度，轴类零件热处理后应修研中心孔，大型轴类零件需要磨削中心孔。

（4）工艺过程　该轴的毛坯选用 φ38mm×200mm 型材。在单件小批量生产中，其工艺过程见表 9-11。

表 9-11　单件小批量生产中轴的加工工艺过程

工序号	工序名称	工序内容	装夹定位	加工设备
1	车	① 车一端面，钻中心孔 ② 车另一端面，钻中心孔，保证总长 198.5mm	自定心卡盘	车床
2	车	① 粗车一端外圆分别至 φ37mm×110mm，φ32mm×36mm ② 调头车另一端外圆，分别至 φ32mm×38mm，φ26mm×49mm	一夹一顶	车床
3	热	调质处理至 235HBW		
4	钳	研修中心孔		钻床
5	车	① 半精车小端外圆，分别为 φ35mm，φ24.3mm×50mm，φ30.3mm×38mm ② 车槽 3mm×0.3mm ③ 倒角 C1	两顶尖装夹	车床

（续）

工序号	工序名称	工 序 内 容	装 夹 定 位	加 工 设 备
6	车	调头 ① 车另一端外圆至 $\phi 30.3$mm×37mm，保证 $\phi 35$mm 外圆长度为 73mm ② 车槽 3mm×0.3mm ③ 倒角 $C1$	两顶尖装夹	车床
7	铣	铣键槽分别至 $8_{-0.036}^{\ 0}$ mm × $26.2_{-0.2}^{\ 0}$ mm，$8_{-0.036}^{\ 0}$ mm × $20.2_{-0.2}^{\ 0}$ mm	两顶尖装夹	立式铣床
8	磨	① 粗磨一端外圆至 $\phi 24.06$mm 和 $\phi 30.06$mm ② 精磨该端外圆分别至 $\phi 24_{-0.004}^{+0.009}$mm 和 $\phi 30 \pm 0.0065$mm	两顶尖装夹	磨床
9	磨	① 调头粗磨另一端外圆至 $\phi 30.06$mm ② 精磨该端外圆至 $\phi 30 \pm 0.0065$mm	两顶尖装夹	磨床
10	检	按图样要求检测		

9.4.2　盘套类零件的加工工艺

1. 盘套类零件的结构特点和技术要求

图 9-14 所示的齿轮、端盖、透盖和锁紧螺母等均为盘套类零件，在机器中用得很多。盘套类零件一般由内孔、外圆、端面和沟槽等组成，其中孔和外圆为主要加工表面。其位置精度可能有外圆对内孔轴线的径向圆跳动（或同轴度）或端面对内孔轴线的轴向圆跳动（或垂直度）等要求。

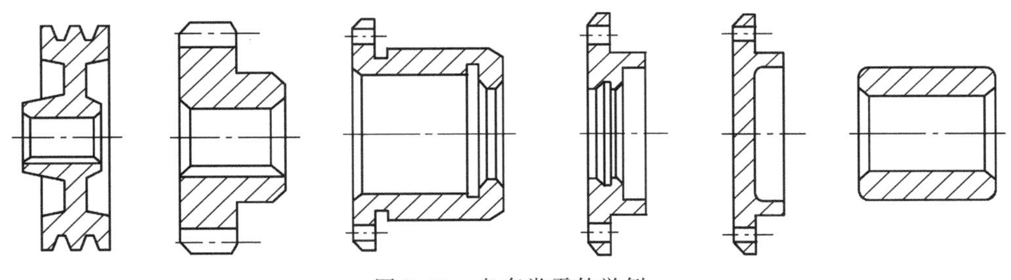

图 9-14　盘套类零件举例

2. 盘套类零件的材料、热处理及毛坯

盘套类零件的用途不同，所用的材料也不同。常用的材料有钢、铸铁、青铜和黄铜等。直径较小的盘套类零件一般选择圆钢、铜棒或实心铸件作为毛坯；直径较大的常用带孔的锻件或铸件作为毛坯。大批量生产的轴套零件还可采用粉末冶金件、无缝钢管等作为毛坯。

3. 定位基准的选择

（1）粗基准的选择　盘套类零件一般都选择外圆表面作为粗基准，因为多数中小型盘套类零件的毛坯为实心毛坯或虽有铸出或锻出的孔，但孔径小或余量不均，不能用来作为粗基准。但有些零件有较大或有较精确的内孔，也可选用内孔作为粗基准，以便使余量均匀。

（2）精基准的选择　选择精基准主要考虑如何保证内、外圆的同轴度。盘套类零件一般都选择内孔作为精基准，有时也以外圆为精基准。

4. 工艺路线

盘套类零件的基本工艺路线如图9-15所示。

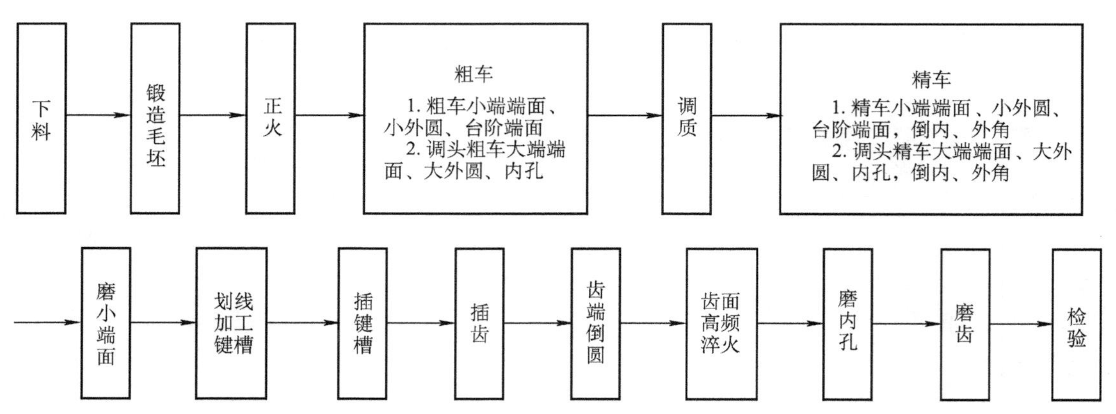

图9-15　盘套类零件的基本工艺路线

5. 套类零件加工工艺编制实例

图9-16所示的轴承套是套类零件中应用较多、结构较为典型的一种套筒类零件，主要起支承和导向作用，其主要结构要素有内、外圆柱面，端面，外沟槽等。现以它为例介绍一般套类零件的加工工艺过程。

(1) 零件各主要部分的功用和技术要求

1) 在图9-16所示的轴承套中，ϕ44±0.015mm外圆主要与轴承座内孔相配合，它的尺寸公差等级为IT7，表面粗糙度*Ra*值为1.6μm。

2) 内孔ϕ30H7主要与传动轴相配合，它的尺寸公差等级为IT7，表面粗糙度*Ra*值为1.6μm，两端端面的表面粗糙度*Ra*值为1.6μm。

3) 外圆ϕ44±0.015mm对ϕ30H7孔的同轴度公差为0.02mm，可保证轴承在传动中的平稳性；轴承套的左端面还规定了对ϕ30H7孔轴线的垂直度公差为0.02mm。

4) 工件材料选用HT200，批量生产。

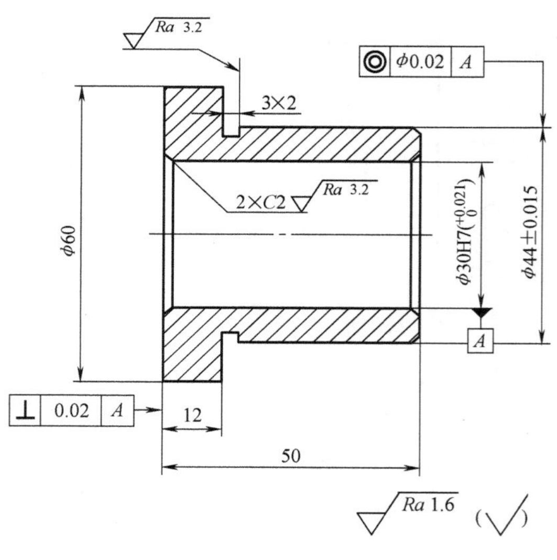

图9-16　轴承套

(2) 工艺分析　图9-16所示轴承套外圆尺寸公差等级为IT7，采用精车可以满足要求；内孔尺寸公差等级为IT7，采用铰孔可以满足要求。内孔加工方案为：钻孔—车孔—铰孔。铰孔应与左端面一同加工，以保证端面与孔轴线的垂直度，并以内孔为基准，利用小锥度心轴装夹加工外圆和另一端面。

（3）轴承套加工工艺过程　表 9-12 为轴承套加工工艺过程。粗车外圆时，可采用四件合一的方法来提高生产率。

表 9-12　轴承套加工工艺过程

工序号	工序名称	工序内容	装夹定位
1	备料	棒料，按四件合一加工下料	
2	钻中心孔	① 车一端面，钻中心孔 ② 车另一端面，钻中心孔	自定心卡盘
3	粗车	车 ϕ60mm×12.5mm，车 ϕ44mm 外圆至 ϕ45mm，车退刀槽 3mm×2.5mm，取总长 50.5mm，车分割槽 ϕ29mm×3mm，两端面倒角 $C1.5$。四件同时加工，尺寸均相等	一夹一顶
4	钻孔	钻 ϕ30H7 孔至 ϕ29mm	三爪夹 ϕ60mm 外圆
5	车、铰	① 车端面，取总长 50mm 至尺寸 ② 镗 ϕ30H7 内孔至 $\phi30^{-0.05}_{+0.10}$mm ③ 铰 ϕ30H7 孔至尺寸 ④ 孔两端倒角	开缝套夹 ϕ45mm 外圆
6	精车	车 ϕ44mm 外圆至尺寸	以 ϕ30H7 孔装心轴
7	检	检验	

9.4.3　支架箱体类零件的加工工艺

1. 支架箱体类零件的结构特点和技术要求

支架箱体类零件用以支承和组装轴系零件，并使各零件之间保证正确的位置关系，以满足机器工作性能的要求。因此，支架箱体类零件的加工质量在很大程度上影响着机器的质量。它是机器部件的基础零件。

图 9-17a、b 所示为常见的轴承架，图 9-17c 所示为减速箱箱体。箱体的结构较复杂，内部呈腔形，有互相平行或垂直的孔系。这些孔大多是用于安装轴承的支承孔。箱体的底平面（有的是侧平面或上平面）是装配基准，也是加工过程中的定位基准。支架的结构与箱体类似，它上面也有用于安装轴承的支承孔（有的孔本身就起滑动轴承的作用），底面一般也是装配基准和定位基准。

支架比箱体简单，可看成是箱体的一部分。

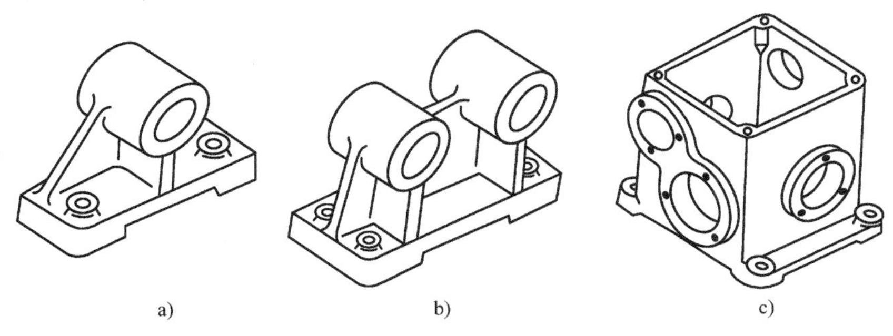

图 9-17　支架箱体类零件

2. 支架箱体类零件的材料、热处理及毛坯选择

支架箱体类零件的毛坯通常采用灰铸铁 HT150、HT200、HT350 等制造，用得较多的是 HT200。有时为了减轻质量，用非铁金属合金铸造箱体。在单件小批量生产中，也可用焊接件做箱体，为了消除应力，应进行退火或时效处理。对精度要求高和容易变形的支架箱体类工件，在粗加工后还应进行退火或时效处理。

3. 定位基准的选择

（1）粗基准的选择　一般选用重要的孔（如轴承孔）作为主要粗基准。

（2）精基准的选择　应尽可能选用统一的精基准。一般选用箱体底面，或底面与底面上的两个定位销孔（即一面两销）作为精基准。

4. 加工工艺路线

拟订支架箱体类零件的加工工艺路线时，一般应遵循以下原则。

1）先孔后面。

2）粗、精加工分开。

3）工序尽可能集中。

根据以上原则，在单件小批量生产中，支架箱体类零件的主要加工工艺过程如图 9-18 所示。次要表面的加工，可根据具体情况穿插进行。

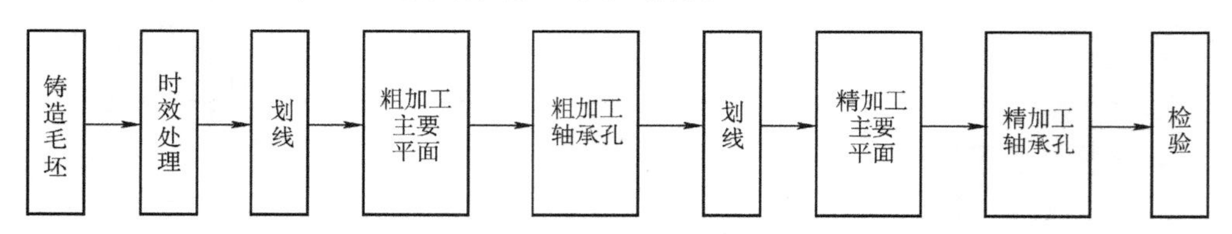

图 9-18　支架箱体类零件的主要加工工艺过程

5. 方箱体的加工工艺编制实例

现以图 9-19 所示的方箱体组合件为例，介绍一般箱体零件的加工工艺分析方法。

（1）箱体零件的功用、结构及技术要求

1）功用、结构。图 9-19 所示的方箱体，是为了加工燃气机叶片而设计的一种装夹方箱体，结构比较简单，但尺寸精度和位置精度要求较高。该方箱体由上、下两部分组合而成，中间的空腔用来放置叶片的叶身。因此，方箱体就成了叶片的加工和测量基准。

2）技术要求。由图 9-19 可知，使用时，方箱体上的基准面 *A*、*B*、*C* 为测量基准和定位基准，其尺寸精度与位置精度都比较高。高与宽 120mm 尺寸的公差仅有 0.004mm，长 200mm 的尺寸公差为 0.01mm，相关表面的平行度、垂直度公差均为 0.005mm，表面粗糙度 *Ra* 值为 0.2μm。

（2）工件材料和毛坯的选择

1）工件材料。方箱体组合件的材料选用普通灰铸铁 HT200。

2）毛坯。方箱体组合件的毛坯常选用铸件。铸件应进行退火处理，以消除铸造时的内应力，改善可加工性。

（3）选择定位基准　图 9-19 所示的方箱体，在使用时，方箱体上的基准面 *A*、*B*、*C* 要作为测量基准和定位基准。从技术要求上看，方箱体的四周平面都有平行度或垂直度要求，对螺纹联接、销孔的要求不高，因此选择方箱体的各个表面作为粗、精加工的定位

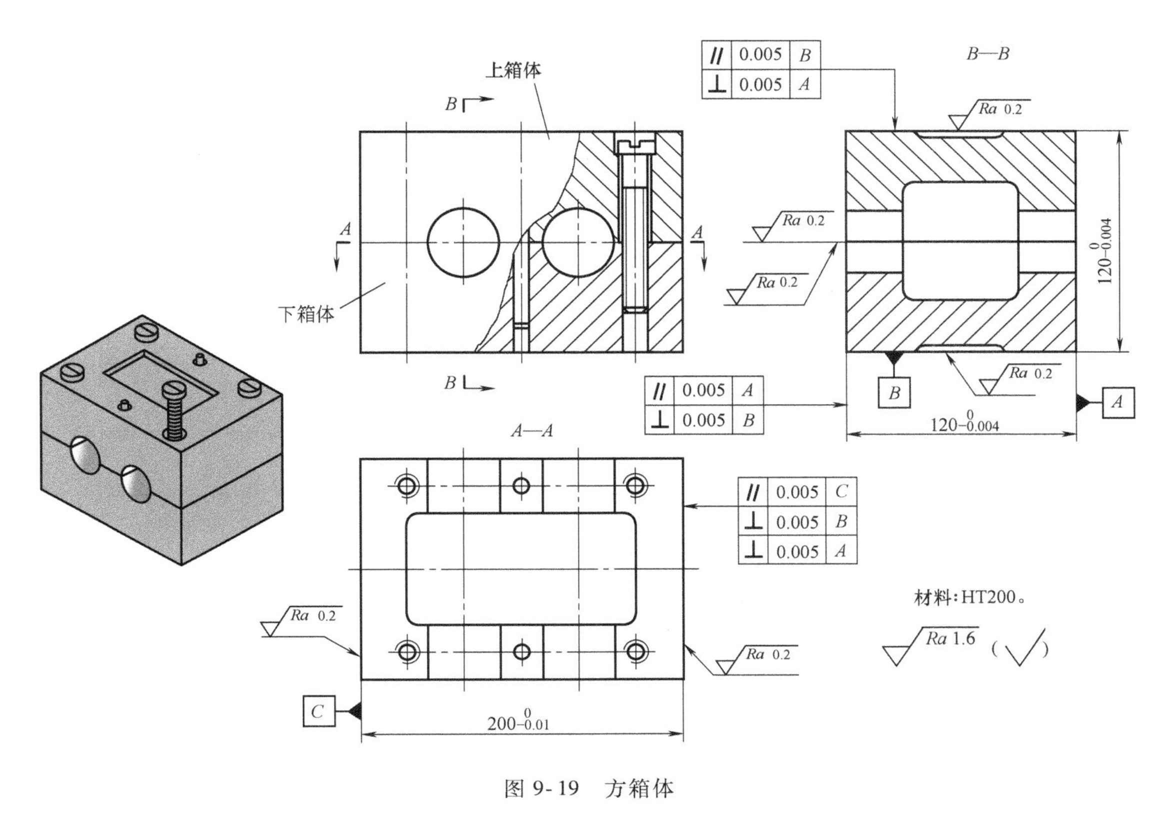

图 9-19　方箱体

基准。

（4）工艺分析　图 9-19 所示的方箱体为上、下两件合装而成的，方箱体四周为涡轮叶片的加工和测量基准，因此其尺寸精度、位置精度和表面质量要求都比较高，应选择磨削的方式来保证尺寸精度和表面粗糙度。同时，粗磨时必须保证上、下底面与中分面的平行度和精磨余量。方箱体相关表面的平行度、垂直度公差仅为 0.005mm，所以在磨削时应增加半精磨削来保证位置精度，精磨时应反复找正、多次测量。

（5）方箱体组合件的加工工艺过程　方箱体组合件的加工工艺过程见表 9-13。

表 9-13　方箱体组合件的加工工艺过程

工序号	工序名称	工 序 内 容	装 夹 基 准	加 工 设 备
1	铸	铸造毛坯		
2	热处理	退火处理		
3	刨削	① 粗刨上箱体平面及中分面，每面均留余量 0.5~1mm ② 粗刨下箱体平面及中分面，每面均留余量 0.5~1mm ③ 粗刨其他各面，留余量 0.3~0.4mm	平面	牛头刨床
4	热处理	人工时效		
5	粗磨	磨上、下箱体平面及中分面，每面留余量 0.2~0.3mm	上、下底平面	平面磨床
6	精磨	精磨上、下箱体中分面，保证上、下平面有磨削余量	上、下底平面	平面磨床
7	钳	划孔线、螺孔线	四周面	高度尺、平板

（续）

工序号	工序名称	工序内容	装夹基准	加工设备
8	钳	① 钻孔、攻螺纹、装入螺钉 ② 配钻销孔、装入圆柱销 ③ 打标记、合箱	底平面	钻床
9	粗磨	粗磨宽和长四面，每面留余量0.1～0.15mm，平行度及对上、下底平面的垂直度误差不大于0.005mm	四周面	平面磨床
10	精磨	精磨六面，保证尺寸精度及位置精度与表面粗糙度		平面磨床
11	检	检查		

小　结

零件生产过程的基础知识如下。

基本概念	（1）生产纲领与生产类型：企业按照生产纲领的大小，将生产类型划分为单件生产、批量生产及大量生产三种 （2）工艺过程是由一个或若干顺序排列的工序组成的，每一个工序又可分为若干个安装、工位、工步、进给 （3）机械加工工艺规程分为机械加工工艺过程卡及机械加工工序卡 （4）工艺设备与工装：机床等称为设备；刀具、夹具、量具等称为工装
定位基准	定位基准的选择是保证加工质量的首要问题，定位基准分粗基准和精基准
典型表面	零件的结构形状尽管多种多样，但均由外圆、平面、内孔、成形面等组成。生产中要根据零件的精度和表面粗糙度等来选择加工方法和加工顺序
典型零件	轴、盘套、支架箱体三类零件的工艺过程，基本上代表了各类工件工艺路线的规律

附 录

附录 A 压痕直径与布氏硬度对照表

（压头为硬质合金球，$D=10mm$，试验力 $F=29.42kN$）

压痕直径 d/mm	HBW	压痕直径 d/mm	HBW	压痕直径 d/mm	HBW
2.42	643	2.92	438	3.42	317
2.44	632	2.94	432	3.44	313
2.46	621	2.96	426	3.46	309
2.48	611	2.98	420	3.48	306
2.50	601	3.00	415	3.50	302
2.52	592	3.02	409	3.52	298
2.54	582	3.04	404	3.54	295
2.56	573	3.06	398	3.56	292
2.58	564	3.08	393	3.58	288
2.60	555	3.10	388	3.60	285
2.62	547	3.12	383	3.62	282
2.64	538	3.14	378	3.64	278
2.66	530	3.16	373	3.66	275
2.68	522	3.18	368	3.68	272
2.70	514	3.20	363	3.70	269
2.72	507	3.22	359	3.72	266
2.74	499	3.24	354	3.74	263
2.76	492	3.26	350	3.76	260
2.78	485	3.28	345	3.78	257
2.80	477	3.30	341	3.80	255
2.82	471	3.32	337	3.82	252
2.84	464	3.34	333	3.84	249
2.86	457	3.36	329	3.86	246
2.88	451	3.38	325	3.88	244
2.90	444	3.40	321	3.90	241

（续）

压痕直径 d/mm	HBW	压痕直径 d/mm	HBW	压痕直径 d/mm	HBW
3.92	239	4.62	169	5.32	125
3.94	236	4.64	167	5.34	124
3.96	234	4.66	166	5.36	123
3.98	231	4.68	164	5.38	122
4.00	229	4.70	163	5.40	121
4.02	226	4.72	161	5.42	120
4.04	224	4.74	160	5.44	119
4.06	222	4.76	158	5.46	118
4.08	219	4.78	157	5.48	117
4.10	217	4.80	156	5.50	116
4.12	215	4.82	154	5.52	115
4.14	213	4.84	153	5.54	114
4.16	211	4.86	152	5.56	113
4.18	209	4.88	150	5.58	112
4.20	207	4.90	149	5.60	111
4.22	204	4.92	148	5.62	110
4.24	202	4.94	146	5.64	110
4.26	200	4.96	145	5.66	109
4.28	198	4.98	144	5.68	108
4.30	197	5.00	143	5.70	107
4.32	195	5.02	141	5.72	106
4.34	193	5.04	140	5.74	105
4.36	191	5.06	139	5.76	105
4.38	189	5.08	138	5.78	104
4.40	187	5.10	137	5.80	103
4.42	185	5.12	135	5.82	102
4.44	184	5.14	134	5.84	101
4.46	182	5.16	133	5.86	101
4.48	180	5.18	132	5.88	99.9
4.50	179	5.20	131	5.90	99.2
4.52	177	5.22	130	5.92	98.4
4.54	175	5.24	129	5.94	97.7
4.56	174	5.26	128	5.96	96.9
4.58	172	5.28	127	5.98	96.2
4.60	170	5.30	126	6.00	95.5

附录 B　碳钢硬度与抗拉强度换算表

硬　　度				抗拉强度 R_m/ (N/mm²)	硬　　度				抗拉强度 R_m/ (N/mm²)
洛氏		维氏	布氏 ($F/D^2=30$)		洛氏		维氏	布氏 ($F/D^2=30$)	
HRC	HRA	HV	HBW		HRC	HRA	HV	HBW	
20.0	60.2	226		774	45.0	73.2	441	428	1459
21.0	60.7	230		793	46.0	73.7	454	441	1503
22.0	61.2	235		813	47.0	74.2	468	455	1550
23.0	61.7	241		833	48.0	74.7	482	470	1600
24.0	62.2	247		854	49.0	75.3	497	486	1653
25.0	62.8	253		875	50.0	75.8	512	502	1710
26.0	63.3	259		897	51.0	76.3	527	518	
27.0	63.8	266		919	52.0	76.9	544	535	
28.0	64.3	273		942	53.0	77.4	561	552	
29.0	64.8	280		965	54.0	77.9	578	569	
30.0	65.3	288		989	55.0	78.5	596	585	
31.0	65.8	296		1014	56.0	79.0	615	601	
32.0	66.4	304		1039	57.0	79.5	635	616	
33.0	66.9	313		1065	58.0	80.1	655	628	
34.0	67.4	321		1092	59.0	80.6	676	639	
35.0	67.9	331		1119	60.0	81.2	698	647	
36.0	68.4	340		1147	61.0	81.7	721		
37.0	69.0	350		1177	62.0	82.2	745		
38.0	69.5	360		1207	63.0	82.8	770		
39.0	70.0	371		1238	64.0	83.3	795		
40.0	70.5	381	370	1271	65.0	83.9	822		
41.0	71.1	393	381	1305	66.0	84.4	850		
42.0	71.6	404	392	1340	67.0	85.0	879		
43.0	72.1	416	403	1378	68.0	85.5	909		
44.0	72.6	428	415	1417	69.0	86.1	940		

附录C　中外常用钢材牌号对照表

中外优质碳素结构钢牌号对照表(部分)

中国 GB,YB	日本 JIS	德国 DIN(W-Nr.)	美国			英国 BS	法国 NF	国际 ISO
			ASTM	AISI	SAE			
15F						040A15		
15	S15C S15CK	C15(1.0401) CK15(1.1141) Cm15(1.1140)	1015	1015	1015	040A15 050A15 060A15		
	S17C		1017	1017	1017	040A17 050A17 060A17	XC18	
15Mn		17Mn(1.8.44)	1016 1019	1016 1019	1016 1019	080A15 080A17		
20F						040A20		
20	S20C, S20CK		1020	1020	1020	050A20 060A20		
	S22C	C22(1.0402) CK22(1.1151)	1023	1023	1023	040A22 050A22 060A22		
20Mn			1021 1022	1021 1022	1021 1022	080A20 070M20	XC18	
25	S25C		1025 1026	1025 1026	1025 1026	060A25 080A25	XC25	R683/IC25e
	S28C		1029	1029	1029	060A27 080A27		
25Mn	S28C		1026	1026	1026	070M26		
30	S30C		1030	1030	1030	060A30 080A30 080M30	XC32	R683/IC30e
	S33C		1035	1035	1035	060A32 080A32		
30Mn	S30C		1030	1030	1030	080A30 080A32	XC32	
35	S35C	C35(1.0501) CK35(1.1181) Cm35(1.1180)	1035 1037	1035 1037	1035 1037	060A35 080A35	XC35	R683/IC35e

（续）

中国 GB，YB	日本 JIS	德国 DIN（W-Nr.）	美国			英国 BS	法国 NF	国际 ISO
			ASTM	AISI	SAE			
	S38C		1038	1038	1038	060A37 080A37	XC38	
35Mn	S35C		1037	1037	1037	080A35		
45	S45C	C45（1.0503） CK45（1.1191） Cm45（1.1201）	1045 1046	1045 1046	1045 1046	060A47 080A47 080M46	XC45	R683/IC45e
	S48C		1045 1046 1049	1045 1046 1049	1045 1046 1049	060A47 080A47	XC48	
45Mn	S45C		1043 1046	1043 1046	1043 1046	080A47		
65			1065	1065	1065	060A67 080A67	XC65	
65Mn			1566		1566 -1066			

中外合金结构钢牌号对照表（部分）

中国 GB，YB	日本 JIS	德国 DIN（W-Nr.）	美国			英国 BS	法国 NF	国际 ISO
			ASTM	AISI	SAE			
15Mn2								
20Mn2	SMn420 （SMn21）		1024	1024	1524 -1024	150M19		
35Mn2	SMn433 （SMn1）	36Mn5（1.5067）	1335	1335	1335	150M36		
45Mn2	SMn443 （SMn3）		1345	1345	1345			
35SiMn		37MnSi5（1.5122）						
42SiMn		46MnSi4（1.5121）						
42Mn2V		42MnVT（1.5223）						
15Cr	SCr415 （SCr21）		5115		5115		12C3	
30Cr	SCr430 （SCr2）		5130 5132	5130 5132	5130 5132	530A30 530A32	32C4	
45Cr	SCr445 （SCr5）		5147 5145	5147 5145	5147 5145		45C4	
40CrSi								
40CrMn								
40CrV		42CrV6（1.7561）						

（续）

中国 GB,YB	日本 JIS	德国 DIN(W-Nr.)	美国 ASTM	美国 AISI	美国 SAE	英国 BS	法国 NF	国际 ISO
50CrV	SUF10	50CrV4(1.8159)	6150	6150	6150	735A50	50XψA	
30CrMo	SCM430 (SCM2)	34CrMo4(1.7220)	4130	4130	4130		30XM	
35CrMo	SCM435 (SCM3)	34CrMo4(1.7220)	4135	4135	4135	708A37	35CD4	R683/_2
38CrMoAl	5ACM645 (SACM1)	34CrAlMo5(1.8507)				905M39		R683/_4
15CrMnMo		15CrMo5(1.7262)						
20CrMnMo		20CrMo5(1.7264)						
40CrMnMo			4140	4140	4140	708A42		
12CrMoV 12Cr1MoV 24CrMoV 35CrMoV		24CrMoV55(1.7733)						
40CrNiMoA	SNCM439 (SNCM8)		4340	4340 -4337	4340 4337	817M40 816M40		R683/_4
	SNCM220 (SNCM21)		8620	8620	8620	805M20	20NCD2	R683/_12
	SNCM240 (SNCM6)		8640	8640	8640	945M38 945A40		R683/_1
40B				50B36H				

参考文献

[1] 金禧德，王志海. 金工实习 [M]. 北京：高等教育出版社，2000.
[2] 滕向阳. 金属工艺学实习教材 [M]. 北京：机械工业出版社，2002.
[3] 张国军. 机械制造技术实训指导 [M]. 北京：电子工业出版社，2005.
[4] 卞洪元，丁金水. 金属工艺学 [M]. 北京：北京理工大学出版社，2006.
[5] 王靖东. 金属切削加工方法与设备 [M]. 北京：高等教育出版社，2007.
[6] 梁蓓. 金工实训 [M]. 北京：机械工业出版社，2008.
[7] 许志安. 焊接技能强化训练 [M]. 2版. 北京：机械工业出版社，2015.
[8] 凌爱林. 金属工艺学 [M]. 北京：机械工业出版社，2008.
[9] 杭明峰. 铣工快速入门 [M]. 北京：北京理工大学出版社，2008.
[10] 史朝辉，李俊涛. 金属加工实训 [M]. 北京：北京理工大学出版社，2009.
[11] 杨冰，温上樵. 钳工基本技能项目教程 [M]. 2版. 北京：机械工业出版社，2017.
[12] 王兵. 图解磨工技术 [M]. 上海：上海科学技术出版社，2010.

金属加工与实训——基础常识
第2版

练　习　册

班　级________________

姓　名________________

学　号________________

机　械　工　业　出　版　社

作业（1）　　得分__________

一、填空题

1. 测量过程四要素是指__________、__________、__________和__________四个方面。

2. 长度的国际单位是_________。机械制造中常采用的长度计量单位为_________。英制长度单位常以_________作为基本单位，它与法定长度单位的换算关系是 1in = _______ mm。

3. 机械制造中常用的角度单位为弧度（rad）和度（°）。弧度与度的换算关系为1° = ___________ rad。

4. 金属直尺是一种不可卷的钢质板状量尺，也可作为______________________。

5. 刀口形直尺是用_________________检验直线度或平面度的直尺。

二、选择题

1. 游标卡尺的（　　）上装有活动测量爪，并装有游标和紧固螺钉。

A. 尺框　　B. 尺身　　C. 尺头　　D. 微动装置

2. 分度值为 0.05mm 的游标卡尺，当两测量爪并拢时，尺身上 19 格刻线应对正游标上的（　　）格。

A. 19　　B. 20　　C. 40　　D. 50

3. 千分尺活动套筒转动一周，测微螺杆移动（　　）mm。

A. 0.01　　B. 0.1　　C. 0.5　　D. 1

4. 千分尺读数时（　　）。

A. 不能取下　B. 必须取下　C. 最好不取下　D. 先取下，再锁紧，然后读数

5. 游标万能角度尺的测量范围在（　　）内，不装直角尺和直尺。

A. 0°~50°　　B. 50°~140°　　C. 140°~230°　　D. 230°~320°

6. 下列有关百分表的说法中正确的是（　　）。

A. 刻度为 0.1mm　　B. 刻度为 0.01mm

C. 能测量绝对数值　　D. 小指针每格读数为 0.01mm

7.（　　）由百分表和专用表架组成，用于测量孔的直径和孔的形状误差。

A. 外径百分表　　B. 杠杆百分表　　C. 内径百分表　　D. 杠杆千分尺

三、读数练习

1. 正确读出下列图示游标卡尺的读数值，并填写在对应的横线上。

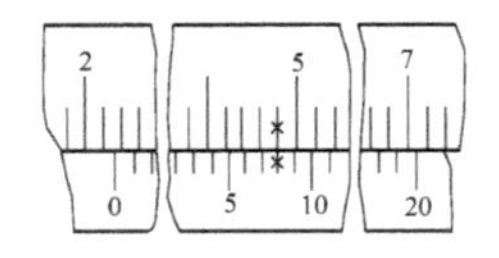

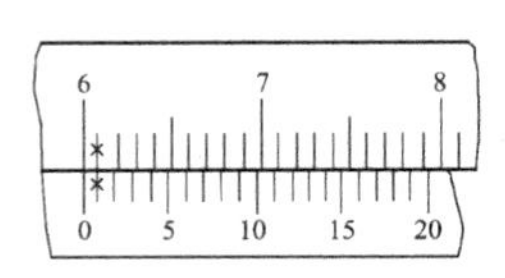

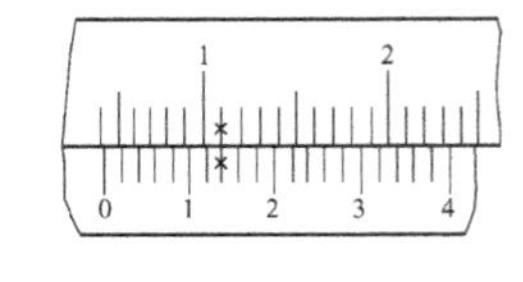

__________________　　__________________　　__________________

2. 正确读出下列图示千分尺的示数，并填写在对应的横线上。

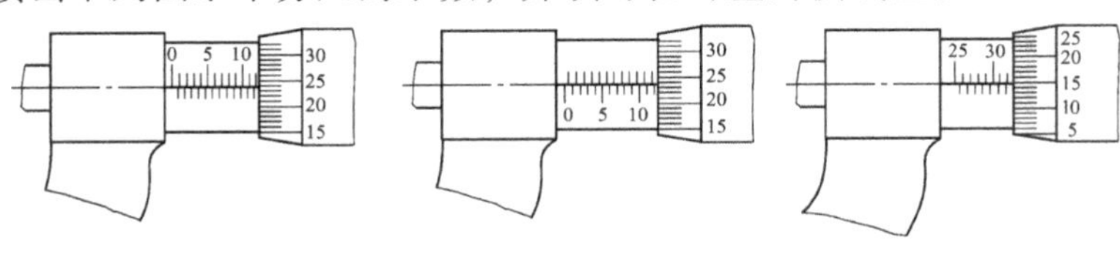

__________________　　__________________　　__________________

作业（2）

得分________

一、填空题

1. 金属材料的性能可分为两大类：一类叫____________，它反映材料在使用过程中表现出来的特性；另一类叫__________，它反映材料适应各种加工工艺所具备的性能。

2. 金属材料在静载荷作用下抵抗塑性变形或断裂的能力称为强度，常用的强度判断依据是__________、__________等。

3. 断裂前金属发生不可逆永久变形的能力称为塑性，常用的塑性判断依据是__________和__________。

4. 常用的硬度表示方法有__________、__________和__________。

二、选择题

1. 下列不是金属力学性能的是（　　）。

A. 强度　　B. 硬度　　C. 韧性　　D. 可加工性

2. 根据拉伸试验过程中拉伸试验力和伸长量关系画出的力-伸长曲线，可以确定出金属的（　　）。

A. 强度和硬度　　B. 强度和塑性　　C. 强度和韧性　　D. 塑性和韧性

3. 试样拉断前所承受的最大应力为（　　）。

A. 抗压强度　　B. 屈服强度　　C. 疲劳强度　　D. 抗拉强度

4. 常用的塑性判断依据是（　　）。

A. 断后伸长率和断面收缩率　　B. 塑性和韧性

C. 断面收缩率和塑性　　D. 断后伸长率和塑性

5. 工程上一般规定塑性材料的 A 为（　　）。

A. ≥1%　　B. ≥5%　　C. ≥10%　　D. ≥15%

6. （　　）不宜作为成品与表面薄层硬度的测试方法。

A. 布氏硬度　　B. 洛氏硬度　　C. 维氏硬度　　D. 以上方法都不宜

7. 金属疲劳的判断依据是（　　）。

A. 强度　　B. 塑性　　C. 抗拉强度　　D. 疲劳强度

8. 材料的冲击韧度越大，其韧性就（　　）。

A. 越好　　B. 越差　　C. 无影响　　D. 难以确定

三、简答题

什么叫金属的力学性能？常用的金属力学性能有哪些？

四、计算题

测定某种钢的力学性能时，已知试样的直径是10mm，其标距长度是直径的5倍，$F_m = 33.81\text{kN}$，$F_{eL} = 20.68\text{kN}$，拉断后的标距长度是65mm。试求此钢的 R_{eL}，R_m 及 A 值。

作业（3）

得分__________

一、填空题

1. 非合金钢原称______________。
2. 合金钢按主要质量等级分为__________和__________。
3. 特殊性能钢分为__________、__________、__________、__________等。
4. 铸铁是碳的质量分数大于__________的铁碳合金。

二、选择题

1. 造船用的碳素钢属于（　　）。
   A. 普通质量碳素钢　　B. 优质碳素钢
   C. 特殊质量碳素钢　　D. 以上都不是
2. 45 钢是（　　）。
   A. 碳素结构钢　　B. 优质碳素结构钢
   C. 碳素工具钢　　D. 优质碳素工具钢
3. 碳的质量分数为 0.40%的碳素钢牌号可能是（　　）。
   A. 4 钢　　B. 40 钢　　C. T4 钢　　D. T40
4. 下列是优质碳素钢的是（　　）。
   A. 铁道用的一般碳素钢　　B. 碳素钢筋钢
   C. 碳素弹簧钢　　D. 焊条用碳素钢
5. 在我国，低合金高强度钢主要加入的元素为（　　）。
   A. 锰　　B. 硅　　C. 钛　　D. 铬
6. 可锻铸铁中，石墨的存在形式是（　　）。
   A. 粗大片状　　B. 团絮状　　C. 球状　　D. 蠕虫状
7. 在性质上，球墨铸铁的强度、塑性、韧性比灰铸铁（　　）。
   A. 高　　B. 低　　C. 一样　　D. 难以确定
8. 活塞环、气缸套等一般采用（　　）制造。
   A. 灰铸铁　　B. 可锻铸铁　　C. 蠕墨铸铁　　D. 球墨铸铁

三、简答题

1. 说明下列各牌号钢属于哪一类钢，其符号和数字所代表的意义是什么。

Q345B、60Si2Mn、9SiCr、GCr15、W18Cr4V

2. 解释下列各牌号材料标识的含义。

HT350、KTH330-08、QT400-15、RuT420

作业（4）

得分__________

一、填空题

1. 按主要性能特点和用途，变形铝合金可分为________、________、__________、__________。

2. 铜合金分为黄铜和青铜。根据主加元素的不同，青铜分为________、________、__________、__________。

3. 按使用范围的不同，塑料可分为__________、__________和__________。

二、选择题

1. 黄铜中的主要合金元素为（　　）。

A. 锡　　B. 锌　　C. 镍　　D. 硅

2. 锡青铜与黄铜相比，（　　）。

A. 铸造性差　　B. 铸造性好　　C. 耐磨性差　　D. 耐蚀性差

3. 塑料的主要成分为（　　）。

A. 稳定剂　　B. 填充剂　　C. 增强剂　　D. 树脂

4. 玻璃钢是（　　）。

A. 复合材料　　B. 塑料　　C. 一种钢　　D. 陶瓷

5. 陶瓷有（　　）的特点。

A. 硬度低　　B. 不耐磨损　　C. 抗压强度大　　D. 不耐高温

三、简答题

1. 试述硬质合金的性能特点。常用硬质合金有哪些？举例说明其牌号及用途。

2. 高分子材料如何分类？

3. 陶瓷的共同特点是什么？

4. 什么是复合材料？复合材料有哪些特征？

作业（5）

得分__________

一、填空题

1. 钢的热处理工艺曲线包括__________、__________和冷却三个阶段。

2. 常用的退火方法有__________、球化退火和__________。为了消除工件中由于塑性变形加工、切削加工或焊接等造成的应力和铸件内的残余应力而进行的退火，称为__________。

3. 淬火前，若钢中存在网状渗碳体，应采用__________的方法予以消除，否则会增大钢的淬透性。

4. 淬火时，在水中加入_________，可大大提高水在冷却650~550℃钢件时的冷却能力。

二、选择题

1. 正火是将钢材或钢件加热保温后冷却，其冷却是在（　　）进行的。

A. 油液中　　B. 盐水中　　C. 空气中　　D. 水中

2. 双介质淬火法适用的钢材是（　　）。

A. 低碳钢　　B. 中碳钢　　C. 合金钢　　D. 高碳工具钢

3. 下列是回火目的的是（　　）。

A. 获得高硬度组织　　B. 稳定工件尺寸

C. 提高钢的强度和耐磨性　　D. 提高钢的塑性

4. 最常用的淬火介质是（　　）。

A. 水　　B. 油　　C. 空气　　D. 氨气

5. 淬火钢回火后的冲击韧度随着回火温度的提高而（　　）。

A. 提高　　B. 降低　　C. 不变　　D. 先提高后降低

6. 在钢的整体热处理过程中，常用作预备热处理的是（　　）。

A. 正火和淬火　　B. 正火和回火　　C. 淬火和回火　　D. 退火和正火

三、简答题

1. 什么是回火？回火的主要目的是什么？

2. 什么叫淬火？淬火的目的是什么？

作业（6）

得分__________

一、填空题

1. 工件淬火及________________的复合热处理工艺，称为调质。

2. 通常用__________热处理和__________热处理来强化钢的表面层。

3. 对在低温或动载荷条件下工作的钢材构件进行__________，以消除残余应力，稳定钢材组织和尺寸。

4. 形变热处理是将________和________进行有机结合，以提高钢的强度和韧性。

5. 真空热处理具有__________、__________、__________和__________的“三无一少”的优越性。

二、选择题

1. 下列是表面热处理的是（　　）。

A. 淬火　　B. 表面淬火　　C. 渗碳　　D. 渗氮

2. 为保证较好的综合力学性能，对轴、丝杠、齿轮、连杆等重要零件，一般采用的热处理方式是（　　）。

A. 淬火　　B. 正火　　C. 退火　　D. 调质

3. 为了减小淬火内应力和降低脆性，表面淬火后一般要进行（　　）。

A. 正火　　B. 低温回火　　C. 中温回火　　D. 高温回火

4. 常用的渗碳方法有气体渗碳、固体渗碳、液体渗碳，其中应用较广泛的是（　　）。

A. 三种同样重要　　B. 第一种

C. 前两种　　D. 后两种

5. 渗碳钢件常采用的热处理工艺是（　　）。

A. 淬火加低温回火　　B. 淬火加中温回火

C. 淬火加高温回火　　D. 不用再进行热处理

6. 目前工业上应用最广泛的是气体渗氮法，它在渗氮罐中进行加热时，不断通入气体介质（　　）。

A. 氮气　　B. 氨气　　C. 一氧化碳　　D. 二氧化碳

三、简答题

1. 什么叫表面热处理？表面热处理如何分类？

2. 化学热处理都要通过哪三个基本过程来完成？

作业（7）

得分__________

一、填空题

1. 通常把铸造方法分为__________和__________两类。

2. 制造铸型和型芯用的材料，分别称为__________和__________，统称为造型材料。

3. 为保证铸件质量，造型材料应有良好的__________，足够的__________，高的__________，良好的__________、__________。

4. 为填充型腔和冒口开设于铸型中的系列通道称为浇注系统，通常由__________、__________、__________、__________、__________组成。

5. __________是指用手工或机械使铸件或型砂、砂箱分开的操作过程。

二、选择题

1. 下列为铸造特点的是（　　）。

A. 成本高　　B. 适用范围广　　C. 精度高　　D. 铸件质量高

2. 机床的床身一般选（　　）方法加工。

A. 铸造　　B. 锻造　　C. 焊接　　D. 冲压

3. 造型时上下型的结合面称为（　　）。

A. 内腔　　B. 型芯　　C. 芯头　　D. 分型面

4. 型芯是为了获得铸件的（　　）。

A. 外形　　B. 尺寸　　C. 内腔　　D. 表面

5. 造型时不能用嘴吹芯砂和（　　）。

A. 型芯　　B. 工件　　C. 型砂　　D. 砂型

6. 没有分型面的造型是（　　）。

A. 整模造型　　B. 分模造型　　C. 三箱造型　　D. 熔模铸造

7. 冒口的主要作用是排气和（　　）。

A. 集渣　　B. 补缩　　C. 结构需要　　D. 防砂粒进入

8. 把熔炼后的铁液用浇包注入铸腔的过程称为（　　）。

A. 合模　　B. 落砂　　C. 清理　　D. 浇注

9. 芯盒用来制造（　　）。

A. 模样　　B. 型芯　　C. 冒口　　D. 芯砂

三、简答题

1. 造型材料中型砂和芯砂应具备哪些性能？

2. 试述整模造型、分模造型方法的特点及适用范围。

作业（8）

得分__________

一、填空题

1. 特种铸造是除________以外的其他铸造方法的统称，如________、__________、__________、__________等。

2. 金属型铸造是指在重力作用下将熔融金属浇入金属型以获得铸件的铸造方法。

3. 熔模铸造的铸型是一个整体，__________，不需进行起模和合型等工序，所以浇注出的铸件__________、__________。

二、选择题

1. 成批大量铸造非铁金属铸件选（　　）。

A. 砂型铸造　B. 压力铸造　C. 熔模铸造　D. 金属型铸造

2. 金属型铸造比砂型铸造尺寸精度（　　）。

A. 高　B. 低　C. 相同　D. 无法比较

3. 下列铸件尺寸精度最高的是（　　）。

A. 砂型铸造　B. 金属型铸造　C. 压力铸造　D. 无法比较

三、简答题

1. 试说明压力铸造的特点和适用范围。

2. 离心铸造、熔模铸造各有哪些特点？应用在哪些场合？

作业（9）

得分__________

一、填空题

1. 锻压是__________和__________的总称。
2. 按锻造加工方式的不同，锻造可分为_________、_________、_________等类型。
3. 自由锻的基本工序主要有__________、__________、__________、__________、_________、________等。自由锻按使用设备的不同，又可分为_________和_________。
4. 根据胎模的结构特点，胎模可分为_________、_________、_________和合模等。

二、选择题

1. 下列是自由锻特点的是（　　）。
   A. 精度高　　B. 精度低　　C. 生产率高　　D. 大批量生产
2. 下列是锻压特点的是（　　）。
   A. 省料　　B. 生产率低　　C. 降低力学性能　　D. 适应性差
3. 下列是模锻特点的是（　　）。
   A. 成本低　　B. 生产率低　　C. 操作技术要求高　　D. 尺寸精度高
4. 锻造前对金属进行加热，目的是（　　）。
   A. 提高塑性　　B. 降低塑性　　C. 增加变形抗力　　D. 以上都不正确
5. 空气锤的动力是（　　）。
   A. 空气　　B. 电动机　　C. 活塞　　D. 曲轴连杆机构
6. 为防止坯料在镦粗时产生弯曲，坯料原始高度应小于其直径（　　）。
   A. 1 倍　　B. 2 倍　　C. 2.5 倍　　D. 3 倍
7. 使坯料高度缩小，横截面积增大的锻造工序是（　　）。
   A. 冲孔　　B. 镦粗　　C. 拔长　　D. 弯曲
8. 圆截面坯料拔长时，要先将坯料锻成（　　）。
   A. 圆形　　B. 八角形　　C. 方形　　D. 圆锥形
9. 利用模具使坯料变形而获得锻件的锻造方法为（　　）。
   A. 机锻　　B. 手工自由锻　　C. 模锻　　D. 坯模锻
10. 锻造前对金属毛坯进行加热时温度太高，锻件（　　）。
    A. 质量好　　B. 质量不变　　C. 质量下降　　D. 易断裂
11. 在终锻温度以下继续锻造，工件易（　　）。
    A. 弯曲　　B. 变形　　C. 热裂　　D. 锻裂

三、简答题

1. 镦粗时的一般原则是什么？

2. 模型锻造的锻件为什么带有飞边？飞边槽有什么作用？

作业（10）

得分__________

一、填空题

1. 冲压的基本工序可分为两大类，一是__________，二是__________。

2. 分离工序是指使板料的一部分与另一部分相互分离的冲压工序，主要有__________、__________、__________等。

3. 常见的锻压新工艺有__________、__________、__________、__________等。

二、选择题

1. 冲孔时，在坯料上冲下的部分是（　　）。

A. 成品　　B. 废料　　C. 工件　　D. 以上都不正确

2. 板料冲压时（　　）。

A. 需加热　　B. 不需加热　　C. 需预热　　D. 以上都不正确

3. 压力机的规格用（　　）。

A. 冲压力大小表示　　B. 滑块与工作台的距离表示

C. 电动机效率表示　　D. 以上都不正确

4. 落料冲下来的部分是（　　）。

A. 废料　　B. 制件　　C. 废料或制件　　D. 以上都不正确

5. 拉深是（　　）。

A. 自由锻工序　　B. 成形工序　　C. 分离工序　　D. 模锻

6. 切割常用工具是（　　）。

A. 钢锯　　B. 压力机　　C. 锤击剁刀　　D. 冲模

7. 扭转是（　　）。

A. 锻造工序　　B. 冲压工序　　C. 模锻　　D. 胎模锻

8. 拉深使用的模是（　　）。

A. 胎模　　B. 模板　　C. 冲裁模　　D. 成形模

三、简答题

1. 试述板料冲压的特点和应用。板料冲压有哪些主要工序？

2. 常用的零件轧制方法有哪几种？它们的应用范围是什么？

作业（11）

得分＿＿＿＿＿＿

一、填空题

1. 按焊接的过程特点，焊接可分为＿＿＿＿＿＿、＿＿＿＿＿＿、＿＿＿＿＿＿三大类。

2. 焊条电弧焊的主要设备是电弧焊机，常用的电弧焊机有＿＿＿＿＿＿、＿＿＿＿＿＿。

3. 焊条由＿＿＿＿＿＿和＿＿＿＿＿＿两部分构成。

4. 按焊缝在空间所处位置的不同，焊接有＿＿＿＿＿＿、＿＿＿＿＿＿、＿＿＿＿＿＿和＿＿＿＿＿＿之分。

二、选择题

1. 下列符合焊接特点的是（　　）。

A. 设备复杂　　B. 成本高

C. 可焊不同类型的金属材料　　D. 焊缝密封性差

2. 下列是熔焊方法的是（　　）。

A. 电弧焊　　B. 电阻焊　　C. 摩擦焊　　D. 火焰钎焊

3. 利用电弧作为热源的焊接方法是（　　）。

A. 熔焊　　B. 气焊　　C. 压焊　　D. 钎焊

4. 焊接时尽可能将焊缝置放在（　　）位置施焊。

A. 立焊　　B. 平焊　　C. 横焊　　D. 仰焊

5. 焊接时，为防止铁液下流，焊条直径一般不超过（　　）。

A. 1mm　　B. 2mm　　C. 10mm　　D. 4mm

6. 焊接时，主要根据（　　）来选择电焊电流。

A. 焊接方法　　B. 焊条直径　　C. 焊接接头　　D. 坡口

7. 焊接时，向焊缝添加有益元素，有益元素来源于（　　）。

A. 焊芯　　B. 药皮　　C. 空气　　D. 工件

8. 焊条 E4303 中的 43 表示（　　）。

A. 焊条直径　　B. 焊条长度

C. 直流焊条　　D. 焊缝金属抗拉程度

9. 关于焊芯的作用，描述正确的是（　　）。

A. 作为电极　　B. 保护焊缝

C. 向焊缝添加有益元素　　D. 以上都不正确

三、简答题

1. 焊条电弧焊焊前选的工艺参数有哪些？

2. 什么是焊接电弧？焊接时，电弧长短对焊接质量有什么影响？

作业（12）

得分__________

一、填空题

1. 氧气和乙炔混合燃烧的火焰为____________，其由____________、___________和___________三部分组成。

2. 气焊中焊接火焰有三种形式，即__________、__________和__________。

3. 气焊时主要采用__________，角接接头和卷边接头只是在焊薄板时使用。

4. 根据焊炬的运作方向，气焊可分为__________和__________两种。

5. 按所用气体的不同，气体保护电弧焊有__________和__________等。

二、选择题

1. 气焊时常用的气体是（　　）。

A. 二氧化碳　　B. 氩气　　C. 氧气　　D. 空气

2. 气焊常用于焊（　　）。

A. 厚板件　　B. 薄板件　　C. 高熔点金属　　D. 以上都不正确

3. 气焊时，回火保险器一般装在（　　）。

A. 氧气瓶出气口　　B. 乙炔瓶出气口

C. 两种瓶出气口都可以　　D. 装在焊炬上

4. 气焊时火焰不易点燃，原因是（　　）。

A. 氧气量过多　　B. 乙炔量过少　　C. 乙炔量过多　　D. 氧气量过少

5. 氩弧焊主要用于焊（　　）。

A. 长直焊缝　　B. 不锈钢

C. 大直径环状焊缝　　D. 以上都不正确

6. 焊前应对焊接性差的工件进行（　　）处理。

A. 退火　　B. 淬火　　C. 回火　　D. 预热

三、简答题

1. 气焊有何特点？气焊的主要设备是什么？

2. 氩弧焊有何特点？应用范围如何？

作业（13）

得分__________

一、填空题

1. 用各种机床进行切削加工时，切削运动分__________和__________。

2. 通常把__________、__________、__________称为切削用量三要素。

3. 机械加工时常用的刀具材料是__________和__________。

4. 刀具切削部分一般由__________、__________和__________组成。

5. 刀具静止参考系是由__________、__________、__________所构成的刀具标注角的参考系。

二、选择题

1. 刀具的前角是前面与基面的夹角，是在（　　）。

A. 基面内测量的　　B. 主切削平面内测量的

C. 副切削平面内测量的　　D. 正交平面内测量的

2. 在基面内测量的车刀角度有（　　）。

A. 前角　　B. 后角

C. 主偏角和副偏角　　D. 刃倾角

3. 切削脆性材料，车刀角度选择正确的是（　　）。

A. 前角大值　　B. 前角小值　　C. 后角大值　　D. 主偏角大些

三、简答题

1. 什么叫金属切削加工？常见的切削加工方法有哪些？

2. 何谓主运动、进给运动？各有何特点？

3. 说明切削用量三要素的含义。

4. 车刀的角度有哪些？刃倾角的作用是什么？

作业（14）

得分__________

一、填空题

1. 刀具材料应具备__________、__________、__________、__________及良好的工艺性能。

2. 机械加工时常用的刀具材料是__________和__________。

3. 根据切屑形态，切屑可分为__________、__________、__________、__________四种类型。

4. 切削过程中，在刀具上形成的积屑瘤可以__________、__________，但影响工件表面质量和尺寸精度。

5. 影响切削力的主要因素有__________、__________和__________。

6. 为了有效地控制切削温度，选用________和________比选用大的切削速度有利。

二、选择题

1. 粗加工时车刀角度选择正确的是（　　）。

A. 前角大值　　B. 后角大值　　C. 前后角都大　　D. 前后角都小

2. 精加工时，车刀角度选择正确的是（　　）。

A. 负值刃倾角　　B. 正值刃倾角　　C. 正负皆可　　D. 以上全错

3. 钨钴类车刀主要用于加工（　　）。

A. 铸铁　　B. 钢　　C. 塑性材料　　D. 以上都不正确

4. 一般粗加工选（　　）。

A. YG8　　B. YG3　　C. YT30　　D. 以上都可以

5. 对切削力影响最大的刀具角度是（　　）。

A. 前角　　B. 后角　　C. 主偏角　　D. 刃倾角

6. 影响刀具寿命的因素很多，如工件材料、刀具材料、刀具几何角度、切削用量以及是否使用切削液等因素。在上述诸多因素中，关键因素是切削用量中的（　　）。

A. 进给量　　B. 背吃刀量　　C. 切削速度

三、简答题

1. 积屑瘤对切削加工有何影响？如何控制积屑瘤？

2. 产生切削热的原因是什么？

3. 刀具磨损的形式有哪些？

作业（15）

得分________

一、填空题

1. 工艺系统是指切削加工时由________、________、________和________所组成的统一体，工艺系统必须有足够的________。

2. 选用前角的原则是在满足强度要求的前提下选用__________前角。如切削正火后的 45 钢，前角一般选 γ_o=__________。

3. 粗加工时，刀具所承受的切削力较大并伴有冲击，为保证__________，后角应选__________。

4. 当工艺系统刚度好时，应选用__________主偏角。当工艺系统刚度差时，应选用__________主偏角。

5. 刃倾角影响刀尖强度，并控制切屑流动的方向，负的刃倾角使切屑流向__________，正的刃倾角使切屑流向__________，刃倾角为零时切屑沿________________的方向流出。

6. 切削液具有________、________、________和________的作用。

二、选择题

1. 生产中常用的起冷却作用的切削液有（　　）。

A. 水溶液　　B. 切削油　　C. 乳化液

2. 一般来说，良好的可加工性是指切削加工时刀具的寿命长，或在一定的刀具寿命条件下允许的（　　）。

A. 耐磨性好　　B. 耐热性好　　C. 切削力大　　D. 切削速度高

3. 低浓度乳化液用于粗车和（　　），高浓度乳化液用于精车、铣削和（　　）。

A. 磨削　　B. 车削　　C. 钻孔　　D. 刨削

4. 金属材料的硬度为（　　）时，可加工性较好。

A. 120~170HBW　　B. 170~230HBW　　C. 230~300HBW　　D. 35~45HRC

三、简答题

1. 常用切削液有哪几种？应如何选用？

2. 合理选用切削用量的基本原则有哪些？

作业（16）

得分__________

一、填空题

1. 金属切削机床是利用__________、__________等方法将金属毛坯加工成零件的机器，简称机床。

2. 机床型号不仅是一个代号，还必须反映出机床的__________、__________、__________和主要技术规格。

3. 按机床的工作原理，机床可分为__________类。

4. 金属切削机床型号编制方法采用__________和__________按一定的规律排列组合的方式。

5. 某机床型号为 X6132，其中 X 是指__________，32 是指________________。

二、选择题

1. C6132 中“C”表示（　　）。

A. 铣床类　　B. 车床类　　C. 磨床类　　D. 刨床类

2. C6132 中“32”表示工件最大回转直径为（　　）。

A. 32mm　　B. 320mm　　C. 3200mm　　D. 以上都不正确

3. C6140A 是 C6140 型车床经过（　　）重大改进的车床。

A. 第一次　　B. 第二次　　C. 第三次　　D. 第四次

4. 有“万能车床”之称的是（　　）。

A. 转塔车床　　B. 立式车床　　C. 自动车床　　D. 普通车床

三、简答题

查阅有关资料，解释下列机床型号。

X4325、CM6132、CG1107、Z5140、B2021A

作业（17）

得分__________

一、填空题

1. 在钻床上加工孔的过程中，工件____________，____________是主运动，__________是进给运动。

2. 在钻床上采用不同的刀具，可以________、________、________、铰孔、攻螺纹、锪孔和锪平面等。

3. 钻孔工具主要是麻花钻，它由________、________、________和________组成。

4. 在钻床上钻孔精度低，但也可通过__________________加工出精度要求很高的孔。

5. 钻床的主要类型有__________钻床、__________钻床、__________钻床以及专门化钻床等。

二、选择题

1. （　　）钻床能方便地调整钻孔位置。

A. 台式　　B. 立式　　C. 摇臂

2. 钻孔时，孔径扩大的原因是（　　）。

A. 钻削速度太快　　B. 钻头后角太大

C. 钻头两条主切削刃长度不等　　D. 进给量太大

3. 扩孔属半精加工方法，可作为最终加工和（　　）前的预加工。

A. 镗孔　　B. 铰孔　　C. 锪孔　　D. 攻螺纹

4. 铰孔的尺寸公差等级可高达（　　），表面粗糙度 Ra 值为 0.8μm，加工余量很小。

A. IT10~IT9　　B. IT9~IT8　　C. IT7~IT6　　D. IT6~IT5

5. 用扩孔钻扩孔比用麻花钻扩孔精度高是因为（　　）。

A. 没有横刃　　B. 主切削刃短

C. 容屑槽小　　D. 钻芯粗大，刚性好

三、简答题

1. 常用的孔加工刀具有哪些？

2. 麻花钻由哪几部分组成？各部分的作用是什么？

作业（18）

得分__________

一、填空题

1. 车削加工是在车床上利用工件的__________和刀具的__________进行切削加工的方法。

2. 车削加工的主运动是__________，__________为进给运动。车削加工主要用于加工各种回转面，如内、外圆柱面、圆锥表面等。

3. CA6140型卧式车床主要部件有________、________、__________、__________、__________和尾座。

4. 车床常用的附件有__________、__________、__________、__________等。

5. 固定顶尖适用于切削速度________、精度________的切削加工。回转顶尖适于切削速度________、精度________的切削加工。

二、选择题

1. 用来把光杠或丝杠的回转运动转变为刀架的直线自动进给运动的是（　　）。

A. 主轴箱　　B. 变速箱　　C. 交换齿轮箱　　D. 溜板箱

2. 对车床上自定心卡盘叙述正确的是（　　）。

A. 夹紧力大　　B. 只能夹紧圆柱形工件

C. 自动定心　　D. 也可夹紧方形工件

3. 对采用两顶尖装夹，说法正确的是（　　）。

A. 不用鸡心夹头　　B. 长而较重工件　　C. 前后顶尖应对中　　D. 以上都错

4. 车刀安装在刀架上，一般刀体伸出长度不超过刀柄厚度的（　　）。

A. 1倍　　B. 2倍　　C. 3倍　　D. 4倍

5. 对精车的选择正确的是（　　）。

A. 小的车刀前角　　B. 小的车刀后角　　C. 较小进给量　　D. 大的背吃刀量

6. 车轴端面时，刀尖与工件中心不等高会（　　）。

A. 不能车　　B. 工件中心留下凸台　　C. 产生振动　　D. 工件偏心

7. 用车床车削螺纹时，搭配不同齿数的齿轮，以得到不同进给量的是（　　）。

A. 主轴箱　　B. 变速箱　　C. 交换齿轮箱　　D. 溜板箱

8. 车单线螺纹时，工件旋转一周，车刀必须移动（　　）。

A. 一个螺距　　B. 两个螺距　　C. 三个螺距　　D. 几个螺距都可以

三、简答题

1. 车削加工有何工艺特点？

2. 车外圆分粗、精车的目的是什么？

3. 车刀按用途与结构来分，有哪些类型？

作业（19）

得分__________

一、填空题

1. 铣削是在铣床上利用__________和工件相对于________________来加工工件的，主运动是__________。

2. 铣削用量包括__________、__________、__________、__________四个要素。

3. X6132铣床主要由________、________、________、________、__________和回转盘组成。

4. 铣削方式分为端铣和周铣，__________一般仅用于铣削平面，尤其是大平面，__________能铣削平面、沟槽、齿轮和成形面等。

5. 铣床常用的附件有__________、__________、__________、__________等。

二、选择题

1. 用铣床铣工件时，精加工多用（　　）。

A. 逆铣　　B. 顺铣
C. 两种无区别　　D. 以上都不对

2. 对铣削加工说法正确的是（　　）。

A. 只能铣平面　　B. 加工精度高　　C. 生产率低　　D. 适应性好

3. 若在铣床上利用分度头六等分工件，其手柄每次转过的圈数为（　　）。

A. 6圈　　B. 6.67圈　　C. 16个孔　　D. 24个孔

4. 对铣削方式说法正确的是（　　）。

A. 粗加工用顺铣　　B. 粗加工用逆铣
C. 精加工多用逆铣　　D. 以上都不正确

5. 在卧式铣床上加工工件的（　　）表面时，一般必须使用万能分度头。

A. 键槽　　B. 斜面　　C. 齿轮轮齿　　D. 螺旋槽

三、简答题

1. 铣削加工有何特点？解释X6132的含义。

2. 何为顺铣与逆铣？各有何特点？

3. 试述常用尖齿铣刀的结构特点和使用场合。

作业（20）

得分__________

一、填空题

1. 刨削是__________的主要方法之一。刨床类机床主要有牛头刨床、__________和__________三种类型。

2. 牛头刨床加工精度可达__________，表面粗糙度值 Ra 可达__________。

3. 镗削是利用镗刀对已有孔进行的切削加工。镗削加工的主运动为__________，进给运动为__________或__________的直线运动。

4. 镗刀主要用于车床、镗床，一般可分为__________和__________两大类。

二、选择题

1. 下列对刨削加工的特点说法正确的是（　　）。

A. 生产率高　B. 加工质量好　C. 加工成本低　D. 以上都不正确

2. 在牛头刨床上粗刨时，一般采用（　　）。

A. 较高的刨削速度，较小的背吃刀量和进给量

B. 较低的刨削速度，较大的背吃刀量和进给量

C. 较低的刨削速度，较小的背吃刀量和进给量

D. A 和 B 都可以

3. 刨刀常做成弯头，其目的是（　　）。

A. 增大刀杆强度　B. 避免刀尖扎入工件

C. 减少切削力　D. 增加散热

4. 镗刀和镗刀杆要有足够的（　　）。

A. 强度　B. 刚度　C. 耐磨性　D. 耐热性

三、简答题

1. 试述刨削的应用范围。刨削加工有何特点？

2. 试述常用刨刀的种类及使用场合。

3. 在车床上镗孔与在镗床上镗孔有什么不同？它们各用于什么场合？

作业（21）

得分__________

一、填空题

1. 磨削加工的实质是磨粒对工件表面进行__________、__________和滑擦三种作用的综合过程。

2. 磨削加工具有切削刃不规则、________、________、__________、__________、__________、__________等特点。

3. 磨削的加工范围广，可磨削零件的内外圆柱面、__________、__________，还可加工__________、__________、__________等成形表面。

4. 砂轮组成中的磨料直接担负切削工作，常用的磨料有__________和__________。

二、选择题

1. 对磨削加工说法正确的是（　　）。

A. 不能磨淬火钢　B. 适应性差　C. 加工质量高　D. 不能磨一般金属

2. 磨削适于加工（　　）。

A. 铸铁及钢　B. 软的非铁金属　C. 铝合金　D. 都适用

3. 精磨平面时应采用（　　）。

A. 纵磨法　B. 横磨法　C. 端磨法　D. 周磨法

4. 砂轮的硬度是指（　　）。

A. 砂轮上磨料的硬度

B. 在硬度计上打出来的硬度

C. 磨料从砂轮上脱落下来的难易程度

D. 砂轮上磨粒体积占整个砂轮体积的百分比

5. 粒度粗、硬度大、组织疏松的砂轮适合于（　　）。

A. 精磨　B. 硬金属磨削　C. 软金属磨削　D. 各种磨削

三、简答题

1. 磨床有哪些类型？M1432 型万能外圆磨床由哪些部分组成？

2. 砂轮的特性主要取决于哪些因素？

作业（22）

得分________

一、填空题

1. 数控机床用数字指令控制机床的__________、__________与各种辅助运动。

2. 数控机床主要由程序编制及程序载体、__________、__________、__________、辅助控制装置、机床本体等几部分组成。__________是数控机床的核心。

3. 数控机床具有__________、__________、__________、__________、__________等优点。

4. 在普通数控机床上加装__________和__________就成为数控加工中心。

5. 数控机床按控制运动轨迹分为__________、__________、________________三类。

二、选择题

1. 数控车床与普通车床相比，在结构上差别最大的部件是（　　）。

A. 刀架　　B. 床身　　C. 主轴箱　　D. 进给运动

2. 三轴联动数控铣床中的“三轴”是指主运动轴（　　）。

A. 有三根　　B. 有三个位置　　C. 三个移动方向　　D. 有三种进给量

3. 与主轴同步旋转，并把主轴转速信息传给数控装置的为（　　）。

A. 反馈系统　　B. 运算器

C. 主轴脉冲发生器　　D. 同步系统

4. 数控机床加工零件时是由（　　）来控制的。

A. 数控系统　　B. 操作者　　C. 伺服系统　　D. 反馈系统

5. 在数控车床上，不能自动完成的功能是（　　）。

A. 车床的起动、停止　　B. 纵、横向进给

C. 刀架转位、换刀　　D. 工件装夹、拆卸

三、简答题

1. 数控机床由哪些部分组成？各组成部分有什么作用？

2. 试说明数控车床、数控铣床及加工中心各适用于哪些场合。

作业（23）

得分________

一、填空题

1. 特种加工是指直接利用________、________、________、________、热能以及特殊机械能对材料进行加工。

2. 特种加工在加工过程中工具与工件之间没有显著的__________，加工用的工具材料硬度可以__________被加工材料的硬度。

3. 特种加工方法主要有：__________、__________、__________、激光加工、电子束加工、离子束加工、化学加工、液力加工等。

4. 电火花加工的应用范围较广，可以进行__________和__________等。

5. 电火花加工一般用于加工金属等________材料，但在一定条件下，也可以加工__________和__________材料。

二、选择题

1. 线电极切割是用工具对工件进行（　　）去除金属的。

A. 切削加工　　B. 脉冲放电　　C. 化学溶解　　D. 相互摩擦

2. 利用线电极切割机床加工时，钼丝接脉冲电源（　　），工件接（　　）。

A. 负极　　B. 正极　　C. 任意接　　D. 接地

3. 电火花加工用脉冲电源的作用是把工频电流转换成（　　）的（　　）电流。

A. 低频　　B. 高频　　C. 单向　　D. 双向

4. 下列（　　）方法是利用电化学反应原理实现加工的。

A. 电火花加工　　B. 电解加工　　C. 超声加工　　D. 激光加工

三、简答题

1. 数控线切割加工正常运行，必须具备哪些条件?

2. 特种加工工艺与传统加工工艺相比较，有哪些特点?

作业（24）

得分__________

一、填空题

1. 生产过程是指在机械加工中直接改变工件的________、________和________，使之变成所需零件的过程。

2. 划分工序的主要依据是______________和______________。

3. 工件在一次装夹后，在机床上所占据的每一个待加工位置称为__________。

4. 工步是指在一个工序中，当__________不变、__________不变、切削用量中的__________和__________不变的情况下所完成的那部分工艺过程。

5. 机械加工工艺规程是规定零件的机械加工工艺过程和操作方法等的__________。常用的机械加工工艺规程有____________________和____________________两种形式。

6. 制订机械加工工艺规程的核心是____________________。

7. 定位基准根据功用不同可分为__________与__________两大类。

8. 机械加工过程中的工艺基准可分为________、________、________、________。

二、选择题

1. 只有在（　　）精度很高时，重复定位才允许采用，且有利于增加工件的刚度。

A. 设计基准和定位元件　　B. 定位基准和定位元件

C. 夹紧机构　　D. 组合表面

2. （　　）是工艺过程的基本组成部分，也是生产组织和计划的基本单元。

A. 工步　　B. 工序　　C. 工位　　D. 安装

3. 粗基准一般（　　）。

A. 能重复使用　　B. 不能重复使用

4. 在工艺方案的经济评比中主要考虑（　　）。

A. 与工艺过程有关的那一部分成本

B. 与工艺过程无关的那一部分成本

三、简答题

1. 工序与工步有何联系和区别？

2. 试说明机械加工工艺过程卡与加工工序卡之间的联系与区别。

3. 什么叫粗基准、精基准？试述它们的选择原则。

作业（25）

得分__________

一、填空题

1. 机械零件的基本表面由__________、__________、__________和__________等组成。

2. 外圆表面是轴、盘套类零件的主要表面之一，主要的加工方法是__________和__________等。

3. 零件上各种作用的孔很多，其加工方法有______、______、______、______、______、______、______和珩磨等。

4. 平面可分别选用________、________、________、________等加工方法。

5. 机械零件按结构特点分成________零件、________零件、________零件等几大类。

6. 对于实心轴，粗基准一般选用______________，精基准选用________________。

二、选择题

1. 安排轴类零件加工顺序时应按照（　　）原则。

   A. 先精车后粗车　B. 基准后行　C. 基准先行　D. 先内后外

2. 一般轴类零件的加工中，淬火热处理应安排在（　　）之前。

   A. 荒车　B. 粗车　C. 半精车　D. 精车

3. 盘套类零件一般都选择（　　）作为精基准。

   A. 外圆表面　B. 内孔　C. 端面

4. 支架箱体类零件一般选择（　　）作为装配基准和定位基准。

   A. 对称面　B. 上表面　C. 底面　D. 孔面

5. 制订箱体零件的工艺过程应按照（　　）原则。

   A. 先孔后面　B. 先面后孔　C. 先键槽后外圆　D. 先内后外

三、综合题

图示为某型车床的传动轴，材料为 45 钢，淬火后硬度为 40～45HRC，小批量生产，请运用所学的知识制订该零件的加工工艺过程。

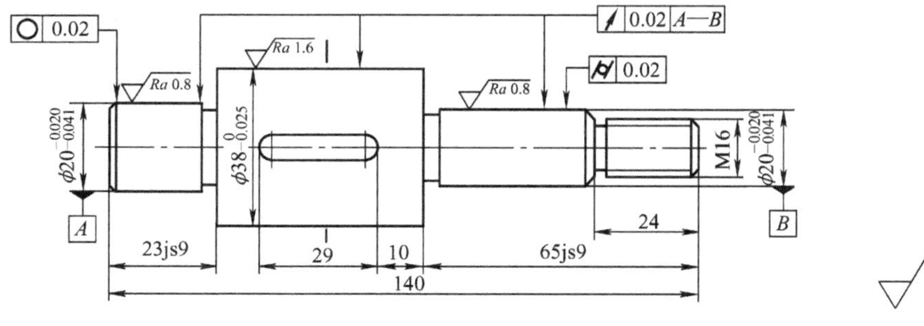

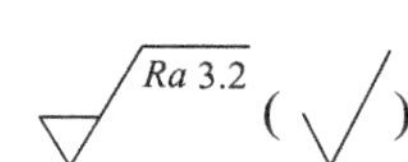

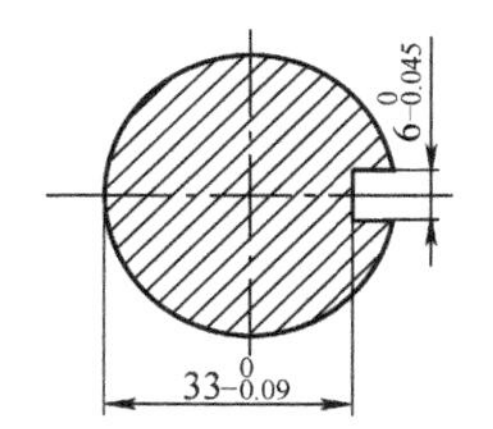

技术要求

1. 热处理淬火 40 ～ 45HRC。
2. 倒角均为 $C1$。
3. 材料为 45 钢锻件。
4. 沟槽均为 3×1.5。